궤도역학 2

궤도역학 2

초판 1쇄 인쇄일_ 2009년 6월 30일
초판 1쇄 발행일_ 2009년 7월 6일

편저자_ 서사범
펴낸이_ 최길주

펴낸곳_ 도서출판 BG북갤러리
등록일자 2003년 11월 5일(제318-2003-00130호)
주소_ (우) 150 · 871 서울시 영등포구 여의도동 14-5 아크로폴리스 406호
전화_ 02)761-7005(代) | 팩스_ 02)761-7995
홈페이지_ http://www.bookgallery.co.kr
E-mail_ cgjpower@yahoo.co.kr

값 15,000원

* 저자와 협의에 의해 인지는 생략합니다.
* 잘못된 책은 바꾸어 드립니다.

ISBN 978-89-91177-80-2 93530
ISBN 978-89-91177-78-9 93530 (세트)

궤도역학 2

Fundamentals of Track Dynamics

– 콘크리트궤도의 역학

서사범 편저

BG 북갤러리

편저자 서문

철도(鐵道)의 역사는 레일(rail)의 발달로부터 시작되었다고 합니다. 철도(鐵道)는 그 발상지인 영국에서 railway(미국 : railroad)라고 부르고 있으며, 이것을 직역하면 "레일 길(rail, 道)"로 됩니다. 이 단어가 나타내는 것처럼 간단하게 말하면, 철도란 레일의 위를 달리는 교통기관이며, 레일은 철도에서 가장 중요하고 불가결·기본적인 부재입니다. 따라서 레일은 철도의 심벌이라고 할 수 있습니다. 철도 궤도의 성장은 레일과 지지체 재료의 역사입니다.

철도공학은 공학 분야에서 전문화된 기술로서 발전하기 시작하였습니다. "저탄소, 녹색성장" 정책의 추진과 함께 철도의 르네상스 시대를 맞이하여 철도기술에 대한 수요는 더 고급화된 전문 기술을 필요로 하고 있습니다. 철도를 더욱 발전시키고 해외 진출을 뒷받침하기 위해서는 철도기술 수준의 향상과 철도 전문 기술 인력의 양성이 더욱 중요합니다. 그러나 국내 철도기술을 살펴보면 외형적인 발전과는 다르게 기술적인 면에서 다소의 문제점과 어려움도 있는 것이 현실입니다. 특히, 과거에 도로공학과 함께 철도공학 강좌를 개설하였던 국내의 일반 대학교에서의 철도공학 관련 강좌는 일시기에 도로위주의 교통정책으로 철도산업이 위축됨에 따라 거의 중지되었습니다. 이에 따라 철도공학은 철도 종사자들을 중심으로 그 명맥을 근근이 이어 오던 중에 근래에 고속철도의 건설·개통과 함께 일부 대학교에서 철도공학 관련 학과를 개설하거나 철도공학 학과목을 개설하고 있습니다. 그러나 대학교 교재용으로서의 철도공학 관련 서적은 학과목별로 충분하지 못한 것이 현실입니다. 그 이유는 철도공학이 활성화되지 않은 것도 주요 원인이지만, 철도공학 서적의 구매자가 지극히 적은 점도 매우 크게 작용하고 있습니다.

이 책은 궤도의 일반적인 내용도 포함되어 있으나, 역학적 측면을 많이 다루고 있으므로 제목을 '궤도역학'으로 정하였습니다. 별책인 《궤도역학 1》은 자갈궤도의 기술문제를 좀 더 체계적이고 공학적으로 근본적인 원리를 다루고 있습니다. 《궤도역학 2》에서 제XII장은 콘크리트궤도의 여러 가지 장점 때문에 최근에 고속철도 등에서 콘크리트궤도의 채용이 늘어나고 있으므로 이에 관한 설계·시공의 일반론으로서 다루고, 제XIII~XV장에서 이에 관한 좀 더 역학적인 문제를 다루었습니다. 아울러, 제XII.3절과 《궤도역학 1》의 제VI.1절은 궤도의 하부구조인 노반(토공구조)에 관하여 토질역학적인 관점에서 다루었습니다. 당초에 《궤도역학 1·2》로 나누지 않고 단권으로 발간하려고 하였으나, 《궤도역학 1》 원저자의 요구에 따라 별권으로 발간하게 되었음을 양해하여 주시기 바랍니다.

편저자는 오로지 철도기술의 발전에 조금이라도 도움이 되도록 수많은 시간과 노력을 들여 이 책을 편저하였으나, 오류나 용어의 부적합 등 많은 미비점이 있을 것으로 생각되니 여러분의 많은 지적과 조언을 부탁드립니다.

이 책에서 논의한 내용의 범위를 벗어나는 궤도구조의 좀 더 상세한 내용, 새로운 철도 선로기술에 관하여는 《선로의 설계와 관리(북갤러리에서 발간 준비 중)》, 《최신 철도선로》 및 《개정2판 선로공학》을 참고하시기 바라며, 그 외의 철도공학이나 선로관련 공학서적은 《철도공학》, 《궤도장비와 선로관리》, 《고속선로의 관리》, 《궤도 시공학》 및 《철도공학 개론》 등을 참조하시기 바랍니다. 상기의 책들은 각각 내용을 상술한 부분과 생략한 부분이 있고, 겹치는 부분이 있는 등 나름대로 특색이 있으므로 철도기술자, 컨설팅 엔지니어 및 학생들은 이를 종합적으로 활용하는 것이 좋겠습니다.

끝으로, 항상 저에게 도움을 주신 모든 분들과 이 책이 출간되도록 협조하여 주신 도서출판 〈북갤러리〉 임직원 및 관련회사 관계자, 자료 제공 등의 도움을 주신 김재학, 김한종, 이주헌, 오장헌 님을 비롯한 여러분에게 진심으로 감사드립니다.

2009. 4.

수락산 기슭에서 徐士範

목차

XII. 콘크리트궤도 일반

XIII. 콘크리트궤도의 역학

XIV. 사전제작 콘크리트슬래브궤도

XV. 콘크리트궤도 구조계산의 예

궤도역학의 의의와 역사

철도에서 궤도는 차량을 안전하고 승차감이 좋게 지지하면서 안내함과 동시에 역행 · 제동시의 반력을 구조적으로 지지하는 구조물이다. 이러한 궤도를 설계 · 건설할 때와 보선작업을 할 때의 이론적 근거를 제공하는 것이 "궤도역학(軌道力學)"이며, 일부에서 "재료역학(材料力學)"이라고 말하여지고 있다. 당초는 2줄의 레일을 침목과 도상으로 지지하는 정도의 궤도구조였던 것이 그 수요의 다대함, 장대함으로부터 생기는 최적화의 요구에 맞추어 궤도역학의 성립을 촉구하였다고도 생각된다.

재료역학에는 두 개의 큰 줄기가 있어 하나는 재료의 강도, 재료의 역학적 성질이며, 또 하나는 똑바른 봉, 판, 굽은 봉 등 보통 자주 나타나는 구조부재나, 간단한 구조 내의 응력이나, 구조물의 변형에 관한 것이다. 이들 양쪽에 관하여 논하는 것이 재료역학이며, 어느 정도 복잡한 구조 내의 응력이나 변형을 논할 때는 구조역학(構造力學), 응용역학(應用力學)으로 나누어 부르는 일도 있다. 전술한 두 분야를 연결시키기 위해서는 재료의 역학적 성질을 정하여야 하지만, 이것을 스프링, 고무와 같이 탄성적이라고 하여 논하는 것이 탄성학(彈性學)이다. 보편적으로 말하자면, 구조역학에서는 구성부재의 단면력과 절점의 변위를 구하는 것을 궁극적인 목적으로 하고, 이들의 결과로부터 개개부재 안의 응력분포와 변형을 구하는 것이 재료역학의 문제라고 할 수 있다.

선로에 관계하는 역학 가운데에서 흙에 관한 토질역학(土質力學)을 빼놓을 수 없다. 크롬(Coulomb)은 18세기 후반에 마찰이 작용하는 역학에 관하여 연구하였고, 크롬토압이라 알려진 토압론(土壓論)을 제안하였다. 20세기 초기에 흙의 분류에서 시작하는 오늘날과 같은 토질역학은 테르자기(Terzaghi)가 형성하였다.

궤도는 설계, 시공, 운용에서 기초적인 이론을 갖고 있다. 그 중에서 재료역학적인 면 및 운동학적인 면에서 연구의 연혁은 오래되었다.

궤도 이론은 대체로 기하학적 측면 외에 강도적 측면, 제조 기술적 측면도 있다. 그리고 궤도 이론으로서 중요한 문제는 이전에 대강 다음과 같은 것을 제시하였으며, 최근에는 궤도구조의 최적화 이론 등이 추가되고 있다.

강도 문제는 차량의 고속, 중량화에 따라 그것에 견디는 필요 충분한 궤도 설계가 필요하게 되며, 그것을 추구하기 위한 연구이다. 좌굴 문제는 궤도의 구조적 파괴의 하나인 좌굴을 대상으로 하지만, 장대레일화의 전제로 되는 과제이다. 레일 문제는 궤도의 기본적 재료로서의 문제이며, 이것도 주행 조건, 재료, 제조법의 변천과 함께 설계가 더욱 개량되어 간다. 윤축 주행 문제는 승차감, 주행 안정성, 분기기 등 궤도의 직접 주행접촉 부분의 설계 조건으로서 중요하다.

궤도의 연구, 시험은 각 국에서 널리 수행되고 있다. 그 연원은 19세기 후반으로 거슬러 올라가며, 그 즈음에 이미 궤도에 관한 연구가 진행되고 있었다. 구조 역학적인 구성을 주로 한 이론적 연구였지만, Winkler, Zimmermann이 보로서의 레일에 관한 이론을 만들었다. 그리고 후자는 침목도 포함하여 탄성 바닥 위의 보로서 정밀한 이론 체계를 정리하여 제시하였다.

20세기에 가깝게 되자마자 차량의 속도와 중량이 상당히 증가하여 종래의 궤도 구조로는 그것에 견딜 수 없게 되었다. 게다가, 한쪽에서는 전철화가 시작되어 스프링 하(下) 중량이 큰 전기 기관차로 인하여 궤도 파괴가 심하게 되었다. 이와 같은 환경 하에서 속도와 중량에 견디는 궤도를 추적하여 미국에서 실험적인 연구가 시작되었다. 또한, 기계적인 동적 응력 자기 측정 이후의 측정 방식이 시대의 진보와 함께 고급으로 되었다.

궤도의 역학적 해석이 본격적으로 구성된 것은 1850년경 윙클러(E. Winkler, 1835~1888)에 의한 것이다. 그는 윙클러―가정으로서 알려진 연속 탄성 기초 위의 보라고 고려하였다. 이것은 연속하여 이어지는 탄성 스프링의 위에 지지된 보(레일)로 고려하는 것으로 윙클러 모델이라고도 말하고 있다. 이것을 철도의 분야에 응용하여 궤도 역학의 기초를 구축한 사람이 짐머만(Zimmerman. H)으로 그의 저서가 1888년에 발행되었다. 이후 1913년~1942년의 탈보트 (Talbot), 1931년에 있어서 티모셴코(Timoshenko, 1878~1972), 랑거(Langer)의 연구가 보고되어 있다.

궤도계수에 관한 이론적 연구는 궤도 해석에 관한 역학적 이론이 정립된 1900년대 초부터 계속되었으나 1918년 상기의 Talbot가 주도한 미국철도협회에서 비로소 조직적이고 광범위한 연구가 이루어졌다. 상기의 Timoshenko는 1927년경에 궤도 변형의 전파와 임계속도에 관하여 검토하였으며, 1950년대에 미국 해군은 이에 관하여 궤도를 선형 스프링과 댐퍼로 지지하고 그 위를 집중 하중이 일정 속도로 이동하는 모델을 아날로그 계산기를 이용하여 해석하였다. Hertz 이론(1887)은 차륜과 레일 강의 탄성 변형이 타원 접촉 영역이라고 설명한다. Timoshenko(1927)는 감쇠되지 않은 탄성적으로 지지된 레일에 대하여 주행 속도가 차량과 궤도간의 동적 상호 작용에 영향을 주는 문제를 설명하였다.

1915년경 미국의 철도기술협회(AREA)에서는 궤도 응력에 관한 특별 위원회가 구성되고 그 위원장으로서 일리이노 대학의 Talbot 교수가 선출되었다. 이 특별 위원회는 재래의 궤도 응력 계산법을 기초로 하여 그것의 뒷받침으로 되어야 할, 또한 부족한 자료를 각종 실험으로 보충하였다.

레일 응력, 침하 등의 기계적 측정으로 시작하여 전자(電磁) 변위계의 이용 등에 의한 전기적 측정으로 바뀌었다. 그 사이에 횡압의 해명에도 강하게 나섰다. 이와 같이 하여 수 회에 걸쳐 많은 보고서를 발표하였지만, 1941년경 제2차 세계대전의 격화와 Talbot 교수의 사망으로 AREA의 궤도 연구도 한 단계 선을 긋기에 이르렀다.

1941년 미국에서 접착형 탄소 변위계의 적용 이래로 레일의 국부적인 응력의 측정이 가능하게 되었다. 계속하여 저항선 변위계의 적용에 의한 실험 자료의 집적으로 1947년에 AREA에서는 레일 표준단면의 개변(改變)을 단행할 수가 있었다.

1930년대부터 레일의 횡렬에 의한 돌발적인 레일 절손으로 고민하였던 미국은 이 대책의 연구에 차차 열을 올려 마침내 급냉(急冷)에 의한 수증기포의 잔류가 그 원인인 것을 규명하여 밝혀 내고, 서냉(徐冷)에 의한 방지 효과가 명확하게 되어 그때부터 지금까지 레일 제조 시방서에는 이것이 지정되는 경우가 많게 되었다. 횡렬 대책이 일단락된 즈음에 쉘리 크랙(shelly crack)에 의한 피해가 갑자기 증가하였다. 이것도 돌발적인 절손을 수반하기 때문에 대단히 위험하며, 상당히 강력한 연구가 진행되고 있다. 돌발 사고를 미연에 방지하기 위한 부설 레일의 비파괴 검사도 점차 진보하여 각종 탐상차도 실용화되기에 이르렀다.

제2차 세계대전을 계기로 하여 전기적인 측정 장치의 사용이 대규모로 되었다. 다만, 세계대전 이전에 이미 전기적인 레일 응력 기록도 얻을 수는 있었다. 그 후에 고속 운전의 안전성, 혹은 탈선 사고의 규명을 목적으로 하여 상당히 많은 수의 야외 실험이 반복되어 오늘날에 이르렀다.

레일의 역학적 연구, 탈선 이론, 좌굴 이론, 궤도 진단 등이 특히 제2차 세계대전 후에 개척되어 확대된 분야이다. 오늘날에는 측정 장치의 통계적 처리, 혹은 계산기에 의한 온라인의 처리 방식 등이 실용화되었다.

궤도가 차량도 포함하여 역학적으로 어떻게 구성되어 있는가를 설명하는 체계를, 여기서는 '궤도 이론' 이라고 부르는 것으로 한다. 궤도 이론은 구조역학과 운동역학의 2가지 측면을 갖고 있지만, 중점이 주어지는 것은 대체로 ① 집중 하중에 의한 역학적 자태, ② 장대레일의 이론, ③ 궤도의 동역학, ④ 궤도변위의 진행 이론, ⑤ 주행 이론 등의 항목으로 나눌 수 있다.

최근에는 궤도의 수치적 최적화, 검사와 검출 시스템, 궤도 유지관리 시스템, 철도자산관리 시스템 및 라이프사이클코스트 분석 등의 분야에서 연구가 활발하게 진행되어 실용화되고 있다.

궤도에 관한 연구·개발은 궤도가 지지하는 차량과의 조합 하에서 최적화를 추구함으로써 진행되지만, 구체적으로는 다른 경험공학의 경우와 같은 모양으로 종래의 실적을 먼저 이론화하고 이것을 확장함으로써 성립된다. 요컨대, 구체적인 궤도구조가 궤도역학의 이론적 골격 위에 궤도재료를 하드웨어로 하여 성립되며, 궤도관리의 소프트웨어 중에서 보선작업이라고 하는 실무에 의하여 그 기능을 유지하여 가게 된다.

여기서, 궤도역학이 의미하는 것은 다음과 같다.

① 궤도에 작용하는 힘과 변형을 명확하게 한다.

② 궤도에 필요하게 되는 형상을 명확하게 한다.

③ 차량과 궤도의 상호작용(interaction between car and track)을 명확하게 한나.

④ 궤도의 구조와 그 재료를 구성하는 이론을 명확하게 한다.

⑤ 궤도의 검측과 측정 방법을 명확하게 한다.

⑥ 궤도보수 관리에 대한 최적의 방법을 명확하게 한다.

궤도의 거동을 명확하게 하고 이것을 설계하기 위해서는 열차 주행 시에 발생되는 응력과 변형을 알 필요가 있다. 이들은 동적인 현상이지만, 그 기본으로서 정적인 형상을 명확하게 하고 이것에 동적인 요소를 부가함으로써 그 본질을 명확하게 할 수 있다고 생각된다. 게다가 포함되는 요소 중에는 소성(塑性) 혹은 점탄성(粘彈性)의 것도 있지만, 그 한계를 고려하면서 선형(線形)의 해석을 함으로써 그 기본적인 특성을 알 수가 있다.

XII. 콘크리트궤도 일반

XII.1 개관, 장점 및 기본형

XII.1.1 콘크리트궤도 시스템의 개관

용어 "슬래브 궤도(또는, 무도상 궤도, 콘크리트 궤도. 이들은 엄격하게는 서로 다른 의미이지만 이 장에서는 혼용하기로 한다)"는 일반적으로 부설단계의 완성 후에 그 이상의 기계적 선형조정을 조금도 필요로 하지 않는 것이 예기되는 모든 철도궤도 구성을 의미하는 것으로 이해된다. 이 고정된 위치는 바른 위치에 있는 궤광에 콘크리트를 타설함으로써(예를 들어, Rheda 시스템), 또는 기초 층에 볼트나 접착제로 침목을 영구 고정함으로써(예를 들어, GETRAC), 또는 궤도선형을 고정히는 프리캐스트 슬래브를 사용함으로써(예를 들어, Bögl, ÖBB-Porr) 획득할 수 있다. 모든 변형체는 최종의 영구 궤도위치를 나타내기 위해 가장 높은 정밀도의 상당한 측량 노력을 필요로 한다. 이 장에서는 독일에서 개발된 무도상 궤도 시스템을 중심으로 설명한다. 또한 특정사안의 사례를 설명하기 위하여 부득이 특정한 지명과 회사명을 명기하여 설명하는 경우도 있다.

적합한 궤도 시스템의 선택은 만족스러운 비용효과와 본질적인 비용절감의 잠재력을 달성하는데 상당히 기여할 수 있다. 철도궤도용으로 입증된 전통적인 자갈궤도 해법은 무도상궤도 시스템과는 달리 고속철도의 운행과 관련하여 그들의 성능한계에 달하였다. 무도상궤도 해법은 곡선반경을 줄일 수 있게 하고 차례로 철도선로의 비용집중적인 엔지니어링 구조물에 대한 요구를 줄일 수 있게 한다.

무도상궤도의 적용은 또한 생애주기비용(LCC)에 관하여 이익을 제공한다. 예를 들어, 궤도선형의 품질을 평가하기 위해 수행한 장기 측정은 무도상궤도 시스템에 의한 승차감의 연속적인 향상을 입증하였다. 이들의 시스템은 역으로 또한 차량에 대한 마모를 더 적게 하며 이것은 전체로서 궤도-열차 시스템에 대한 보수비의 그 이상의 절감을 반영한다.

무도상 궤도는 아스팔트 지지층 위이든지 콘크리트 지지층에 부설될 수 있다. 아스팔트 지지층 위에 부설된 궤도 시스템은 예를 들어 GETRAC과 ATD 적용의 형으로 직접 지지 구성의 특징을 갖는다. 다른 한편, 콘크리트 지지층으로 충족시킨 시스템은 균질한 시스템 구조를 가진 모델의 다양성 중에서 최적의 선택을 제공한다(그림 XII.1).

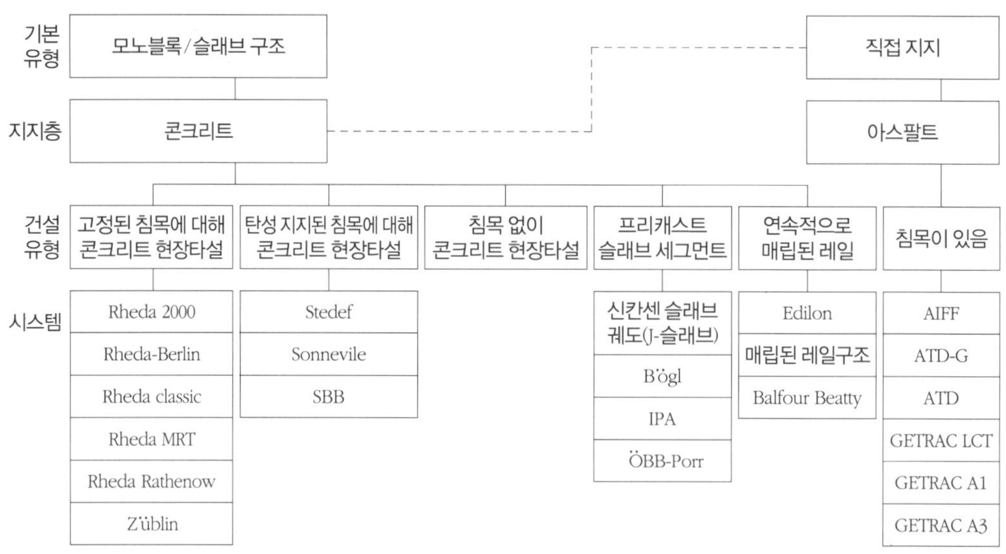

그림 XII.1 현행 무도상궤도 시스템의 개관

모노블록 침목을 가진 재래식 트로프 궤도 설계를 기초로 하여 시작한 Rheda 궤도 모델은 쌍-블록 침목을 가진 궤도 시스템으로 더욱 개발되었다. 쌍-블록의 적용은 보다 쉬운 취급뿐만 아니라 침목과 내부 채움 콘크리트 사이에서 안전하고 신뢰할 수 있는 접착을 보장한다. "Stadtbahn Berlin"의 일신(一新) 프로젝트는 그러한 궤도 시스템의 구조적 엔지니어링에서 광범위하고 값진 통찰력의 가능성을 주었다. 이 경험은 예를 들어 쌍-블록 침목의 그 이상의 개발 및 결과로써 일어나는 침목유형의 설계, B 355 TS-M로 귀착되었다. 이 침목은 전체 구조높이가 감소되는 특징이 있다. 이 모델의 엔지니어링 설계는 궤간뿐만 아니라 전체 궤도선형의 높은 정확도를 보장한다. 게다가, 이들의 변경은 구조 콘크리트에 대한 침목 접착을 그 이상으로 개량할 수 있게 한다.

초기의 Rheda 모델은 슬래브 궤도 시스템의 장기 거동에 영향을 줄 수 있는 종 균열이 내부 채움 콘크리트와 트러프 사이에서 때때로 전개되었다. 이 전개는 트로프가 없는 Rheda 모델의 설계를 고려하도록 기술자를 자극하였다. 이 모델은 Berlin~Hanover 고속선로에서 Rathenow의 모노블록 침목을 이용하여 성공적으로 실행되었다. Rheda-Berlin 모델과 트로프가 없는 Rheda 설계로 얻은 경험은 차례로 B 355 M 격자-트러스 침목의 개발로 이끌었다. 이들의 개발은 선도적인 Rheda 2000으로의 진행에 대하여 한층 더 중요한 이정표를 형성하였다.

XII.1.2 콘크리트궤도 개발의 목적

재래 자갈궤도를 무도상궤도 시스템으로 교체하는 처음의 움직임은 스위스(Bötzberg tunnel 1966, 및 Heitersber tunnel을 위한 예비연구 1973)에서, 그리고 또한 Channel 터널을 위하여 영국과 프랑스에서 주요 터널의 계획수립과 관련하여 1960년대 중반에 일어났으며, 그것은 Trent의 Radcliffe에서 실험궤도 구간(1967)으로 이끌었다.

무도상궤도에 관한 관심은 단단한 층(콘크리트 슬래브) 위의 도상자갈이 흙 표면에 직접 놓일 때보다 훨씬 더 급속한 열화를 받는다는, 그리고 터널 내 보수작업이 작업안전 때문에 더욱 곤란하다는 관찰에 따라 촉진되었다.

콘크리트 위 자갈궤도의 열등한 장기 내구성은 일본의 경험으로 확인되었다. 1964년에 개통된 515 km의 Tokaido 신칸센(Tokyo Osaka)에서는 노선의 거의 50 %가 구조물 위에 있으며 30년 후에 70 % 정도가 도상자갈을 두 번 다시 살포하였다.

자갈궤도의 경험은 또한 프랑스 TGV 노선 Paris~Lyon(1981/1983)과 독일 최초의 고속선로(1988/1991)에서도 얻어졌다. 내구성이 거의 반감되었음을 입증하는 그 곳에는 높게 압밀된 시공기면 보호 층과 높은 탄성계수를 가진 동상 블랭킷 층이 설치되었으며, 프랑스의 경우에 15년 후에 도상갱신이 필요하였다.

특히 스티프한 궤도 하부구조에서의 더 높은 도상열화 속도는 계산으로 설명되었다.

- 스티프한 하부구조는 레일이 하중을 분포시키는 범위를 제한하며, 그러므로 더 높은 재하가 준-정적 기초 위 침목 직하에서 결과로써 생긴다.

- 증가된 속도에서는 도상 층의 더 큰 입자속도를 경험한다. 열차속도가 V = 160 km/h에서 V = 250 km/h로 증가됨에 따라 침목 아래쪽에서의 수직운동의 속도는 두 배로 된다. 이 영향은 궤도구조의 보다 큰 탄성에 따라서 감소된다. **그림 XII.2**는 V = 250 km/h에서, 레일지점에서 증가하는 탄성이 수직 진동속도에 미치는 영향을 나타낸다.

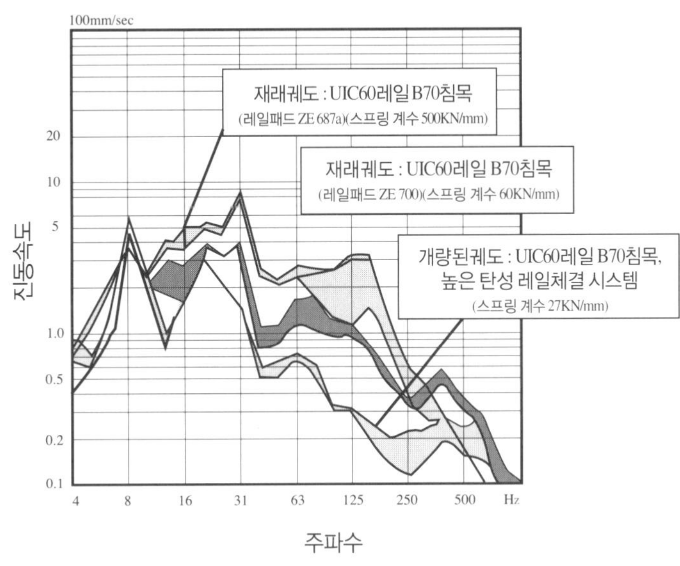

그림 XII.2 각종 탄성 체결장치를 가진 구조에서 도상자갈의 수직 진동속도

- 예를 들어, 레일지점 위치 간 2차 휨의 결과로써의 조화 가진(加振)은 궤도구조의 증가하는 탄성과 함께 감소된다.

이것은 속도가 증가되어옴에 따라 재래 자갈궤도가 그 용량의 한계에 달하였음을 나타내며, 탄성이 높은 체결 시스템, 침목패드나 보조도상 매트를 포함하여 값비싼 특수방식의 건설에 의지할 필요가 있게 되었다.

도상자갈을 사용하는 궤도 기반시설은 운전 조건 하에서 도상의 고르지 않은 침하로 인하여 정기적인 주기로 보수를 필요로 한다. 보수는 궤도구조를 들어 올려서 정확한 선형위치에 두고 도상자갈을 다지는(채우는) 작업을 포함한다. 열차속도의 증가와 함께 보수주기가 감소되고 약 120 Hz의 임계 진동주파수에서 도상자갈의 가진 (加振)에 의한 영향이 더욱 심하게 된다.

게다가, 새롭고 업그레이드된 노선구간에서의 시공기면과 어떠한 동상방지층도 사용 중의 어떠한 침하라도 피하기 위해 대단히 잘 압밀되었으며, 그것은 높은 도상자갈 지지압력과 결부된 대단히 스티프(stiff)한 궤도 기초로 귀착된다. 이것은 특히 교량과 터널에서 증가되며, 이들은 새로운 독일의 노선에서 곤란한 지형상의 요인으로 인하여 대단히 많은 몫의 노선 길이를 형성한다. 예를 들어, 1988년에 개통된 Fulda~Würzbrug 구간에서는 길이의 41 %가 터널에 있고 10 %는 교량에 있다.

교통이 300 km/h에 이르기까지의 속도로 운전되는 새로운 노선에서의 경험은 약 3억 톤의 교통 후에 도상자갈의 갱신이 필요함을 나타내었다. 각 방향으로 일간 70 고속열차를 수송하는 노선에서는 그 통과톤수가 약 15년에 상당한다. 보다 큰 지지면적을 가진 침목, 고탄성 레일체결장치 및 교량 위에서 보조-도상 매트의 사용은 자갈궤도 구조의 수명을 개량할 수 있다.

고탄성 레일체결장치를 가진 무도상궤도(슬래브 궤도)는 자갈궤도에 대한 대안을 제공하며, 흔히 고속교통의 노선에 더 적합할 수 있다.

슬래브 궤도는 터널 구간에서 터널 횡단면을 감소시킬 수 있게 한다. 기존노선을 전철화하는 경우, 또는 차량한계의 증가를 마련하는 경우에 값비싼 궤도 낮추기 비용을 피할 수 있다. 무도상 궤도는 요구되는 곳에서 과도한 진동과 2차 소음방사로부터 인근 건물을 보호하도록 스프링-질량 시스템으로서 부설할 수 있다. 일반적인 경험은 본선 노선, 교외철도 및 지하철에서 누적되어 왔다. 무도상 궤도는 시가전차 선로와 도시간 철도의 경우에 환경친화적이고 소음을 감소시키는 장점을 제공하는 잔디 덮은 궤도 시스템을 사용할 수 있게 한다.

고속열차 운행을 위한 새로운 노선 설계에서는 기존의 자동차전용도로(고속도로) 노선에 인접하여 새로운 노선을 선정하는 일이 종종 필요하게 되며, 이것은 지형적인 구속조건으로 인하여 보다 급한 곡률을 채용할 필요가 있는 것으로 귀착된다. 예를 들어, 300 km/h 교통용으로 2002년에 개통된 Cologne~Frankfurt 신 노선은 고가교 또는 터널 구간을 포함하여 3,350 m의 최소 곡선반경, 170 mm의 캔트 및 4 %의 구배를 갖고 있다. 캔트부족은 약 150 mm이며, 이것은 1 m/s^2의 불균형 횡가속도로 귀착된다.

슬래브 궤도구조는 다음의 사항이 필요조건이었다. 궤도유형은 모노블록 침목과 투윈 블록 격자(그리드) 침목으로 변경시킨 "Rheda"와 또한 "Züblin" 래더(ladder) 궤도 유형이었다. 이것은 곤란한 지형에도 불구하고 선형을 일부분 기존의 자동차전용도로에 평행하게 이어질 수 있게 한다. 보다 작은 터널과 짧게 한 연장의 고가교는 동등한 자갈궤도와 비교하여 슬래브 궤도의 더 큰 비용에도 불구하고 전체 건설비의 절감으로 귀착되었다.

선형 와전류 브레이크를 가진 고속열차가 자갈궤도를 주행하기 위해서는 강화된 궤도가 요구될 것이며 교량 위에 필요한 보조도상 매트의 설치 및 빈번한 천이접속 구간으로 인하여 자갈궤도 비용이 더 클 것이다.

ICE 3 열차에는 비접촉 선형 와전류 제동 시스템이 설치되어 있다. 이것은 레일의 가열을 일으켜서, 자갈궤도 구조유형의 안정성을 손상시킨다. 게다가 고속에서는 겨울철 (도상자갈에 떨어지는 설빙에 기인하는) 및 여름철에 (대단히 높은 속도에서만 일어나는 공기역학 현상에 기인하는) 자갈비산의 위험이 다소의 안전문제를 발생시킨다.

레일 아래의 하중분산 지지 슬래브와 레일 체결장치의 충분한 탄성의 면전에서 무도상 궤도를 이용하면, 궤도 시공기면 층과 하부구조의 탄성 처짐이 상응하여 줄어든다.

부설단계에서 엄밀한 치수 컨트롤은 슬래브 궤도 시스템의 장기거동을 좋게 하기 위하여 필수적이고, 부설단계에서의 결함은 궤도구조와 시공기면 작업용으로 도로포장 건설에 채용된 기술을 사용하여 보완하여야 하며, 이것은 실제 건설 프로세스의 결함 없는 컨트롤과 연결된다. DB-Netz AG 문서 "슬래브 궤도 건설용 표준"에서 제시한 표준을 적용하도록 권고되며, 이 표준은 도로포장과 공항 활주로의 건설에서 발행된 기술표준에 제시된 가장 좋은 실행과 연결된다.

XII.1.3 콘크리트궤도 시스템의 장점

(1) 무도상궤도 (콘크리트궤도)의 일반적인 장점

슬래브 궤도의 장점은 다음과 같다.

- 선형을 영구 정착한 결과로써 보수작업의 아주 상당한 감소. 그럼에도 불구하고, 정기적인 레일연삭, 한정된 수명 후에 레일의 교체 및 궤도 기초의 가장자리에서 식물의 제거가 필요하다.
- 감소된 레벨의 보수조정과 낮은 레벨의 틀림진행 덕택으로 우수한 가용성
- 안정된 기하 구조적 위치
- 결과로써 감소된 차량과 궤도 마모
- 고속에서조차 평온한 차량주행 — 높은 레벨의 승차감 품질
- 곡선반경의 감소에 관련된 캔트와 캔트부족의 가능한 증가, 또는 기존의 곡선반경에서 더 높은 속도
- 열차의 바닥아래 부분과 도상표면 간의 공간에서 공기역학 힘/대단히 빠른 풍속과 공기교란에 기인하는 약 275 km/h와 그 이상의 속도에서, 또는 겨울철에 낙하된 설빙(열차의 바닥아래 부분에서 떨어지는 얼음)으로 인한 160 km/h 이상의 속도에서 자갈비산의 방지. 비산하는 도상자갈은 주행 장치, 제동장치, 바닥아래 ETCS 안테나를 파괴시킬 수 있으며 차륜 답면과 레일상면에 끼어서 궤도서형의 급속한 틀림진행으로 귀착되는 레일두부 손상을 일으킬 수 있다.
- ICE 3과 같은 고속열차의 신세대에서 제동 작용 동안 마모를 피하는 선형 와전류 브레이크를 설치하는데 자유로움, — 시스템은 레일온도의 증가로 귀착된다.

(2) 콘크리트궤도 시스템의 기술적, 경제적 장점

무도상궤도 기술의 큰 과학기술적 수용과 명백한 성공은 고속철도의 적용에서 특히 이익이 큰 시스템의 네 가지 기술적, 경제적 장점에 주로 기초한다.

- 안정성, 정밀성 및 승차감 : 무도상궤도 기술은 장기에 걸쳐 안정되는 궤도 위치설정을 보장한다. 품질, 기능성, 및 특히 고속교통으로부터 생기는 큰 하중 하에서 높은 레벨의 안전성을 보장한다. 부설 동안 mm 아래로 정밀한 무도상궤도의 조정은 높은 레벨의 승차감과 차량자체에 대해 감소된 하중을 적용하기 위한 기초이다.
- 긴 사용수명과 광범위하게 낮은 레벨의 보수 : 무도상 궤도는 거의 없거나 없는 예방과 교정 보수와 함께 적

어도 60년의 사용수명 결과로써 고속운전에 대하여 큰 이용성과 탁월한 비용효과를 제공한다.

- 건설의 유연성 및 끝과 끝을 잇는 적용 : 점재(點在)하는 건설모드에 의해(즉, 단일의 선형방식 부설과는 대조적으로), 그리고 부설된 몇몇 철도 끝을 이용하여 무도상 궤도를 부설하는 가능성은 궤도를 부설하는 동안 큰 유연성을 제공하며, 건설 중인 선로의 얼마간의 구간에서 준비의 현장작업이 여전히 진행 중일 때조차 상당한 일상의 궤도부설 진척을 허용한다. Rheda 계열을 기초로 하는 무도상 궤도는 상대적으로 낮은 궤도구조 높이와 함께, 그리고 — 궤도의 잡다한 하부구조에도 불구하고 — 최적의 설계 궤도선형을 달성하는 가능성과 함께, 교량과 터널에서 뿐만 아니라 흙 쌓기 보조기층에 대해 균등하게 적용하기 위해 본선궤도와 분기기 구간에서 끝과 끝을 잇는 시스템 엔지니어링으로서 부러워하는 궤도실적을 갖고 있다.
- 철도선로의 최적 노선선정을 위한 기초 : 무도상궤도 시스템의 기술은 자갈궤도보다 국토의 지형적 배치에 더 밀접하게 조화되도록 고속선로의 노선을 선정할 수 있게 한다. 다시 말하면, 더 타이트한 곡선반경과 더 급한 기울기로 할 수 있다. 이들의 가능성은 비용집약적인 토목 건설의 비용을 절감할 수 있게 한다.

고도로 개발된 부설기술 및 — 대단히 효율적인 프로젝트 관리와 함께 — 건설현장까지 인도하는데 정교한 저스트 인 타임 물류는 통합된 품질보증과 함께 궤도를 빠르게 건설하기 위한 필요조건이다.

(3) 콘크리트궤도 기술의 적용에 대한 추가의 기대

철도교통의 무도상 궤도에서 지금까지 이용된 적용범위의 객관적인 연구는 이 기술이 주로 다음에 대해 채용된다는 결론에 반드시 이를 것이다.

- 터널 및 교량구간과 같은 특별한 적용
- 새로운 고속철도 선로의 건설

아직 장점을 갖지 않은 적용범위는 다음을 포함한다.

- 속도가 230 km/h 미만인 새로운 본선노선의 건설
- 재래 자갈 형으로 이미 존재하는 주요 선로의 업그레이드와 현대화
- 중량견인 화물교통용 철도선로의 확장

그러나 독일과 서유럽의 나머지 국가와 같이 경제가 크게 발달한 국가에서, 특히 동유럽과 아시아의 떠오르는 국가들에서 장래에 거대한 시장의 잠재력을 나타내는 것은 정확히 이들의 기반시설 영역이다. 무도상궤도 기술에 관해 이들 시장의 잠재력을 활용하는 것은 현재 우리들의 산업계가 접하고 있는 가장 큰 기술적, 경제적 도전의 하나로서 간주될 수 있다.

속도가 230 km/h 미만인 재래식 자갈궤도에 대한 대용의 선택으로서 무도상궤도 기술의 적용에 대해 현재 아직도 듣고 있는 논쟁은 주로 무도상궤도 시스템의 실행을 위해 더 큰 초기 투자비, 즉 재래식 자갈궤도보다 대략 20 내지 40 % 더 많은 초기 투자비를 길게 논한다. 이들의 논쟁은 연간예산에 대한 또는 단기나 중기 재정계획에 대한 국가재정 시스템에서 주로 결정적인 역할을 한다. 그러나 이 접근법은 무도상궤도 시스템의 증가된 생애주기, 그것의 감소된 보수비 및 새로 건설된 철도선로의 전체비용에 대한 그것의 긍정적인 효과가 — 충분히 밀접하게 조사되는 경우에 — 오늘날 이미 무도상 궤도가 사실상 경제적으로 더 분별 있고 더 매력적인 선택을 나타낸다는 점을 의미할 것이라는 사실을 고려하는데 이르지 못한다.

(4) 무도상궤도 기술의 경제적 이익 — 총 생애주기비용 고려의 중요성

재래식 자갈궤도와 비교하여 슬래브 궤도 기술의 비용효과에 관한 최근의 논의에서는 중요성과 채택에서 새롭고 더 현실적인 관점이 얻어졌다. 교통 기반시설 프로젝트의 구성과 운영을 위한 대안의 자금조달 방식과 프로젝트 구조의 증가는 생애주기비용 연구에 포함된 포괄적인 접근법이 점점 선택형성과 의사결정의 프로세스를 결정하고 있는 현행의 개발에 상당히 기여하였다. 무도상궤도 설계의 엔지니어링 장점에 더하여, 그들이 현재 일반적으로 받아들여지고 있으므로 경제성에 기초한 무도상궤도 기술에 대한 시장의 잠재력은 결정적으로 강화되어 왔다. 주요 철도수송 프로젝트의 새로운 건설에 대한 포괄적인 장기의 전체적인 비용분석에서 무도상궤도 기술의 지지자는 재래 시스템과의 비교를 더 이상 걱정하게 하지 않는다.

• 투자비와 보수비의 비교

15년 내지 30년의 기간 동안 다루어진 장기의 생애주기 연구는 — 중량견인 철도선로의 경우에 — 새로운 무도상궤도의 건설에서 초기의 보다 큰 비용은 시간이 흐르면 시스템의 보다 긴 사용수명에 의하여, 감소된 예방과 복원의 보수에 의하여, 그리고 다음에는 그들 이용성의 우수한 레벨에 의하여 상환되고도 남는 점을 나타낸다.

• 새로 건설된 궤도의 총비용에 대한 영향

새로운 간선선로 건설에서의 경험은 오늘날 궤도자체 비용의 몫이 인지할 수 있을 정도로 총투자의 10 % 미만에 달한다는 점을 나타낸다. 재래식 토공 및 교량, 터널과 같은 토목구조물에서는 자본지출의 2/3까지에 이른다. 전력공급과 신호 시스템에서는 투자의 약 1/4을 필요로 한다. 무도상궤도 기술은 단일체의 건설을 기초로 하여 상기에 설명한 것처럼 더 타이트한 곡선반경, 더 급한 기울기 및 더 적은 토목구조물을 가진 더 똑바른 선로의 노선을 선정할 수 있게 한다. 마지막 분석에서는 더 짧은 터널과 더 낮은 교량 — 구조물 높이는 (무도상궤도 시스템의 더 낮은 구조높이에 기인하여) 더 낮은 건설비로 귀착된다. 무도상궤도의 추가 건설비는 궤도 시스템 자체와 그 하부구조, 즉 신선의 건설에서 초기 비용인자의 절감으로 보상된다. 얼마간의 경우에는 이들의 절감만이 보다 큰 초기 궤도투자를 더욱 더 많이 보상할 수 있다.

• 초기 자본지출의 구별된 고려사항

초기 자본지출의 구별된 고려사항에서 선택적인 연구조차도 재래시 표준 자갈궤도가 고속운행용으로 예정한 선로에 대해 최적의 선택인 것으로 대개는 입증되지 않는다는 점을 나타낸다. 많은 경우에, 자갈궤도의 요구조건, 즉 상당히 더 높은 비용과 관련된 건설을 충족시키기 위해 특별한 설계모델을 필요로 한다. 예를 들어, 교량에 적용하기 위해 필요한 자갈궤도 구조의 그러한 특별 설계는 얼마간의 조건 하에서 무도상 궤도보다 더 큰 비용으로 귀착되기조차 한다. 터널과 흙 쌓기에서는 자갈궤도에 대해 값비싼 특별 수단이 마찬가지로 빈번히 요구된다. 그러므로 무도상궤도 시스템과 자갈구조 특수모델 간의 구별된 비교의 일부로서, 자갈궤도의 비용장점은 초기자본이 고려되면 그 설득력을 쉽게 잃을 수 있다.

XII.1.4 콘크리트궤도의 기본형

(1) 콘크리트 슬래브 위의 개별 레일

개개의 레일은 지지 슬래브에 하중저항 고정된다. 그러나 이 유형의 궤도는 아스팔트 기초 코스(course)에 대하여는 가능하지 않으며 그것은 재료의 점-탄성 때문이다. 그러므로 적어도 24 cm 두께의 콘크리트 슬래브에서만 사용된다. 이 경우에는 궤도 중심선에 횡으로 작용하는 휨 응력이 크리티컬하다. 특히 Waghäusel의 실험 궤도에서 통례의 경험은 특별히 채용된 슬립 폼 페이버를 이용하더라도 탄성 레일 지점이 정밀하게 위치하도록 콘크리트 슬래브의 표면을 충분히 형성하기 위해 보충의 제조 프로세스가 필요하다는 점을 나타낸다.

이것은 궤도에서 개별 지지 지점의 정확한 위치를 달성하도록 예외적으로 정확한 측정 방법을 필요로 한다. 레일 고정 위치 아래에서 수경 양생 그라우트의 사용은 수축 균열 때문에 흔히 부적합하며, 특히 슬래브 가장자리를 넘어 그라우트 포켓의 횡 사출이 불충분한 곳에서 그러하다. 그러므로 이 유형의 구조는 긴 부설길이에서는 사용하지 않는다.

(2) 콘크리트 슬래브와 함께 침목패널 — 변경된 Rheda 시스템

이 설비에서는 콘크리트 침목이 콘크리트 슬래브에 단체(單體)로 고정된다 — 변경된 Rheda 시스템. 콘크리트 침목은 궤간과 레일 기울기를 정확하게 유지하는 장점을 갖고 있다. 대안의 고정은 지지 슬래브에 침목의 하중 지탱 또는 선형유지 고정이다.

Rheda 실험구간의 건설(1972)에서는 단지 14 cm 두께의 연속 철근 슬래브(무조인트)가 이용되었다(철근비 μ = 0.8 %). 침목은 4 cm 스페이스를 가진 쐐기로 정확하게 조정하여 위치시키고 높이를 조정하였으며 그 다음에 콘크리트를 타설하였다. 궤광(track ladder)은 침목 사이의 철근으로 지지 슬래브에 연결하였다(**그림 Ⅻ.3**).

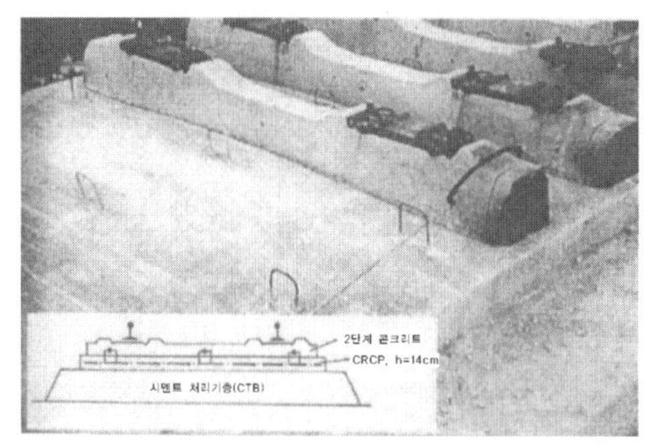

그림 Ⅻ.3 "Rheda" 시험궤도

2 단계 콘크리트는 앵커 봉으로 14 cm 두께의 연속 철근
콘크리트 포장(CRCP)에 연결된다.

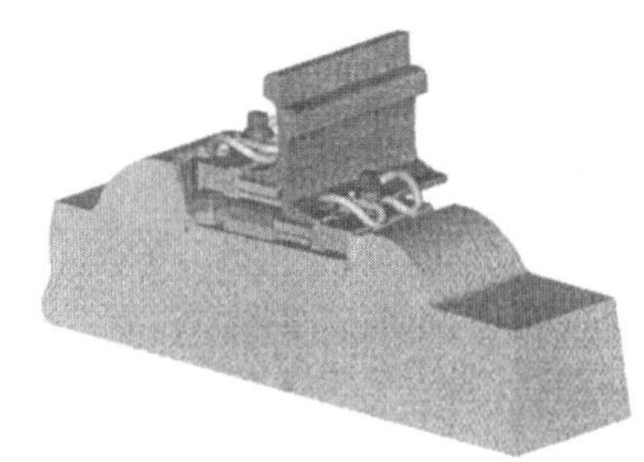

그림 Ⅻ.4 −4 mm/+56 mm의 수직 조절
가능성을 가진 체결 시스템 Ioav 300(Vossloh)의 예

오늘날의 기술적 요구조건을 충족시키지 않을 Rheda에서의 열등한 시공기면 조건에도 불구하고 설비는 35년 후, 그리고 475 백만 총톤수 이상이 통과한 오늘날까지 여전히 사용 중에 있다. 레일 연삭을 제외하고 보수 작업은 필요하지 않았다. 그러므로 Rheda 구간은 오늘날의 독일식 무도상궤도 구조에 대한 원형이다.

클래식 Rheda 궤도 형에서는 하중분산이 프리스트레스트 콘크리트 침목에 걸쳐, 그 다음에 연속 철근콘크리트 슬래브를 따라 이루어진다. 고탄성 레일 체결장치(예를들어, **그림 Ⅻ.4**)를 가진 모노블록 침목은 불균등 반력계수에 의해 레일지지 하중 S = 150 kN을 지탱하는 도상 층에 부설하는데 적합하도록 치수가 정해진다. 고탄성 체결 시스템으로 인한, 그리고 충전(infill) 콘크리트로 마련된 보다 낮은 레일 지점 하중은 궤도 중심선에 가로방향인 휨 응력의 상당한 감소로 귀착된다.

연속 철근콘크리트 포장(CRCP)의 원리 : 온도변화는 장대레일과 유사하게 종 방향 이동을 일으키지 않아 콘크리트 슬래브의 장기거동에 유리하다. 약 2 m의 평균 균열 간격(최소 0.5 m, 최대 ~4 m)과 균열 폭 $\leq$ 0.5 mm는 콘크리트 횡단면과 관련하여 약 0.8 %의 철근비로 달성된다.

ϕ 20 mm 철근은 충분한 하중전달과 고정을 보장한다. 균열형성에 결정적인 인자는 포장 온도 및 체결 시스템 등으로 약해진 감소된 횡단면이다. 그러므로 체결 시스템용 다우엘(dowel)이나 볼트는 굳지 않은 콘크리트에 진동을 주지 않아야 한다. 균열은 무도상궤도의 설계에 따라 노치를 도입함으로써 컨트롤할 수 있다.

CRCP의 구조설계(콘크리트 C 30/37)에서 σ_b = 3.0 N/mm²의 일정한 인장응력(겨울철 조건)을 가정할 수 있으며, 그것은 뒤틀림 응력으로 인하여 (종 방향에서) σ_{perm} = 0.85 N/mm²와 (횡 방향에서) σ_{perm} = 2.1 N/mm²의 허용 휨 응력(교통하중)으로 이끈다. CTB의 허용 피로강도는 $\sigma_{zul} \geq$ 0.8 N/mm²이다.

1. 좌면 하중의 계산(고속여객선로에 대한 하중체계 UIC 71 또는 0.80 · UIC 71).

   레일 체결장치의 스프링 계수

   - C_{dyn} $\leq$ 40 (kN/mm)

   - 원심 효과 f = 1.2

   - 동적 효과 f = 1.5

2. (접착된) 3층 시스템에 대한 휨 모멘트의 계산 : 가공적인 2-층 시스템, Westergaard 방정식에 의거하여 치환. 만일 (횡 방향으로 충분한 하중전달을 보장하는) 프리스트레스트 콘크리트 모노블록 침목을 사용한다면, 탄성지지 종 보(빔)의 모델을 사용할 수 있다.

3. 무도상궤도의 폭은 구조적인 특징과 노반응력에도 좌우된다. CTB에 대한 3.80 m의 폭과 함께 σ_{zul} = 0.05 N/mm²의 허용 수직 노반응력이 적당하다.

시스템 BTD-V2

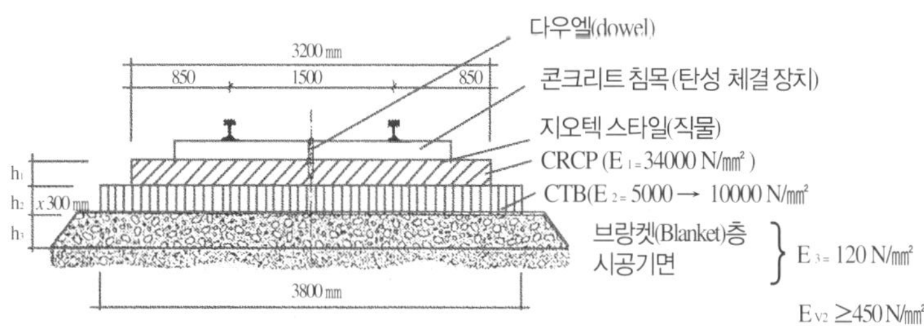

4. 자갈궤도 또는 교량과 터널에 인접하는 단부 구간은 층 인터페이스에서 특별한 전단 구속 및 강성 차이를 보상하는 구조적 특징을 필요로 한다.

   아스팔트 기초 코스를 가진 무도상 궤도에는 같은 설계절차를 적용할 수 있다. 아스팔트의 영계수 $E_i \leq$ 0.05 N/mm²는 연간 평균 스트레싱의 전형이며 아스팔트의 허용 휨 응력은 σ_{zul} = 0.8 N/mm²이다.

다층 무도상궤도 시스템을 제한하는 인자는 콘크리트 슬래브 아래쪽에서와 종 방향 중심선으로 접합된 지지 층 아래쪽에서의 휨 응력이다. 충전 콘크리트는 유효 콘크리트 두께가 14 + 4 = 18 cm라는 신중한 개산을 취하도록 콘크리트 지지 슬래브에 철근 키로 고정된다.

충전 콘크리트의 하중분배 효과는 침목 측면에서의 미세 균열 때문에 고려되지 않는다. 그러므로 슬래브 치수를 정하는 계산 절차는 탄성 지지된 종 보(beam)에 의거할 수 있다(**표 XII.1**).

충전 콘크리트와 지지 슬래브 간 철근 스트럽의 제거는 Hanover~Berlin 신 노선에 사용된 무도상궤도 시스템 BTD-V2에 따라 지지 슬래브의 치수가 정해지는 것을 필요로 한다. 연속 철근콘크리트 슬래브의 두께는 h_1 = 18 cm에 대해 4 cm만큼 증가되어야 한다. 이 시스템은 상당한 길이의 Hanover~Berlin 신 노선(1998)에 사용되었으며, 18 cm 두께의 지지 슬래브는 횡 단면의 트로프(trough)로서 형성되었다(**그림 XII.5**).

트로프 측벽은 침목 면에 고정된 조절 나사볼트로 침목의 횡 위치를 조정할 수 있게 하고 궤도 건설차량이 그들을 이용하도록 허용할 의도였다. 그러나 수평조정 나사볼트는 높이 조정용 수직 나사볼트의 사용을 더 어렵게 만들었다.

그림 XII.5 Hanover~Berlin 고속선로(1988)에서 U형
트로프와 모노블록 침목의 변경된 Rheda—구조

그림 XII.6 Cologne Rhine/Main고속선로
(2002)에서 U형 트로프와 투–블록
침목의 변경된 Rheda—구조

충전 콘크리트와 침목 간 연결효과의 향상은 Cologne~Frankfurt 신 노선에서 처음으로 프리스트레스트 콘크리트 모노블록 대신에 투–블록 침목을 사용하여 달성되었다(**그림 XII.6**). Züblin 시스템은 연속 철근콘크리트 슬래브의 굳지 않은 타설 콘크리트 내에서 투–블록 침목을 진동시켜 부설한다.

그 이상의 본질적인 개발은 충전 콘크리트와 지지 슬래브를 결합하여 단일 유효 층으로 한 것이며 이것은 건설깊이를 줄일 수 있게 한다. 이것은 **그림 XII.7**에 나타낸 투–블록 침목을 설계하여 달성하였다. 이 시스템은 개별 레일 지점(支點)을 가진 구조의 형과 비슷하며 횡 방향의 휨 응력 값은 레일 아래 24 cm의 연속 철근콘크리트 슬래브의 요구된 두께에 대해 결정적이다. 이 Rheda 2000 무도상궤도 시스템은 2006년에 영업에 들어간 Nuremberg~Ingolstadt 신 노선에서 50 % 이상으로 사용되었다(**그림 XII.8**).

시멘트 처리 기층(CTB)의 높이 허용공차는 도로 건설표준에서 허용된 +5/−15 mm의 높이 공차에 상당한다.

침목패널(궤광)의 위치를 정하기 위하여 높이조정 나사볼트 및 기계적 횡 로케이터, 또는 Rhomberg 회사의 방향(줄)과 고저(면) 웨지(**그림 XII.7**)와 함께 서비스 레일들에 대해 두 개의 다른 프로세스가 개발되었다.

그림 XII.7 CRCP에 매립된 격자 투-블록 침목을 가진 "Rheda-2000" 시스템 Nuremberg~Ingol stadt 고속선로(2006)

그림 XII.8 "Rheda-2000" 시스템의 Nureberg~Ingolstadt 고속선로(2006)

건설공차를 보정, 또는 예를 들어 지반침하의 결과로써 나중에 궤도위치의 변화를 보정하기 위하여 레일 체결 장치의 높이 조정에 대한 용량이 −4 mm 내지 최소 +56 mm(수직) 및 ±8 mm(횡)로 증가되어온 점을 유념하는 것이 중요하다(**그림 XII.4**).

이 Rheda 2000 무도상궤도 시스템은 또한 약 100 km 길이의 Amsterdam에서 Belgian 국경까지의 네덜란드 고속노선 HSL에도 사용되었으며, 또한 타이완에서 정거장 및 연결 지역의 고속노선에 사용되었고, 중국에서도 부설하고 있다. 중국에서는 또한 변경된 Züblin 무도상궤도 시스템도 사용될 것이며, 이 시스템은 타설하여 굳지 않은 콘크리트 안에서 침목이 정확한 수직과 횡 위치로 진동으로 설치된다.

(3) 아스팔트 지지층으로 지지된 침목패널

침목패널(궤광) 아래 아스팔트 지지층의 재하 조건을 분석하여 갖가지 온도에서 다음과 같이 점-탄성 거동을 고려하는 것이 필요하다.

- 약 20 ℃ 아래의 적합한 온두에서는 단기간 재하 하에서 거의 탄성의 재류 거동이 나타난다. 아스팔트 층은 해를 거쳐 이어받은 굴곡 힘 하에서 약 5,000 N/mm²의 전형적인 탄성계수를 가지는 것으로 고려할 수 있다. 최대 허용 휨 응력은 0.8 N/mm²이다(**표 VII.1** 참조).
- 20 ℃ 바로 위의 온도에서 장기 재하를 받을 때의 변형은 특히 상부 15 cm에서 일어남직 하다. 이것은 아스팔트 배합성분을 최적화함으로써 영향을 받을 수 있으며 층간의 좋은 접착과 낮은 접촉 압력이 중요하다. 후자는 GETRAC 시스템의 바닥이 넓은 침목 — **그림 XII.9** 참조 — 과 탄성이 높은 레일 체결 시스템을 사용하여 달성할 수 있다.

평탄한 아스팔트 표면을 달성하기 위하여 표면 레벨과 종단선형에서 대단히 엄한 공차가 주어지며 침목과 아스팔트 상부 층간에 지오텍스타일과 같은 탄성-소성 중간물을 삽입한다. 침목 두께의 공차는 충분히 제한되어야 한다. 게다가, 아스팔트는 노화 프로세스를 경험하며 이것은 차량 타이어의 롤링 효과를 없앰으로써 강화된다. 이것은 상부 아스팔트 층에 대해 높은 접착제 용량의 이용으로, 그리고 높은 범위의 가소성을 가진 접착제의 선택으로, 즉 PMB-변경된 역청으로 완화시킬 수 있다.

평탄한 표면과 정확한 높이 마무리에 큰 노력을 요하는 요구조건은 고성능 패널 컴팩터의 사용과 함께 고성능 아스팔트 배합을 본질적인 요소로 만든다. 정적 롤러로는 작은 편의 표면 불규칙만을 제거할 수 있다.

그림 XII.10은 UIC 71 하중체계를 이용한 계산의 결과를 나타낸다. 가장 높은 건설 클래스("SV")에 명시된 아스팔트 두께가 34 cm인 아스팔트 도로 건설에 비하여 무도상궤도 부설은 40 cm의 아스팔트 층을 사용한다. 도로건설에서는 전형적으로 30년의 사용수명이 예기되지만 무도상 궤도에서는 60년이 요구된다.

그림 XII.9 15 cm 두께의 아스팔트 포장 위에 폭이넓은 침목을 가진 GETRAC 시스템

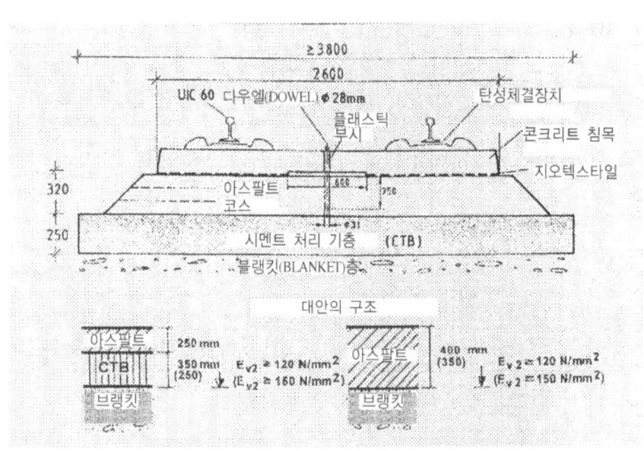

그림 XII.10 Halle~Bitterfeld 지하선로에서 아스팔트 기초 코스 위에 침목패널이 있는 Walter 구조

터널에서 침목패널이 아스팔트 층 위에 놓이는 경우에는 건설 프로세스에서 불규칙의 균등화와 최소 층 두께와 같은 확실한 실용적 고려조건을 참작하는 것이 필요하다. 현재의 경험은 15 cm의 아스팔트 층 두께가 충분하다는 점을 나타낸다.

여러 가지 무도상궤도 유형은 현재 아스팔트 층에 침목패널을 고정하는 다른 수단을 갖고 있다. "Walter" 시스템에서는 플라스틱 코팅한 28 mm 직경의 둥근 강 플러그가 에폭시 레진으로 세 번째 침목마다 아스팔트 슬래브에 고정된다. 지오텍스타일이 변형된 경우에는 침목을 올리거나 내릴 수 있다.

"Nantenbach" 시스템에서는 아스팔트 반력 토대에 의하여 고정이 이루어지며(**그림 XII.11**), "GETRAC" 시스템에서는 그라우트로 아스팔트 층에 고정되는 고무링을 가진 플러그로 이루어진다. 침목의 아래쪽에 강 키(key)를 사용하는 Waghäusel 시험구간의 SATO 시스템은 아스팔트 층 내의 슬릿(slit)에 고정된다.

Oelde (1989)와 Nantenbach (1994)의 시험구간에서는 각각 약 68 백만 톤과 9.5 백만 톤의 교통 후에 짧은 궤도구간을 철거하여 아스팔트 슬래브 상부표면의 종단선형을 측정하였다. 침목지지 표면의 흔적이 아스팔트 상부표면에 분명하게 표시되었다. 소성변형의 치수는 Oelde에서 3과 8 mm 사이에 있었고 Nantenbach에서는 0과 5 mm 사이에 있었다.

그림 XII.11 Hanover~Berlin 고속선로에서 모노블록 침목과 아스팔트 기초 코스가 있는 ATD 구조(1998)

추운 날씨에 아스팔트 층의 몰드에 얼음이 형성될 수 있는지의 여부와 통과하는 교통으로 인하여 침목의 물

펌핑 작용이 아스팔트 층 표면에 대해 침식영향을 끼칠지도 모르는지의 여부에 관하여 의문이 생긴다. 광범위한 실험실 연구는 이들의 프로세스가 생기지 않는다는 점을 나타내었다. 지오텍스타일은 교통 하에서 수압의 제거를 잘 수행한다. 동상은 가능하지 않다.

그림 XII.12는 Waghäusel 시험구간의 7 종의 각종 무도상궤도 시스템에서 200 kN의 단일 차축 하에서 기록된 준-정적 레일 처짐을 나타낸다. 이것은 1996년의 설치 직후와 약 60 백만 톤의 교통하중에 달하는 3년 후에 대한 것이다. 두 측정 간의 작은 차이는 아스팔트 층 위에 침목을 사용하는 "F1"과 "F2" 시스템에서 특히 두드러졌으며 그것은 변화되지 않은 지지특성을 입증한다. 1.5 mm 내지 최대 2 mm의 바람직한 레일 처짐 값은 아스팔트 위에 침목을 가진 시스템에서 초과되었지만 이 거동이 레일 체결장치 탄성의 영향을 상당히 받는다는 점을 유념하여야 한다.

게다가, Waghäusel의 무도상 궤도는 65 cm의 보통 값보다 더 큰 침목간격을 가졌으며, 여기서는 침목에 설치된 2중 레일 지지에 의하여 보상되지 않는다. 65 cm 이상의 침목간격은 침목 사이에서 레일의 조화 가진이 생기는 점을 고속열차 운행의 경험이 나타내기 때문에 사용하지 않아야 하며 피하여야 한다. 아스팔트 층의 처짐은 약 0.3 mm였으며, 도로건설에서 관찰된 것과 비교될 수 있다.

그림 XII.13은 "아스팔트 층 위의 침목" 시스템에서 레일 처짐의 변동계수를 나타낸다. 변동계수는 잘 부설된 궤도의 다짐(탬핑)과 줄맞춤(라이닝) 직후에 대해 예상된 15 %보다 상당히 적었다. 즉, 말하자면 우수한 궤도품질이 달성되었다. 15 % 이하의 계수를 가진 유사한 조건은 "Walter" 시스템의 실험구간에서 7년간 120 백만 총톤수의 운행하중 후에 발견되었다.

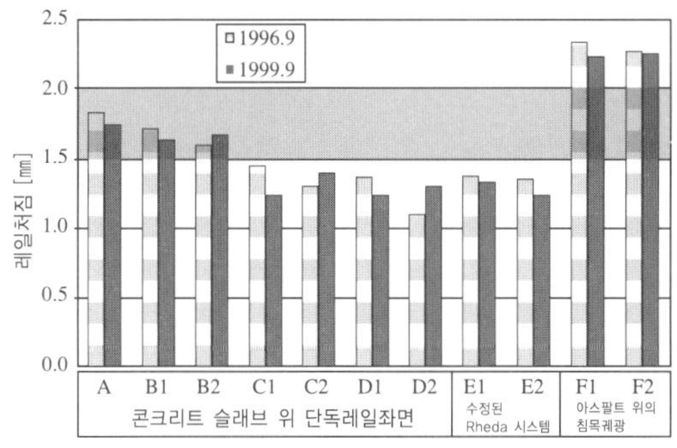

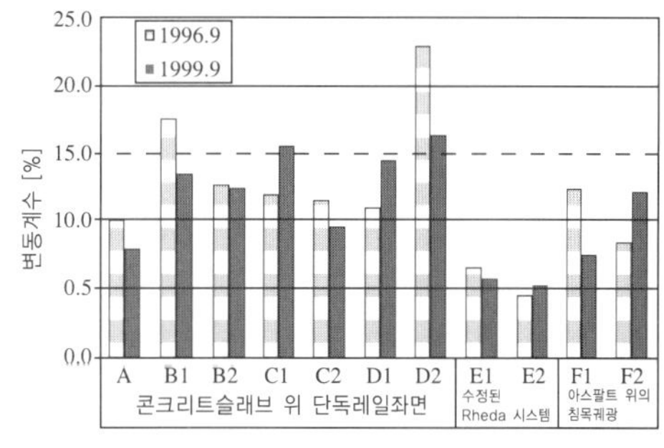

그림 XII.12 건설 직후(1996년)와 3년의 사용 후에 Waghäusel의 시험구간에서 평균 준-정적 레일 처짐(20 톤의 차축하중)

그림 XII.13 건설 직후(1996년)와 3년의 사용 후에 Waghäusel의 시험구간에서 준 -정적 레일 처짐의 변동계수

레일의 휨 곡선으로 인하여 아스팔트 층으로부터 재래 침목의 근소한 들림이 발생될 수 있는 점은 주목할 만하다. 폭이 넓은 침목은 더 좋은 성능으로 귀착되는 더 큰 중량을 갖고 있다. 이동하는 열차의 단기 재하 하에서 레일 체결장치 지점의 탄성패드와 아스팔트 층의 스티프해짐으로 인하여 더 큰 동적 레일 처짐은 일어나지 않는다. 무도상 궤도에 대한 천이접속은 예를 들어 20 m 길이의 보조레일이 응력을 받아 고정될 수 있는 콘크리트 지지 슬래브를 가진 약 15 m 길이의 특수한 무도상궤도 구간과 같은 특별한 구조를 필요로 한다.

터널에서의 건설 프로세스는 아스팔트 층이 하중 지지 슬래브를 작게 형성하지만 또한 약 15 cm의 두께로 고른 기초 층을 만들 수 있으므로 간단하게 된다.

Niederau에서 아스팔트 층 위의 분기기는 현재에 이르기까지 측면 판에 연결된 2 파트의 프리스트레스트 콘크리트 침목으로 부설되어 왔다. 침목의 바닥은 주입 아스팔트를 삽입하기 위하여 4 cm의 공간을 가지고 형성된다. 주입 레벨은 분기기 침목 근처에서 9 cm이고 다른 장소에서는 16 cm이다. 무도상궤도의 적용에서는 콘크리트와 아스팔트 간의 경쟁을 이용할 수 있다. 그것은 도로건설에서처럼 채용된 기술의 계속적인 개량, 더 높은 품질 및 개량된 경제성으로 귀착된다.

(4) 기초 코스(course) 위의 프리캐스트 슬래브 또는 프리캐스트 프레임

프리캐스트 콘크리트 단일체(unit)는 주입 모르터를 이용하여 콘크리트 또는 아스팔트 기초코스 위에 설치할 수 있다. 궤간과 레일 기울기는 공장조건의 생산 덕택으로 침목에 의한 것처럼 정밀하게 세트할 수 있다. 건설에서는 열등한 날씨 및 교통운행이 시작될 수 있는 시간의 불리한 영향이 감소된다.

이 유형의 무도상 궤도에 대한 초기 경험은 Hirschaid 시험구간(1967)에서 얻어졌으며, 그 때에 배수 시스템의 부재(不在)나 부족 및 불충분한 크기의 지지 층으로 인한 어려움이 뚜렷하였다. 경험은 장기의 내구성을 위하여 유효한 배수의 중요성을 강조하였다. 부가적인 학습요점은 프리캐스트 단일체의 이음에서 종 철근의 겹침이 철근의 전달용량을 개량하고 펌핑 효과를 최소화한다는 점이었다. 따라서 Karlsfeld의 길이 430 m 시험구간(1977)에서는 횡 방향으로 프리-스트레싱을 한 길이 4.76 m의 프리캐스트 단일체가 사용되었다. 그들은 60 cm의 간격으로 레일 지점(支點)을 가졌고, 깊이 4 cm의 인서트를 사용함으로 인하여 횡 방향으로 노치가 있었으며, 종 방향 중심선에 관련되었다.

Hirschaid에서는 부등변사변형 이음에서 테르밋 용접 프로세스로 종 철근을 연속적으로 만들었다(**그림 X Ⅱ.14**). 열 수축은 약간의 프리-스트레싱으로 이끌었으며 모르터나 그라우트로 만든 이음 지역이 오버스트레스 되었다. 따라서 재하 상태의 슬래브 내부와 비교하여 2 배의 휨 응력과 3.5 내지 4 배의 처짐 배수(倍數)를 가진 크리티컬 "프리(free) 이음" 하중상태가 방지되었다. 횡 노치는 Rheda 시스템에서처럼 컨트롤된 표면균열이 형성되게 하였다.

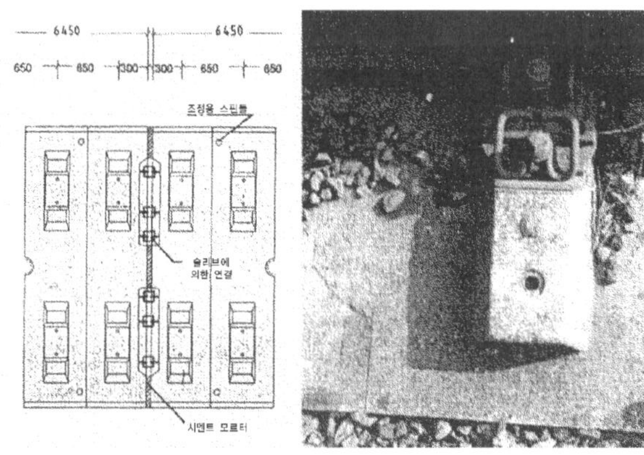

그림 Ⅻ.14 ∅ 20 mm 연속철근의 연결이 있는 Bögl 시스템(왼쪽)과 Karlsfeld 시험궤도(1977)

Bögl 회사는 Karlsfeld에서 시스템의 우수한 장기거동으로부터 발달시킨, 2.80 m나 2.55 m의 폭과 함께 두께 20 cm와 길이 6.45 m의 프리캐스트 슬래브를 가진 무도상궤도 시스템을 설계하였다. 슬래브는 횡으로 65 cm 피치의 노치를 가진다. 이음에서 철근의 연속성은 사전에 용접된 철근 이음 위치에 있는 20 mm 직경의 6개의 연속 "Gewi"-스터드에서 특수 인장 키(key)로 달성되었다(**그림 XII.15**). 그러므로 연결된 폭이 넓은 침목을 가진 유사한 시스템에서 ±150 kN의 하중으로 도상에서 나쁘게 지지된 상태의 침목에 대하여 횡 프리-스트레싱을 계산하였다.

프리캐스트 슬래브의 개별 지점(支點)이 오버사이즈로 제작되는 점은 주목할 만하며, 그 때에 그들은 CNC로 제어되는 연삭기계를 사용하여 0.5 mm의 공차까지 정확한 크기로 연삭된다. 이 방법은 곡선 궤도의 지역에서 지점(支點)의 어떠한 정렬불량도 피한다. 슬래브는 침식저항이 대단히 크고 점성이 대단히 낮은 역청-시멘트 모르터를 주입하는 입구(port)를 갖고 있다. 그것은 3 cm 층으로 부설된다. 모르터 층 두께의 큰 변동은 도로건설에서보다 훨씬 더 작은 ±5 mm의 공차로 CTB를 만듦으로써 피해진다.

그림 XII.15 (횡 방향으로 프리스트레스 된) 두께 20 cm의 사전제작 슬래브를 가진 Bögl-시스템

그림 XII.16 Nuremburg~Ingolstadt
고속선로의 Bögl-시스템(2006)

그림 XII.17 "Guss 아스팔트"로 밑을 처리한 아스팔트 기초
코스 위에 프리스트레스트 콘크리트 프레임 있는
Hoesbach 시험궤도 (1988)

Bögl-시스템은 Roth-Malsch 역(Mannheim~Basel 노선, 1999)과 Hattstedt(Hamburg~Westerland 노선, 1999)의 최초 시험구간 이후, 2006년에 Nuremburg~Ingolstadt 신 노선의 35 km 길이에 걸쳐 부설되었다(**그림 XII.16**). Hattstedt의 프리캐스트 구간은 아스팔트 층 위에 부설되었다. 평탄한 표면을 보장하는 예외적인 수단은 모르터 층의 조절 능력 때문에 필요하지 않았다.

Hösbach 시험구간에서의 프리캐스트 프레임 단일체는 주입 "Guss 아스팔트"(1988)를 기초로 하였다(**그림 XII.17**). 뜨거운 아스팔트로 인하여 열적으로 유발된 프레임의 휨(warping)은 수반되는 냉각 후에 우수한 가장자리 지지로 이끌었다.

XII.1.5 교량 상의 콘크리트궤도의 구조 사례

슬래브 궤도용 독일 시방서 기준은 25 m에 이르기까지의 스팬을 가진 교량과 그 값보다 큰 스팬의 교량을 구별한다.

베어링(bearings)이 없는 짧은 교량의 경우에는 슬래브 궤도를 불연속이 없이 교량에 걸쳐 부설할 수 있다. 슬라이딩 매트와 단단한 기포의 50 mm 층은 구조물 위의 궤도와 인접 (Rheda 시스템으로 단순화한) 무도상궤도 간의 탄성과 침하 거동을 가능한 한 균등하게 하도록 점착력이 있는 구조의 보호 콘크리트에 고정되었다.

연결된 프리캐스트 슬래브를 가진 무도상궤도의 경우에는 슬래브가 C30/37로부터 최소 두께 14 cm 프로파일의 지지 철근 콘크리트 슬래브 위에 놓이며, 지지 콘크리트 슬래브 자체는 슬라이딩 슬래브와 단단한 기포 위에 놓인다(**그림 XII.18**). 곡선 궤도에서의 프로파일 지지 콘크리트 슬래브는 필요한 캔트를 주도록 부등변사변형 횡단면으로 제작된다.

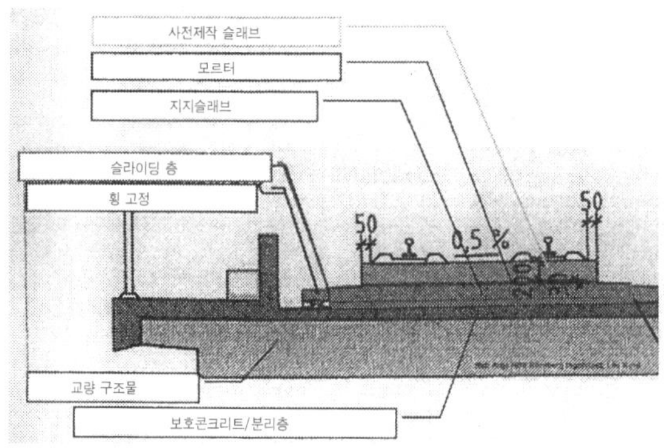

그림 XII.18 짧은 교량(Nuremburg~Ingolstadt) 위에 연결된 사전제작 슬래브를 가진 Bögl-시스템

긴 교량의 경우에는 설계와 상세가 온도변화의 요구조건 및 인터페이스 영역에서 구조물의 굽음에 순응하여야 한다. 온도증감과 크리프는 특별조건에 허용되어야 한다.

이음으로 분리된 슬래브를 사용하는 무도상 궤도는 중간 탄성중합체 층 위에 부설되고 유지 장치로 고정되었을 때 적용할 수 있다(**그림 XII.19**). 교량들이 떨어져 있는 경우에는 이 배치가 기술적으로 입증되지만 긴 교량에서는 그것이 비경제적이다. 그 이유 때문에, Bögl 회사는 "긴 교량용 Bögl 무도상궤도"로 알려진 Beijing~Tianjing 노선용의 혁신적인 시스템을 개발하였다. 그것은 이음이 없는 프리캐스트 단일체의 연속 연결을 채

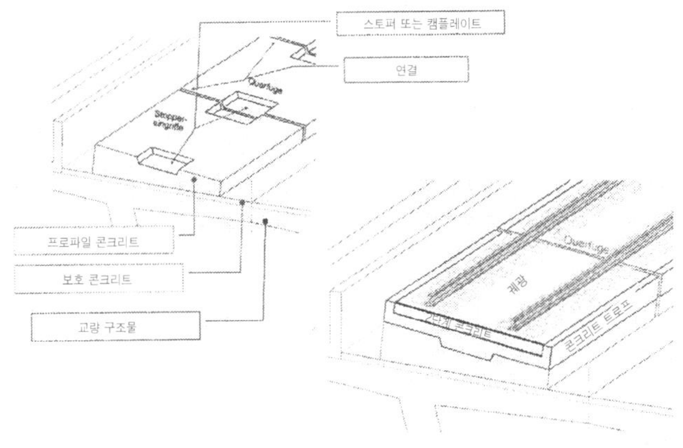

그림 XII.19 긴 교량 위 횡 연결을 가진 변경된 Rheda 시스템의 표준 구조

용한다.

　네덜란드 고속선로 Zuid에서의 무도상 궤도는 대단히 열등한 지반상태 때문에 큰 범위에 걸쳐 30 m 길이의 "무–침하 플레이트"로 지탱된다. 24 cm 두께의 "Rheda 2000" 무도상 궤도 시스템은 보호 콘크리트와 프로파일 콘크리트를 피하고 중간의 탄성/소성 층만을 필요로 하는 폭이 넓은 이음을 가진 6.5 m 길이에 이르기까지의 슬래브에 부설된다. 따로따로의 슬래브의 고정은 무–침하 플레이트의 수직 스터드로 달성되며 단부 지역에서는 직립의 소켓에 의해 열 신축에 대해 얼마간의 종 방향 자유 상태가 허용된다(그림 XII.20).

그림 XII.20 네덜란드 HSL Zuid(고속선로 south)에서 무–침하 플레이트 위에
횡단 이음을 가진 "Rheda 2000" 시스템 (2005)

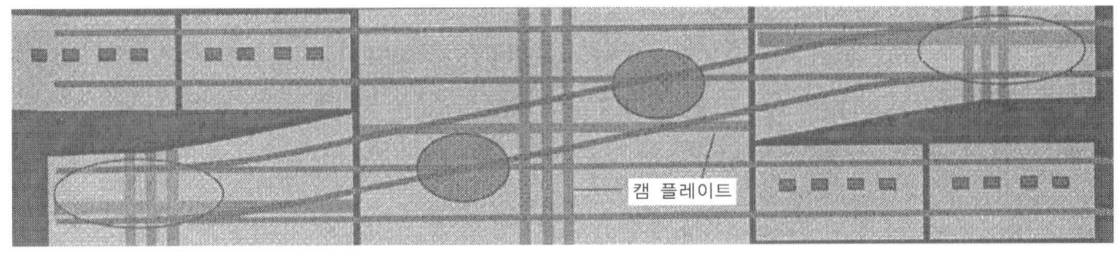

그림 XII.21 분기기의 크리티컬 구간 : 긴 이음 슬래브를 가진 변경된 Rheda 시스템

교량 위에 분기기가 있는 곳에서는 크로싱과 포인트 지역에서의 이동을 피하기 위해 6.5 m보다 더 긴 슬래브 구간이 사용된다(**그림 XII.21**). 전단 캠(shear cam)과 캠 플레이트 시스템은 종과 횡 방향으로 슬래브를 고정하기 위하여 사용된다. Taiwan 고속선로의 분기기 지역에는 유사한 배치가 사용되었으며 FEM 프로세스는 선형과 레일 응력을 검증하기 위해 사용한다.

XII.2 고속철도용 Rheda 2000 콘크리트궤도 시스템

XII.2.1 Rheda 2000 콘크리트궤도 시스템

(1) 개요

독일에서 개발된 Rheda 2000 무도상궤도 시스템은 Rheda 계열에서 현재 가장 진보된 개발이다(그림 X

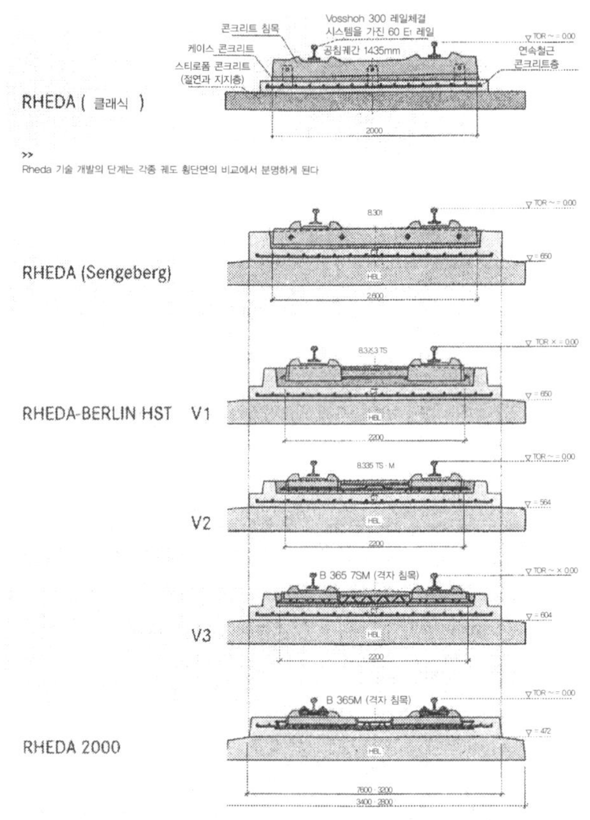

그림 XII.22 Rheda 2000 무도상궤도 시스템의 발달 단계
Rheda 2000은 1972년에 독일의 Rheda 역에 처음으로 설치된
클래식 Rheda 시스템의 그 이상의 논리적인 개발이다.

Ⅱ.22 참조). 이 모델의 개발에서 이전 모델의 가장 본질적인 두 가지 변경은 다음으로 이루어져 있다.

- 특별히 조절된 쌍-블록 격자-트러스 침목의 채용
- 충전(infill) 콘크리트와 철근 트로프를 균질한 궤도-지지층으로 합체

― 침목을 둘러싸는 콘크리트 층과 함께 ― 프리스트레스트하지 않은 철근 콘크리트 침목은 널리 균질한 구조를 구성한다. 그것은 최소의 구조적 높이가 특징이며 무도상 시스템에 적합한 모든 궤도 하부구조에서 균등하게 실행될 수 있다.

건설 레일과 긴 주행레일의 도움으로 설치된 Rheda 2000은 소위 톱다운(top-down) 시스템으로 설치된다. 침목은 공식적으로 승인된 어떠한 간격으로도 설치할 수 있다. 그들은 궤광을 형성하도록 레일과 함께 조립되며, 특수 조정 시스템을 이용하여 명기된 그들 위치와 높이로 부설된다. 최종 정렬 후에는 콘크리트 궤도 지지층을 타설한다. 이 절차는 궤도 하부구조의 어떠한 부정확도 보정할 것이다.

Rheda 2000은 끝과 끝을 접한 시스템 엔지니어링의 덕택으로 분기기 구간에서 뿐만 아니라 토공, 교량과 터널에서의 실행에 잘 적용된다. Rheda 2000은 진동에 민감한 지역에서도 질량-스프링 시스템과 협력하여 충족될 수 있다. 탄성 감쇠 요소 위에 지지된 콘크리트 궤도 시스템의 질량은 궤도 주변에 작용할 수 있는 진동을 줄이거나 없앨 수 있다.

Rheda 2000은 유리한 건설비 및 낮은 보수비와 함께 장기에 걸쳐 높은 레벨의 안전과 흠이 없는 궤도 위치설정을 아울러 갖는다. 따라서 시스템은 고속선로에서 적용하기 위한 모든 요구조건을 충족시킨다. 국제표준에 따라 다른 RAMS 분석은 이들의 이익을 확인하였다.

Rheda 2000의 명백한 장점은 다음과 같다.

- 기하 구조적으로 정확한 지점(支點)을 보장하는 콘크리트 침목 위 레일 지지
- 단순한 시스템구조
- 낮은 구조 높이와 폭
- 수명이 긴 지지 재료로서의 타설된 콘크리트
- 콘크리트 침목과 궤도 콘크리트 간의 최적 접착
- 다음으로 귀착되는 레일의 상면을 참조한 궤도부설
    - 레일의 상면에서 큰 위치적 정확도
    - 시스템 구성요소의 제작공차로부터 부정적인 영향이 없음
    - 부설 동안 레일 체결장치의 어떠한 보충 조정기능의 이용도 필요하지 않음
- 최적화된 측량과 조정기술을 이용하여 정밀한 궤도 위치설정
- 하나의 궤도 층을 형성하도록 콘크리트 트로프와 충전 콘크리트의 결합에 의한 콘크리트 궤도지지층의 균질한 구조
- 궤도구간의 모든 유형, 즉 분기기 구간 및 레일 신축이음매뿐만 아니라 토공, 교량과 터널의 본선궤도에서 끝과 끝을 접한 시스템 엔지니어링의 조화
- 단순하고 능률적인 부설기술의 결과로써 높은 일간 궤도부설 작업량
- 터널의 콘크리트 층에 필요한 철근의 절감 가능성

(2) 시스템의 구조와 구성요소

B 305 U60M 콘크리트 쌍-블록 침목에서 가장 많이 적용하는 고탄성 300-1-U 레일체결 시스템은 콘크리트 무도상궤도 시스템의 큰 강성을 보정한다. 프리스트레스트하지 않은 철근을 가진 변경된 쌍-블록 침목은

Rheda 2000의 핵심을 형성한다(**그림 XII.23**). 격자–트러스 철근은 형상–안정 요소를 나타내며, 침목 콘크리트에 부분적으로만 통합된다. 이 특성은 침목과 콘크리트 슬래브 간의 접착 효율을 보장한다. 레일 체결장치는 침목블록에 고정된다. 공장조건에서의 생산은 정확성과 레일 기울기에 관하여 레일 체결장치의 선형 정밀성을 보장하고 게다가 체결장치의 충분히 유효한 고정을 보장하며, 후자는 큰 하중을 지지할 수 있게 한다. 격자–트러스에 의한 개별적인 두 블록의 연결은 정확한 궤간을 보장한다.

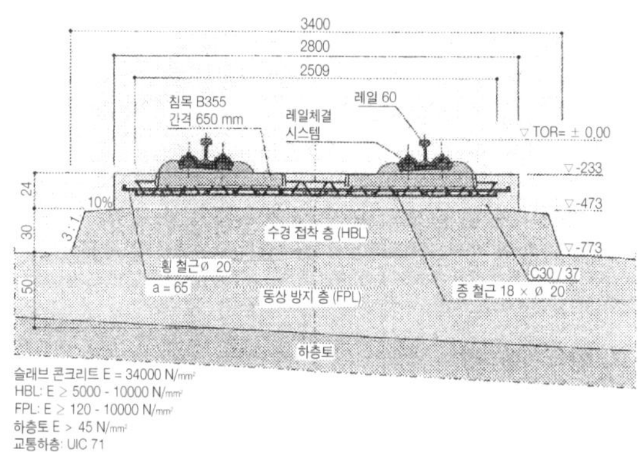

그림 XII.23 Rheda 2000 시스템에서 레일 체결장치 지지층으로 사용된 프리캐스트 콘크리트
부설요소는 격자 트러스 철근에 연결된다. 이 횡단면은 토공 위의 구조적 원리에 나타낸다.

레일 체결 시스템은 무도상궤도 시스템에서 핵심적인 역할을 한다. 여러 해 동안 독일철도에서 그 적용의 유효성이 입증된 Vossloh 300 레일 체결 시스템은 독일 철도망에서 무도상궤도 시스템용의 표준적용으로서 공식적으로 승인된다. 그러나 기본적으로 콘크리트 침목용으로 적합하고 승인된 어떠한 탄성 궤도–체결 시스템이라도 사용할 수가 있다. 유자격의 시험기관은 대안의 궤도–체결장치 해법에 대한 시험을 이미 다루어 왔다.

상기에서 언급한 것처럼, 쌍–블록 침목은 현장 타설 콘크리트로 만들어지는 궤도–지지층에서 굳어진다. 이 층은 일반적으로 240 mm의 두께로 마련된다. 콘크리트 층에서 고의의 고른 균열의 형성을 이루기 위해 종 방향으로 콘크리트 층을 통하여 철근이 설치된다. 토공 위 궤도에서의 철근비는 콘크리트 횡단면의 0.8 내지 0.9 %이다. 이 설계는 연속 철근이 부식에 대해 보호된다는 결과와 함께, 균열의 형성을 컨트롤하고 균열의 폭을 0.5 mm 이하로 제한한다. 게다가, 이 해법은 철근으로 생긴 전단력 전달(다우엘) 영향이 균열된 슬래브 단면 간의 연결로서 충분히 유지되는 것을 가정한다.

(3) 부설기술

공장에서 침목을 생산하여 궤도 건설구간까지 수송한다. Rheda 2000 시스템용으로 특별히 개발된 측량 시스템은 높은 레벨의 궤도위치 정확도를 보장한다. 스프레더–바와 스핀들 브래킷으로 수행된 조정기술은 크게 불리한 부설조건 하에서조차 궤광의 정밀한 정렬과 체결을 허용한다. 스프레더–바 조정(**그림 XII.24 참조**)은 침목의 끝에 설치한 스핀들을 이용하는 수직조정과 침목 중앙의 특수 스프레더 바에 의한 수평 조정으로 이루어지는 결합된 기술을 포함한다.

스핀들 브래킷 조정 장치(**그림 XII.25 참조**)는 극도로 정밀한 해법을 나타낸다. 이들의 장치는 레일의 저부에

그림 XII.24 스프레더-바 조정　　　　　　그림 XII.25 스핀들 브래킷 조정 장치에 의한 조정

서 궤광을 직접 지지하며, 그들의 특수 설계에 의하여 궤광의 수직조정과 수평조정을 할 수 있게 한다.

상기에 언급한 양 기술을 이용하는 조정 절차는 측량자의 점검이 종료되었을 때 완료된다. 그 후의 단계는 지지 콘크리트 층에서 침목의 콘크리트 타설이다. 시스템에서의 고유한 톱다운 부설 기술은 이 작업에 포함된 극히 엄한 공차 요구조건에 대한 최적의 적합을 허용한다.

(4) Rheda 2000 시스템의 RAMS 분석

철도에 기초한 기반시설의 실현에서 신뢰성, 가용성, 보전성 및 안전성(RAMS) 영역의 요구조건에 관한 적합을 보장하는 것이 점점 중요하게 되고 있다. 이들 RAMS 분석의 주요한 요소는 전체 철도 시스템 또는 그 구성의 서브시스템에서 뚜렷이 표현하는 통찰력을 마련한다. RAMS 분석으로 마련된 엔지니어링 명제는 무도상궤도 시스템의 시스템 공급자와 운영자에 대하여 뿐만 아니라 문서화와 진행 중인 개발단계에서 크게 중요하다. Rheda 2000 무도상궤도 시스템에 대하여 완전한 RAMS 분석이 수행되었다.

RAMS 분석의 프로세스는 시스템 공급자와 운영자의 대리인뿐만 아니라 크게 다양한 분야에서 채용한 멤버로 이루어진 전문가 팀의 적당한 브레인스토밍(brainstorming) 회합에서 개최된다.

처음으로 필요힌 단계는 내포된 잠재적 위험외 사정과 평가를 위한 예비 위험(리스크)-분석의 적용이었다. 다음의 단계는 Rheda 2000 시스템을 그 개별 요소들과 그 외 구성요소들로 분류하는 것으로 이루어진다. 이 시스템 구조를 기초로 하여 그 다음에 결함-가능성과 결함-영향 분석을 수행하는 것이 가능하였다. 이 프로세스는 실제 운영 동안 일어날 수 있는 개별 구성요소들의 모든 잠재적 결함들을 노출시켰다. 그러나 이 절차는 불충분한 규모설정, 재료결함 및 생산부족으로부터 일어날 수 있는 결함들을 고려하지 않는다. 개별 구성요소들의 위험을 평가한 후의 다음 단계는 크리티컬한 요소 부류와 덜 크리티컬한 요소 부류로 나눈 위험의 분류였다. 이 분류는 시스템에 대해 한층 더 통찰할 수 있게 하고 그 이상의 개발에서 시스템 공급자에게 매우 유익하게 조력할 수 있게 한다. 여기서 상세한 과제로서 고장(故障)수목(樹木) 분석을 다루는 프로세스는 이들의 개별 결함을 중첩시킨다.

최종 단계는 노출된 잠재적 위험을 평가하기 위하여 위험-제거 문서화의 수행을 포함하였다. 이 단계는 모든 있음직한 위험이 크리티컬하게 사정되어온 점과 그들이 발생되지 않음을 보장하는데 최우선이 할당된 점을 확신시켰다.

XII.2.2 추가의 시스템 해법

(1) 최적화된 구조설계 기술을 가진 분기기

진행 중인 개발노력은 Rheda 2000 무도상궤도 시스템용으로 본선과 분기기 구간을 위해 끝과 끝을 잇는 시스템 엔지니어링을 달성할 목적으로 수행하여 왔다. 이 노력의 본질적인 요소는 구조높이를 줄이기 위해 광범위한 개조를 포함하였다. 여기서 관건의 국면은 B 355 M 쌍-블록 침목의 구조높이에 따라서 개발된 콘크리트 분기기 침목의 설계와 치수설정이었다. 여기서 달성된 개량은 프로젝트 엔지니어링에 대한 시간과 비용의 상당한 절약 및 건설현장에서의 설치를 상당히 절감할 수 있게 한다.

(2) 터널과 교량

그 이상의 잠재적 절감은 터널과 교량에서 무도상궤도 시스템의 적용으로부터 생긴다.

Rheda 2000 시스템은 낮은 구조높이의 덕택으로 특히 터널의 일신에서 본질적인 이익을 제공한다. 시스템은 기존의 터널에서 궤도 클리어런스 포락선(구조 클리어런스)의 확장을 허용하며, 그것은 차례로 열차속도와 선로용량을 증가시킬 수 있게 한다.

(3) 질량-스프링 시스템

차량은 열차운전에 직접 기인하는 진동뿐만 아니라 궤도에 인접한 빌딩에서 구조물-발생 소음효과를 발생시킨다. 이들의 영향을 줄이기 위해서는 질량-스프링 시스템으로서의 Rheda 2000 시스템을 설치하는 것이 또한 가능하다. 이들의 시스템에서는 궤도자체의 질량과 궤도 하부구조 간의 탄성 요소가 진동을 줄이는 완화요소를 형성한다. 이 해법은 진동을 감소시키며 전파되는 구조물-발생 소음을 줄인다. 현재 독일에서 질량-스프링 시스템으로 대략 15 km의 Rheda 2000 무도상궤도 시스템이 부설되어 왔다(제XII.4절 참조).

(4) 도시 운송로

Rheda City 도상궤도 시스템은 Rheda 계열의 모든 그 밖의 시스템과 같은 기능적 원리에 기초한다. 그러나 Rheda City는 도시 운송로용으로 특별히 설계되었으며 시가전차 시스템을 포함하는 적용에서 특히 효과적이다. 단순한 부설절차, 재작업이 없이 좋은 궤도 위치설정 및 신뢰할 수 있는 운영은 도시 철도수송에서 Rheda City의 적용을 입증하는 모든 인자이다.

XII.2.3 신선 콘크리트궤도 측량의 원리

(1) 절대적인 정확도와 상대적인 정확도

작은 정사각형들로 프린트된 한 장의 A4 용지를 이미지화함으로써 절대적인 정확도와 상대적인 정확도의 개념을 설명할 수가 있다. 용지의 절대적인 크기와 개개 격자 교차점의 위치는 용지의 네 모퉁이와 용지의 가장자리에 관하여 한정될 수 있으며, 그러므로 그들은 위치 좌표 시스템으로 한정된다.

만일 이 용지의 정사각형들 중 하나의 절대적인 위치를 한정하기를 원한다면, 용지 가장자리까지의 관계를 산출하여야만 한다. 만일 종이의 제조자가 정사각형의 정밀도를 ±0.1 mm의 정확도로 명기한다면, 이를테면, 그

때에 정사각형의 경계는 종이의 가장자리로부터 정확한 치수의 ±0.1 mm 이내에 있어야 한다.

만일 정사각형의 상대적인 위치를 참조한다면, 절대적인 위치에 대해 아무런 참조 없이 특정한 두 정사각형의 거리간격을 한정한다. 그러므로 상대적인 정확도는 명기된 절대적인 정확도에 의해 제한된다. 만일 ±0.1 mm의 절대적인 정확도를 명기한다면, 하나의 정사각형이 +0.1 mm에 있고 또 하나가 −0.1 mm의 절대적인 정확도에 있는 경우에는 ±0.2 mm에 이르기까지의 상대적인 오차가 가능하다. 이 방법에서는 절대적인 데이터가 주요 수준점을 참조하고 상대적인 데이터는 상응하는 보조 점을 참조한다.

요약하면, 절대적인 데이터는 항상 주요 측량 데이터를 참조하며, 반면에 상대적인 데이터는 측량 위치설정 시스템의 범위 내에서 다른 데이터를 참조한다.

(2) 측량 참조 망

Nuremberg~Ingolstadt 신선의 측량 방법론의 경우에 주요 수준점 망은 약 1 km의 간격으로 정립되었으며, 이것은 건설공사의 기간 동안 외부의 고정 점으로 사용되었다. 이 망은 지구위치정보시스템(GPS) 및 총 28 새털라이트를 가진 새털라이트 측정시스템으로 사정되었다. 이들은 또한 도로, 선박 및 항공사용 내비게이션용으로도 사용되었다. 1 cm보다 상당히 더 좋은 측지학의 절대적인 정확도는 복합적인 3차원 삼각법 크로스체크 프로세스의 결과로써 달성되어 왔다.

Nuremberg~Ingolstadt 선로에서 주요 수준점 망은 측량결과의 균등화 후에 1 cm 이하의 잔류 오차를 가졌다. 수준점의 레벨(고도)은 정밀한 레벨측량 시스템으로 확증하였으며 이 시스템은 전체 현장에 걸친 절대적인 정확도가 5 mm보다 더 좋았다. 이 방법에서는 적당하게 통합된 주요 수준점 매트릭스가 신선의 노선을 따라 형성되었다.

(3) 프로젝트 참조 망

약 1,000 m의 간격을 가진 수준점은 건설현장에 대한 일상의 측정목적용으로 충분하지 않았으므로 일반 계약자의 측량 팀은 선로의 노선에 나란하게 약 200 m의 간격으로 더 밀집한 수준점 매트릭스를 정립하였다. 이것은 GPS 및 수요 그리드와 관련하여 대난히 높은 위치 정확도를 가진 육상측량과 협력하여 행하였으며, 그것은 터널, 교량 및 무도상궤도 자체의 건설용 목표관련 측정지점을 정립할 수 있게 하였다.

(4) 무도상궤도 건설용 궤도측량 참조 망

300 km/h의 고속교통용으로 평탄한 궤도선형을 보장하기 위해서는 궤도의 건설용으로 고밀도의 아주 정확한 측점 그리드가 요구된다. 고도에서 ±1 mm, 횡 위치에서 ±5 mm의 정확도가 요구되었다. 이웃하는 두 점 간의 상대적인 정확도는 ±6 mm로 제한되었다. 수평 핀은 전차선 설비(견인 카테너리) 전주에 고정되고 터널 내에서는 안쪽 표면에 고정되었다. 이 방법에서는 측점 망을 60 m의 간격으로 선로의 양쪽에 구성하였으며 이것은 건설의 완료 후에 계속 유지하였다.

XII.2.4 Rheda 2000 시스템의 건설과 측량 사례

(1) 측량 준비

궤도선형 프로젝트는 노선선형의 설계계획과 측지측량에 근거를 둔다. 프로젝트는 주요 수준점 그리드에 대한 선형, 구배 및 캔트의 주요한 수학적 관계를 구성한다.

무도상궤도의 횡단면은 시공기면이 변경되는 경우에만 바꾸었으며, 그리하여 다음에 대한 표준 횡단면을 선정한다.

- 노천구간의 궤도단면
- 땅깎기 구간의 궤도
- 굴착터널 구간
- (25 m에 이르기까지) 짧은 교량
- 개착터널 구간

계획은 가장 작은 캔트와 가장 큰 캔트에 대하여 제시되었다. 다음과 같은 개별적인 경우에는 특정한 횡단면을 이룬다.

- (25 m 이상으로) 긴 교량
- 분기기 슬래브
- 다른 구성의 두 무도상궤도 간의 천이접속 구간
- 터널 입구
- 자갈궤도에서 무도상궤도로의 천이접속 구간

(2) 건설 프로세스(그림 XII.26, 27)

Rheda 2000의 건설은 지반기초 위에서 동상방지층으로 시작하여 그 위에 30 cm 수경접착 층("HGT")을 정확한 단면형상으로 배치한다. 정확한 위치와 레벨로 지지된 투윈-블록 침목의 궤광이 그 위에 놓이며, 주된 슬래브는 단일체의 슬래브를 형성하는 B35 콘크리트로 타설된다. 건설은 동상방지층이 생략되고 필터 층을 형성하도록 매스 콘크리트가 배치되는 점을 제외하고는 터널에서와 유사하다. 지지층은 불필요하며 레벨을 같게 하기 위해 B15 콘크리트를 사용한다.

그림 XII.26 Rheda 2000의 일반적인 배치

그림 XII.27 NBS Cologne~Frankfurt에서 Rheda 개량 "Berlin HGV"의 상세

(3) Rheda 2000 시스템용 슬립-폼 페이버의 기계 안내(그림 XII.28)

Central and Southern 구간의 Rheda 2000 시스템용의 수경접착 지지층(HGT)과 준비된 지반표면의 고르기는 전통적인 안내방법을 채용하였다. +5 mm/-15 mm의 요구된 공차는 이 컨트롤 시스템으로 달성하였다. 그러나 터널에서 20 km 정도의 와이어 안내 시스템의 사용은 문제가 있는 것으로 판명되었으며, 그래서 "ARG 무도상궤도 유니트"는 프랑스 제조사 DPS가 제작한 측지 Vögele 레벨 균등화 시스템을 가진 도로포장 유니트를 채용하기로 결정하였다. 높이와 횡 구배는 Leica 시스템과 같은 컨트롤 원리를 이용하여 자체 조정 시거의 (視距儀)로 컨트롤하였다. 줄(방향)은 이웃하는 가이드 시스템으로부터의 거리를 이용하여 컨트롤 하였다.

고저 균등화의 지시된 높이 정확도는 시방서에 따른다.

(4) 무도상궤도의 정밀시공

300 km/h의 속도에서 열차는 1초에 83 m를 이동할 것이다. 열차가 물론 선로건설의 고정된 선형에 의하여 줄(방향)과 고저(면)에서 속박되므로 측정기술은 최대로 가능한 정확도를 허용하도록 충분하여야 한다.

Rolls 씨와 Royce 씨는 1920년대에 엔진블록 위 가장자리에 동전을 놓음으로써 그들 자동차의 스므스한

그림 XII.28 수평 확인 줄을 가진 슬립-폼 페이버를 이용한 HGT의 건설

주행을 증명하였다. 오늘날의 기술자는 같은 방법으로 ICE 열차 내에서 커피 컵을 가득 채워 300 km/h에서 한 방울도 흘리지 않는 점을 자랑한다.

(5) Rheda 2000 시스템 궤광의 위치설정(그림 XII.29, 30)

Rheda 시스템의 경우에 침목과 설치 레일로 이루어져 있는 궤광을 정상적 위치로 들어 올린 후에 전통적인 측정방법을 사용하여 위치와 고저에서 1 cm 미만의 오차로 대략적으로 배치시킬 수 있으며 최종 위치설정 프로세스용으로 적절한 설비를 갖출 수 있다. 이것은 예를 들어 South Section에서처럼 줄(방향)과 고저(면) 양쪽용 단일 시스템일 수 있다.

이것은 또한 Rhomberg 회사가 줄(방향)과 고저(면) 엣지(wedge)를 사용한 Cologne ~Frankfurt 신선에서의 사례이다. 대안으로 Central Section과 Fischbach~Feucht에서처럼 양로 스크류와 정렬 잭을 사용할 수 있다. 이 단계에서는 궤광이 "영 오차"의 상태에 이르게 된다. 오늘날 이것은 Leica GRP1000과 같은 가동 궤도측량 시스템처럼 충분히 자동화된 자동적인 시거측량 시스템으로 행하여진다. 이것은 프리즘, 캔트 게이지 및 궤도 폭 게이지를 깆추고 있다. 김퓨터는 측량 시스템을 긴드롤하며 특수 궤도측량 소프드웨이는 궤도 선형 상세를 저장하고 그것을 분석하며 리얼타임으로 결과를 산출한다.

그림 XII.29 Rheda 2000 궤광의 초기미동 위치설정

그림 XII.30 콘크리트 타설 직전에 Rheda 2000 궤광의 최종 조정

우측 삽입화면 : Rheda 슬래브 궤도 조정의 측정원리
좌측 삽입그림 : 빠르고 정밀한 궤광 조정을 위한 Leica GRP1000의 레일 위 안내

시거의와 궤도측량 시스템은 무선 통신수단으로 데이터를 주고받는다. 시거의는 주요 수준점 시스템과의 관계를 정립하며 다음 단계는 궤도 시스템에 전달된 프리즘의 현재 좌표를 갖는 것이다. 프리즘의 위치 및 궤간과 캔트의 3차원 삼각법 해석은 현재의 궤도위치와 모든 위치오차와 관련하여 수행할 수 있으며 높이와 캔트를 나타낼 수 있다. 그 때의, 정정 값은 측량자가 궤도위치를 조정하는 시스템으로 직접 전달될 수 있다. 궤광이 그 최종적인 위치와 높이에 있게 되자마자 콘크리트를 타설할 수 있고 선형이 영구적으로 고정된다.

(6) 인계 측량

(가) 인계 공차

인계 공차는 최종과 영구 고정 및 모든 연삭과 용접 후에 허용할 수 있는 설계 선형으로부터 제한되는 오차이다. 이들의 공차는 무도상 궤도에 대하여 극히 타이트하다. 궤도에 대한 위치설정은 그들의 적합한 위치와 높이의 범위를 넘어 ±10 mm를 초과하는 것을 허용하지 않는다. 게다가, 5 m의 거리에 있는 두 측정위치는 줄(방향)과 고저(면)에 관하여 상대적인 위치에서 ±2 mm보다 더 많이 벗어날 수는 없다. 150 m 떨어진 두 측정 위치는 ±10 mm의 상대적인 위치 공차를 갖는다. 캔트의 공차는 0.14 %, 즉 ±2 mm에 둔다.

(나) 3D 궤도선형 측량(그림 XII.31, 32)

그림 XII.31 각 레일지점에서 3D 궤도선형 측량

그림 XII.32 Leica GRP 시스템 FX 최신의
측정기술에 의한 최적의 궤도품질

요구된 공차에 따라 점검하기 위해서는 소위 지지에 관련된 점검 측량을 시행하여야 한다. 모든 침목의 위치, 높이, 궤간 및 캔트는 기하학적 측량방법을 이용하여 확인된다. 무도상궤도의 경우에는 (레일이 체결된) 모든 지지위치마다 이것을 측정한다. 외부적으로 타이트한 공차를 확인하기 위해서는 측정 프로세스의 내부 정확도가 전체 노선길이에 걸쳐 ≤ 0.5 mm이어야 한다.

Nuremberg~Ingolstadt 노선에서의 응낙(應諾)입증은 이 요구된 정확도의 달성이 측량 기술자에게 불가능한 문제가 아니라는 점을 입증하였다. 새 노선의 보다 큰 부분이 사실상 완전히 공차 범위 내에 있음을 확인하였으며 공차 위반에 대한 약간의 제한된 재작업은 스케줄의 범위 내에서 완료하였다.

 (다) 정정 잠재력

어쩌면 콘크리트 타설 단계에서의 부적당한 주의 때문에 궤도의 실제 위치와 설계 간에서 얼마간의 편차가 생기는 경우에는 레일위치에서 줄(방향)과 고저(면)의 얼마간의 정정을 행할 수 있다. 이것은 운영 동안 약간의 선형틀림이 생기는 경우에도 또한 필요하다.

높이에서 -4 mm와 $+56$ mm 사이 및 줄(방향)에서 ± 8 mm의 한계까지 정정이 가능하다. Nuremberg~Ingolstadt 구간의 측량 팀이 그들의 업무에서 그러한 수고를 함에 따라 이 기능은 대단히 제한된 경우에만 필요하였다.

XII.2.5 콘크리트궤도 시스템의 측량 사례

Hogesnelheidslijin-Zuid(고속선로-South)의 Rheda 2000 시스템 시공사례에서 침목은 첫 번째로 특별히 조립한 궤도 위치설정 기계장치를 사용하는 대략의 위치선정과 그 다음에 "액티브 타깃이 있는 상호측정(intermetric) 레이저 선형정렬" 프로세스를 사용하는 최종 조정 등 2 단계의 프로세스로 배치하였다.

침목이 일단 정확하게 위치를 잡았다면 콘크리트를 현장 타설한다. 시방서는 모든 침목이 방향(줄) 및 수직과 횡 위치에서 mm의 정밀도로 위치를 잡도록 요구한다. South 구간에서는 이미 시험 주행이 실시되었다. 품질관리와 정밀한 측정 프로세스는 후속의 위치 재설정이 필요하지 않음을 보장하였다.

궤도 시스템은 보수가 거의 없는 것을 필요로 하였고 이것은 슬래브 궤도의 개념으로 이끌었다. 레일지지 장소는 마모를 최소화하고 장기에 걸쳐 정확한 궤도구조를 유지하도록 하부구조를 완전하게 형성하였다. 이것은 궤도가 건설단계에서 정확한 위치에 정밀하게 설치되어야 하는 점을 필요로 한다. 궤도공사의 측량 하청인인 "상호측량 GmbH"는 Rheda 2000 공동도급회사용 29만 침목의 각각에 대하여 mm 정밀도로 횡, 수직 및 방향(줄) 데이터를 마련하면서 측정 프로세스를 수행하였다.

(1) 건설 프로세스 제1 단계 – 대략의 궤광 위치설정(그림 XII.33)

시공기면의 준비 후에 슬래브용 종 철근을 배치하고 내민 전단 철근이 있는 프리캐스트 콘크리트 침목을 65 cm의 간격으로 그 위에 배열한다. 한 쌍의 레일들과 23 침목이 독자적인 가동 궤광을 형성하도록 15 m 길이의 설치 레일을 끼워 넣는다.

궤광의 정확한 위치설정은 2단계로 수행하며, 2단계 위치설정 후에는 준비되어 있는 시공기면 위에 20 내지 25 cm 두께로 침목 주위와 아래에 콘크리트를 현장 타설함으로써 최종 고정이 뒤따른다. 곡선에서는 180 mm에 이르기까지의 캔트를 허용하여야 한다. 처음의 위치설정은 Rheda 2000 공동도급회사가 새로 개발한 궤도 리프팅 기계를 사용하여 수행하였다. 궤광은 4 개의 독자적인 리프팅 프레임 위에 지지되며 반복된 조정으로 최종 위치에 가깝게 이르게 한다. 기하학적 측정과 컨트롤 시스템은 상호측량 GmbH가 이 새로운 기계 전용으로 개발하였다.

그림 XII.33 자동화된 사전배치

(2) 상세한 컨트롤 시스템

모든 프레임 위치에는 프리즘과 정밀 전자 경사계가 준비된다. 전자적으로 컨트롤된 프리즘 셔터는 오직 하나의 프리즘만이 한 번에 목표 망원경의 조준선에 있음을 확실하게 한다. 경사계는 기계의 데이터 전달 장치에 연결된다. 그것은 아날로그-디지털 변환기, 디지털 릴레이 및 무선 모뎀을 포함한다. 프리즘에 대해 측정하는 자동 시거의(視距儀, tachymeter)는 제2 무선 모뎀과 외부 동력원을 갖추고 있다. 그것은 70 m의 간격으로 궤도를 따른 수준점 매트릭스에 의해 세워지고 방위를 맞춘다.

궤도 리프터(lifter) 프로그램은 옥외 작업에 적합한 PDA 컴퓨터로 작동된다. 그것은 제3 무선 모뎀을 사용하여 통신망에 접속된다. 그것은 센서로 연락되며 프리즘 셔터를 컨트롤한다. 전체의 측정과 계산 프로세스는 전문 오퍼레이터가 인력으로든지 완전 자동작동으로 컨트롤한다. 궤도 리프터는 시거의를 사용하여 프레임의 각각에 대한 프리즘의 현재 좌표를 확인한다. 그 다음에 국지적 설계 선형과 설계 캔트 및 프레임 자체의 선형으로부터 필요한 보정을 만족시킨다. 각 프레임에는 3 세트의 잭이 있으며 그들의 컨트롤 시스템에 대해 12 보정을 만족시킨다. 기계는 떨어져 있는 신호 뒤에서 필요한 리프트 이동과 경사 작동을 수행한다. 3 회의 반복은 일반적으로 3 내지 5 mm의 정밀도를 달성하기에 충분하다.

(3) 제2 단계 - 상세 조정(그림 XII.34, 35)

용이한 고정과 미세 조정을 위하여 개발된 새로운 스핀들 시스템의 엔진은 궤광에 고정되며 그래서 엔진이 궤광으로 지지된다. 스핀들은 나중 단계에서 미세조정을 행할 수 있게 한다. 기계는 궤광을 해방하여 움직이며 작업 팀은 횡 철근을 고정하고 셔터링을 하며 접지한다. 그러고 나서 "액티브 타깃이 있는 상호측량 레이저 선형 정렬" 시스템을 이용하여 횡과 수직으로 및 캔트에서 1 mm 미만의 공차로서 궤광을 적합한 위치로 최종적으로 조정할 수가 있다.

궤도측정 차량은 프리즘, (광택이 없는 스크린과 디지털 카메라로 이루어진) 액티브 타깃, 경사계 및 궤간 측정

장치를 갖추고 있다. "상호측량 궤도 측정 트롤리 — iGW" 소프트웨어는 옥외-가능 휴대형 컴퓨터로 작동되며 장비로부터의 판독을 컨트롤하고 획득한다.

　레이저는 정렬의 중심선을 나타내며 그것으로부터의 벗어남은 액티브 타깃을 사용하여 측정한다. iGW는 측정된 경사와 궤간을 이용하여 요구된 조정을 계산한다. 프로세스와 장비의 정밀성은 가장 높은 정확도를 보장한다. 판독의 재현성은 대기상태에 좌우되어 1/10 mm 내지 3/10 mm의 범위에 있다. 판독은 1/10 mm 눈금의 값을 나타낸다. 핸드레버로 스핀들을 돌리면 궤광을 정확한 위치에 이르게 한다. 궤광은 대단히 단단하며 어떠한 위치에서도 3 mm 이상의 조정은 이웃의 레일지지 위치를 다시 조정할 필요가 있고 필요시 다시 조정하여야 한

그림 XII.34 상호측량 "궤도 측정 트롤리"로 미세조정

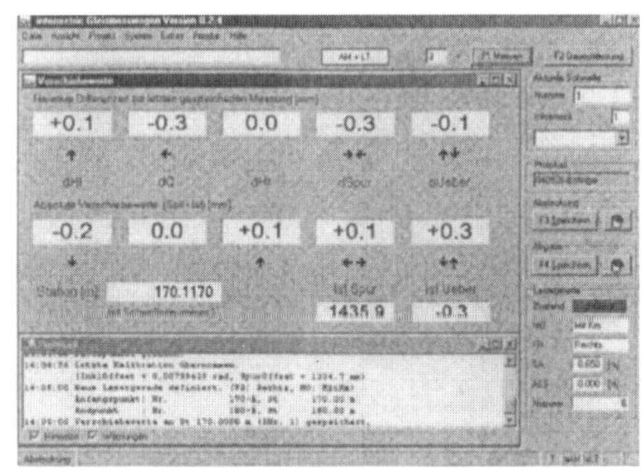

그림 XII.35 상호측량 궤도 측정 트롤리 소프트웨어의 GUI

다. 최종적으로 레이저 중심선을 이용하여 모든 위치를 다시 측정한다.

(4) 콘크리트 타설 및 레일설치

　그러고 나서 침목 주위에 콘크리트를 타설한다. 30 분 내지 60 분 후에 스핀들을 1/4 회전만큼 느슨하게 하여 침목을 지금 경화되고 있는 굳지 않은 콘크리트에 침하시키며, 그래서 침목 아래에 공극의 형성을 방지한다.

　주행 레일은 출입을 이용할 수 있게 되자마자 설치할 수 있다. 그들은 120 내지 180 m 길이로 부설되며 장대 레일을 형성하도록 용접된다.

(5) 최종 문서화

완성된 궤도는 예를 들어 "액티브 타깃이 있는 상호측량 레이저 선형정렬 — iaZ" 시스템으로 다시 한 번 측정한다. 모든 침목은 겹치는 레이저광선을 이용하여 두 번 측정한다. 시거측량 측정은 절대 위치를 확인하기 위하여 70 m 간격으로 수준점에서 취한다. 판독은 차량의 동적 거동에 대한 궤도 위치틀림의 영향을 평가하도록 단파장과 장파장 필터를 이용하여 통계적으로 평가된다. 이 평가는 만일 원한다면 레일패드를 교체함으로써 어떠한 틀림도 정정될 수 있게 한다. 정확한 선형을 달성하는 정정 값은 사실상 모든 침목에 대해 mm 정밀도로 나타낸다.

XII.2.6 철도 기반시설의 공적 사적 파트너십 프로젝트 사례

(1) 단계 1 : Rheda 2000 시스템의 결정

무도상궤도 기술은 최근의 수십 년 동안 고속선로용 표준기술로 되기까지 틈새 적용을 위해 전문 건설로부터 발달하였으며 기반시설은 높은 가용성 요구를 조건으로 하여 늘어난다.

HSL-Zuid 프로젝트에서 성공의 관건은 상부구조에 대한 경제적 설계 및 하부구조 특유의 엔지니어링 도전과 함께 선로의 가용성이다. 그러므로 건설에서 Rheda 2000 슬래브 궤도를 사용하도록 결정하였다(**그림 XII.36**). 이 유형의 무도상궤도 기술은 특히 다음의 특징 때문에 명석한 선택이다.

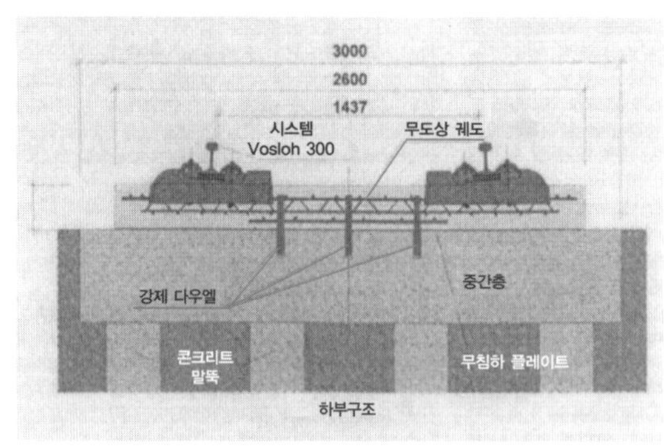

그림 XII.36 HSL-Zuid 프로젝트에서 Rheda 2000 무도상궤도 시스템의 횡단면

• **안정성, 정밀성 및 승차감** : 슬래브 궤도는 단일체의 구조이기 때문에 불변으로 안정된 궤도위치를 보장하며 고품질과 기능성 덕택으로 고속철도 교통에 포함된 큰 하중에 대해 안전하게 지탱할 수 있다. 특히, 선로가 고속으로 사용될 경우에는 궤도 기초의 변화와 함께 자갈도상구조에서 직면하는 문제가 무도상궤도의 사용으로 제거된다. 이것은 특히 궤도에 영향을 주는 축력과 관련하여 상부구조의 안전을 증가시킨다. 그 문제는 와전류 브레이크가 고속에서도 적용되는 경우에 현재 세대의 열차에 의해 악화된다. 조립 동안 mm 단위로 정확한 슬래브 궤도 시스템의 조정은 높은 레벨의 승차감을 위한 전제조건이며 차량에 대한 하중을 감소시킨다.

• **긴 수명과 거의 보수가 없음** : 슬래브 궤도는 서비스나 보수의 필요가 없거나 거의 없음과 함께 약 60년의 사용수명 덕택으로 고속운전에서 높은 가용성과 비길 데 없는 비용효과를 제공한다. HSL-Zuid 선로에 대해 특별히 수행한 RAMS(신뢰성, 가용성, 보전성 및 안전성) 상세검토는 Rheda 2000 시스템에 대한 이들의 파

라미터를 확인하였다.

 • **사용의 유연성과 끝과 끝을 이은 유효성** : Rheda 2000 무도상궤도 기술은 토공이 고르지 않음에도 불구하고 상대적으로 대단히 낮은 구조높이와 최적의 요구된 궤도위치를 달성하는 가능성과 함께 토공, 교량과 터널에서 및 또한 궤도구간과 분기기 구간에서 균등하게 적용하기 위해 끝과 끝을 이은 시스템 기술로서 그 자체를 권한다(**그림 XII.37 참조**). 슬래브 궤도의 요구조건에 적합하게 설계되어오지 않은 토공구조조차 인공적인 구조 위에 슬래브 궤도를 건설하기 위한 기초로서 사용될 수 있다.

그림 XII.37 분기기 구간에서 Rheda 2000

(2) 단계 2 : 생애주기비용(LCC) – 운영단계 동안의 보수비 결정

생애주기비용(LCC)을 정확하게 사정하는 것은 프로젝트의 경제적 성공에서 요긴한 것이다. 그것은 25년 운영단계 동안의 비용을 정립하기 위하여와 초기 단계에서 은행(銀行)과 운영자에 대한 총(總)리스크를 추정하기 위하여 그리고 프로젝트의 전체기간 동안 내내 신뢰할 수 있는 구조를 유지하기 위하여 계약자에게 특히 중요하다.

RAMS 분석은 LCC의 평가에 대해 중요한 입력을 제공한다. 구성요소의 활동수명, 결함 민감성, 보전성 및 운영단계 동안 시스템의 전체 안전에 대한 영향을 조사하는 RAMS 분석은 개개의 구성요소 레벨에 이르기까지 설계단계의 결과를 시험하는데 사용한다. 이것은 전체 시스템의 가용성 값을 정립할 수 있게 하며, 그것은 LCC에 대해 중요하다. 전체시스템에 대한 기술적 변경의 비용효과가 프로젝트의 진행 동안 즉시 일어나는지를 또한 점검할 수 있다.

(3) 단계3 : 검증과 타당성 조사

HSL-Zuid 프로젝트의 상부구조에 대한 RAMS 분석은 유럽 CENELEC 표준 EN 50126 (철도적용을 위한 유럽표준)의 요구조건에 근거를 둔다. EN 50126은 설계를 통한 개념으로부터 실행과 해체까지 철도교통 프로젝트의 생애주기에서 14 프로젝트 단계를 한정한다. 각각의 프로젝트 단계는 전체 시스템의 수명과 가용성에 대해 그들 자체의 영향을 미치는 특정한 활동(activity)으로 특징을 나타낸다. 한 단계에서 다음 단계로의 이행(移行)은 한정된 상태나 현상에서 일어난다. 그 현상은 다음의 프로젝트 단계 동안의 입력 및 동시에 이전 단계 요구조건의 확인(타당성 조사)이다. 프로세스의 목적은 새로운 선로가 사용에 들어가는 시점에서 요구조건 목록에 제시하는 시스템 요구조건의 완전한 입증(검증)을 마련하는 것이다(V 모델). 이것은 계약자와 하청업자가 그 입증을 체계적으로 손에 넣어야 하는 점을 의미한다. 요구된 입증은 특정한 프로젝트에 좌우되며, 내부적으로 지속적인 자체 모니터링(예를 들어, QM 시스템)에 의하여 그리고 외부적으로 독자적인 제3 집단(예를 들어, 독자적인 연구소, 대학교 또는 전문가 의견)으로부터 얻어진다.

XII.2.7 선형 건설현장의 계획수립 사례

(1) 사전준비 기간

네덜란드 HSL-Zuid(고속선로 South)의 상부구조에 대한 계획수립 프로세스는 설계 프로세스와 병행하여 대단히 이른 단계에서 시작되었다. 이것은 노반설계, 건설 프로세스의 요구조건 및 그들의 가지각색의 근원적인 물류계획 조건을 조정할 수 있게 하였다. 이에 대한 필요조건은 전체 건설흐름의 완전하고 상세한 개발과 그것의 개별적인 프로세스로의 분할이다(그림 XII.38 참조). 그 후에 인력과 장비 등과 같은 필요한 모든 자원은 건설스텝에 기초하여 사정하였다. 이 단계에서는 생산고의 구조, 중단, 변경 및 오르내림이 어느 정도 보정되어야 하는 사실이 허용되어야 한다.

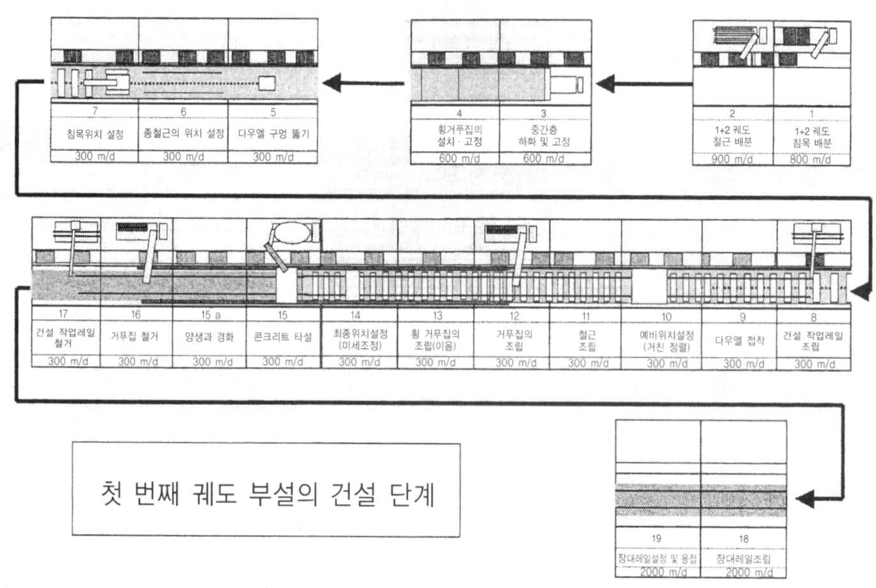

그림 XII.38 건설 프로세스의 개개 스텝에 대해 단순화한 도해

사전준비 기간의 목적은 작업의 실행 이전에 가능한 한 가장 투명하고 실질적인 계획을 수립하는 것이다. 이것을 가능하게 하기 위해서는 선형(線形) 방식의 건설현장을 따라서 가지각색의 근원적인 물류계획 조건에 관해 대단히 상세한 정보, 예를 들어 접근의 가능성(접근도로, 건설도로)을 프로젝트의 대단히 이른 단계에서 파악하여 건설 프로세스에 반영하여야 한다. 게다가, 건설공사의 착수와 완료일자 및 인터페이스 계약 공사 집단의

공사 등과 같은 외부 프로젝트 조건은 Rheda 건설 프로세스에 영향을 미친다. 이것이 타임스케줄에 더하여 활동(activity)의 위치와 작업방향을 나타내므로 이것은 시간−거리 다이어그램에서 예시되어야 한다.

(2) 건설단계

건설단계에서의 계획수립 프로세스는 어떠한 혼란이라도 조기에 확인하여 적당하게 처치할 수 있도록 공사진척의 리얼타임 모니터링뿐만 아니라 계획에 대한 건설 동안의 연속적인 업그레이드를 포함한다. Rheda 2000 공동도급회사의 계획수립 프로세스는 이 목적으로 개발되었다(**그림 XII.39 참조**). 이 프로세스는 다음과 같이 세 레벨로 나눠진다.

I. 인프라스피드(infra-speed) 총체적인 건설 타임스케줄

이 계획은 프로젝트 파트너들 간 내부 관계에서 그리고 또한 고객에 대한 계약상의 건설 타임스케줄이다. 그것은 시간−거리 다이어그램이며 관련된 계약 공사 집단의 중요한 활동(activity)을 포함한다.

II. Rheda 총체적인 건설 타임스케줄

Rheda 2000 공동도급회사는 계약에 기초하여 총체적인 건설 플로차트를 준비하였으며, 이것은 그 다음에 월간을 기초로 하여 업데이트되고 완전한 것으로 되어지며 어떠한 변화와 혼란이라도 포함된다. 이 차트는 Rheda 관리레벨에 대한 컨트롤 수단으로 사용된다.

III. Rheda에 의한 상세계획 수립

상세한 계획은 6 주 기간 이내의 모든 활동(activity)의 각 일주야에 대한 일람을 나타낸다. 이 계획은 Rheda 2000 공동도급회사 및 관련된 그 외 계약 공사 집단의 상호의존을 포함하여 모든 중요 스텝과 세부계획 활동을 나타낸다. 따라서 이 계획은 건설현장에서 가장 중요한 컨트롤 수단이다.

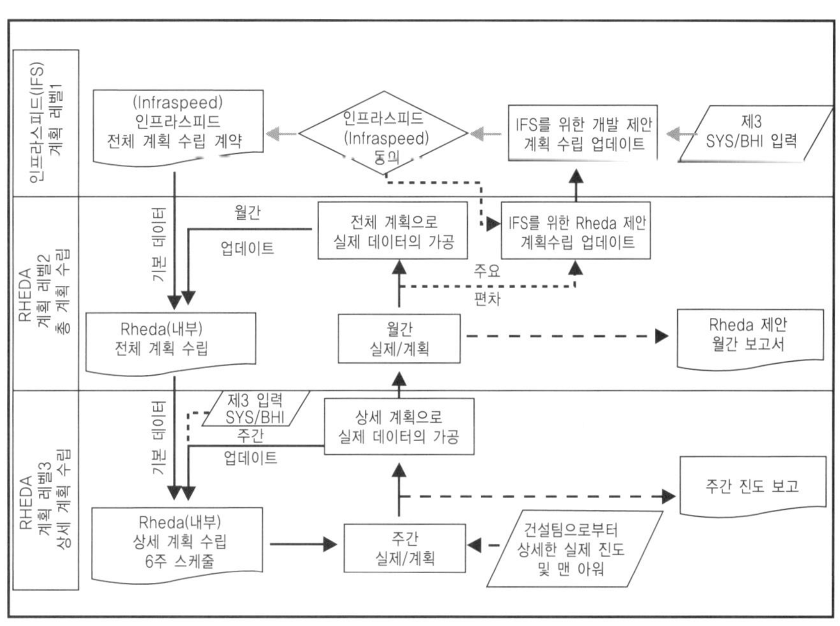

그림 XII.39 Rheda 2000 공동도급회사의 계획수립 프로세스

계획수립 레벨 Ⅲ에 관한 상세계획은 실제 진도에 기초하여 주간단위로 업데이트된다.

또한, 조정회의 후에 모든 그 밖의 계약 공사 집단이 제공한 정보도 반영하고 계약 시방서에 관하여 업데이트한다. 주간 진도보고서에서는 내부적으로 Rheda 관리에 대해 그리고 외부적으로 (본선만) 고객에 대하여 각 주간의 가장 중요한 이벤트(중단, 장애, 지연 등)와 함께 목표-실적 비교로서 건설 진도가 의사소통된다.

건설공사의 예상 완료일을 포함하는 목표-실적 비교는 상세한 건설 타임스케줄의 실제 데이터, 주간 보고서 및 모든 제3 집단 영향(장애, 지연된 인도 등)에 기초하며 계획수립 레벨 Ⅱ에 대해 한 달에 한 번 작성된다. 그 때에, 결과는 월간 보고서의 일부로서 파트너 회사의 경영진에게 송부된다. 그러나 만일 계약 공정표로부터 예를 들어 완료일이나 건설현장의 인계 일에 관련되는 어떠한 주요 편차라도 일어난다면, 새로운 초안이 준비될 것이다. 이 초안은 자원, 건설공법 및 원래 계획된 생산고 추정으로 준비되며 새로 예상된 건설 완료일을 나타낸다. 장애, 공사의 교란, 지연되거나 가속된 건설에 기인하는 어떠한 가외 비용도 이 초안의 일부로서 계산된다. 이것은 만일 필요하다면 계약 건설 타임스케줄을 업데이트할 수 있도록 인프라스피드(infra-speed) (레벨 Ⅰ)에 송부될 것이다.

(3) 총체적인 건설 타임스케줄

그림 XⅡ.38에 나타낸 것처럼 복잡한 건설 프로세스는 궤도 당 19 개의 개별 스텝으로 나뉘어져 왔다. 이들의 스텝은 별도의 시간-거리 다이어그램에서 그들 각각의 작업처리량과 함께 7 활동 선의 단순화한 방식으로 나타낸다. 이것은 궤도구간의 본질(예를 들어 교량, 터널 등), 공공 접근도로, 건설도로 및 건설현장 접근도로, 접근도로 개개 구간의 연장, 단일-궤도 구간과 도로의 모든 폐쇄 또는 그 외의 특별한 인자에 대한 정보가 제공되는 장소이다.

"ASTA 개발 GmbH"의 시간-거리 계획수립 소프트웨어 Tilos는 건설 타임스케줄을 나타내기 위하여 사용된다. 이 소프트웨어는 바 차트를 이용하여 사용된 자원의 표시에 더하여 작업 생산고(예를 들어, 콘크리트 타설 300 m/d)의 할당, 장소와 시간 양쪽의 견지에서 작업을 연결할 수 있게 한다. 게다가, 활동(activity)에 사용된 수량의 연결은 목표, 예를 들어 주 당 얼마나 많은 콘크리트 궤도의 작업연장(m)이 배치되어야 하는지가 자동적으로 결정되도록 허용한다. 배치된 이들의 목표량은 건설 동안 작업 스케줄링과 진도 모니터링의 기초를 형성한다(목표-실적 비교).

(4) 건설 진도/작업시간의 모니터링(컨트롤)

한편에 대한 계약 계획수립 시방서(목표일)는 컨트롤 시스템을 정립하도록 또 한편에 대한 핵심 계약 작업 활동(activity)의 실제 데이터와 비교한다. 이것은 Rheda 2000 공동도급회사에 관하여 본질적으로 콘크리트 타설과 관련된다. 상기에 기술한 것처럼, 주간(週間) 목표 데이터는 주 당 주행궤도 m에 배치된 궤도 콘크리트의 양으로 나타낸 계약 건설 타임스케줄로부터 산출된다. 작업시간의 주간 목표-실적 비교는 두 번째로 중요한 모니터링 단위로서 사용된다. 요구된 인력은 **그림 XⅡ.38**에 나타낸 것처럼 개별 건설 스텝에 할당되어 왔으며 목표 작업시간은 인력 할당 및 관련 생산고에 상응하여 건설 타임스케줄에서 사정되어 왔다.

실제 데이터는 주간 단위로 건설현장에서 보고된다. 이들은 핵심 계약 작업 활동(activity)의 건설 진도에 관련되는 각기 개별 날자 및 매 주마다 실제로 작업한 시간에 관한 데이터이다. 이 비교(목표-실적 비교)는 프로젝트에 대한 실적 레벨과 상응하는 변동비용을 모니터링하기에 대단히 쉬운 방법을 제공한다. 이 컨트롤 프로세스의 결과는 상기에 기술한 주간 보고서에 상세히 기록되고 프로젝트 관리자와 고객에게 배포된다. 이것은 건설단계 동안 내내 프로젝트 이력을 정확하게 문서화할 수 있게 하고 프로젝트의 모든 핵심 활동(activity)의 시기적절한 정보를 마련할 수 있게 한다.

XII.3 고속철도 콘크리트궤도용 토공구조

XII.3.1 개관

슬래브 궤도에서는 하중분배 요소로서의 도상자갈이 더 안정된 위치를 갖고 있는 다른 재료로 교체되어야 한다. 그러므로 콘크리트나 아스팔트가 사용된다. 비교해 보면, 이들의 재료는 보다 적게 탄력적이다. 게다가, 필요한 탄성은 레일이나 침목 아래에 탄성요소를 삽입함으로써 마련하여야 한다. 그러한 구조는 대단히 스티프(stiff)하고 영속성이 있으며 보수필요성이 낮다.

무도상 궤도는 사실상 변형이나 침하가 없는 하층토를 필요로 한다. 무도상궤도의 하부구조는 토공구조에 의하여 지지 플레이트 아래쪽으로 적어도 2.5 m의 깊이에 이르기까지 튼튼하여야 한다. 그러므로 적합하고 정확한 토공구조 건설을 궁리하는 것이 무도상궤도의 도전이다. 이들의 요구조건은 자갈궤도보다 훨씬 더 큰 토공구조 건설비와 재료비로 이끈다.

계산과 설계에서 토공구조의 장기침하 거동을 고려하는 것은 슬래브 궤도의 증가된 수명과 감소된 보수비로 귀착될 것이다. 무도상궤도 시스템의 기본구조는 다층 시스템이다. 이 시스템은 슬래브 궤도, 수경접착 지지층, 동상방지층, 토공구조 및 하층토로 이루어져 있다. 이 구조의 결과는 각 층의 필요한 강성이 **그림 XII.40**에서 하층도와 레일깊이 간의 거리의 함께 증가되는 점이다. 하층토의 품질은 건설비를 한정한다.

이 절에서는 Schmitt Stumpf Früauf(SSF) 엔지니어링 컨설턴트의 경험을 이용하여 컨트롤 하에 장기침하를 얻는 해법

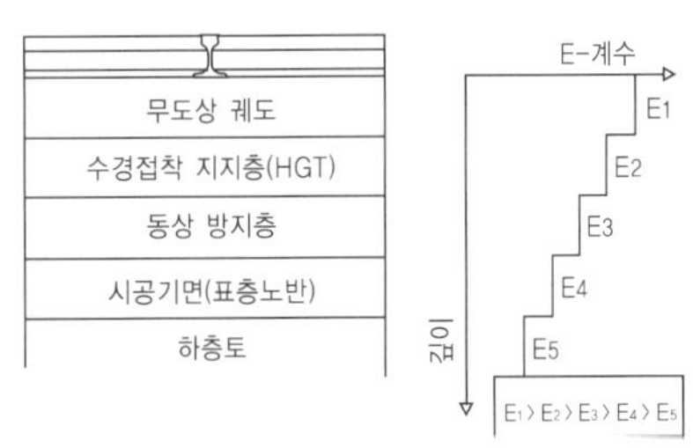

그림 XII.40. 무도상궤도(BLT)의 기본구조와 강성률

을 나타낼 것이다. 토공구조의 본질적인 요소는 흙 쌓기나 땅깎기이다. 교량과 토공구조 간의 천이접속이 특히 중요하며, 이것은 무도상궤도의 코스에서 불연속이기 때문이다. 독일의 철도운영자 — Deutsche Bahn AG(DB AG) — 는 기반시설 관리회사인 DB Netz AG와 함께 슬래브 궤도를 건설하기 위한 특별한 규정과 가이드라인을 제시하였다.

- 무도상궤도의 건설을 위한 기본요구의 카탈로그
- 가이드라인 804 : 철도용 교량과 그 밖의 토목 공사
- 가이드라인 836 : 노반과 토공의 건설과 보수

XII.3.2 지질공학 측량 프로그램

새로 건설하는 철도선로를 고품질로 건설하기 위해서는 측량 프로그램이 필요하다. 그러므로 지질공학 측량 프로그램은 되도록 빨리, 적어도 설계단계의 초기에 자명하게 되어야 한다. 독일에서는 독일철도용 표준 — 특히 DB 가이드라인 836, "토공의 건설과 보수"를 이행하여야 한다. 측량 프로그램은 엔지니어링, 지질공학, 및 지질공학의 파라미터를 마련하여야 한다.

조사는 가능한 한 해석의 여지를 남겨 두지 않아야 한다. 경제적이고 튼튼한 건설공법을 설계하기 위해서는 계획과 컨설팅 기술자용의 종합적인 지질공학 측량이 필요하다. 이것은 SSF 엔지니어링 컨설턴트가 어째서 설계단계의 초기시점부터 지질공학 전문가 및 숙련가와 함께 일하였는지의 이유이다. 측량 프로그램은 지하수 비율과 궤도 배수조건의 측정을 포함하여 흙 쌓기와 그 밖의 토공구조용 건설재료로서 주된 흙의 사용뿐만 아니라 기초 흙과 하층토의 종류와 상태를 기술하여야 한다. 물–지질 비율과 경계 엔지니어링 구조에 대한 영향도 또한 조사하고 평가하여야 한다. DB의 가이드라인 836에 기초한 직접탐사는 모든 흙 유형이 고려되는 방식으로 선택하여야 한다. 각각의 건설 현장이나 피팅(pitting)에 대하여 최소 세 가지의 직접탐사가 필요하다.— 특히 고속궤도에서 중요한 — 좋은 시험결과를 얻기 위해서는 탐사작업의 깊이가 하층토의 균질성에 좌우하여 흙 쌓기 바닥 아래로 최소한 5 m이어야 한다. 계획된 궤도의 양쪽에 위치한 탐사–보링 간의 거리는 50 m 미만이어야 한다. 만일 하층토가 균등하다면, 100 m의 거리가 가능하다.

XII.3.3 침하

(1) 침하

토공구조용 흙 재료의 변형에는 (거꾸로 할 수 있는) 탄성과 (거꾸로 할 수 없는) 소성이 있다.

— 흔히 탄성침하라고 부르는 — 흙 재료의 탄성변형은 주로 교통하중에 기인하여 형성된다. 이 변형은 토공구조가 제하(除荷)되자마자 토공구조의 원래 상태로 되돌아간다. 탄성변형은 주로 궤광과 도상 때문에 상부구조를 변형(strain)시킨다. 그러므로 궤도 시공기면은 레일이 과도하게 변형되지 않도록 제한하여야 한다. 상부구조의 탄성변형 제한은 궤도 시공기면의 충분한 하중용량을 보장함으로써 그리고 그 하중용량에 관한 보호 층의 구체적인 설계로 달성할 수 있다.

거꾸로 할 수 없는 변형은 융기와 침하로 명기된다. 융기는 흙 팽윤용량에 기인하여 형성된다. 예를 들어, 대단히 큰 팽윤용량을 가진 흙에 도달한 깊은 땅깎기는 큰 융기로 귀착될지도 모른다. 거꾸로 할 수 없는 침하와 영속하는 흙 수축은 흙이 중량으로 재하되는 경우에 나타나며, 시간과 배수능력에 좌우된다.

흙과 하층토 각각의 재하는 침하로 이끌며 지반과 하층토에서 흙의 후(後)압밀로 귀착된다. 만일 침하가 너무 크게 된다면 궤도 배치가 부정적인 영향을 받을 수 있다. 그러므로 토공구조는 침하가 최소한도로 줄어들도록 건설하여야 한다. 세 종류의 침하가 가능하다(**그림 XII.41**).

- 하층토의 침하
- 흙 쌓기의 침하
- 교통하중에 기인하는 침하
- 굴착과 제하에 기인하는 팽상(膨上)

전체 침하의 주요 부분은 하층토 침하와 토공구조 자체 침하의 결과로써 생긴다. 비교해 보면, 교통하중의 결과로써 생기는 침하는 무시해도 좋다. 운영 중에 남아있는 침하는 15 mm로 엄밀하게 제한된다. 20 mm에 이르

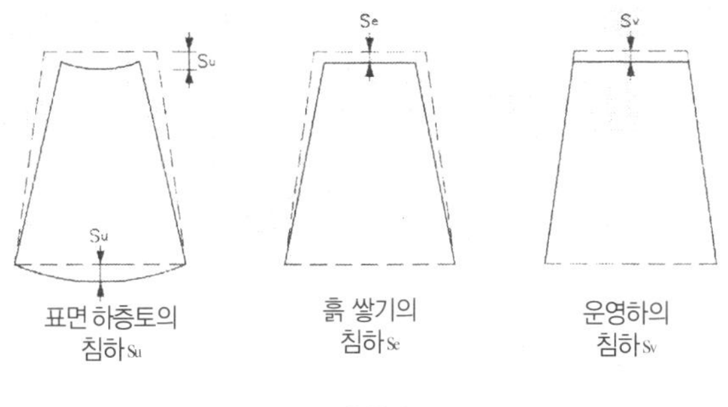

그림 XII.41 흙 쌓기에서 침하의 유형

기까지의 정정은 체결장치를 조정함으로써 가능하다. 어떤 시점에서의 기술적 수준의 배려 하에 요구된 표준에 따른 설계와 계획은 엔지니어링 컨설턴트의 주요 역할이다. 건설용 토대로서 승인된 좋은 설계에서는 작은 침하만이 발생될 것이며, 그것은 건설기간 동안 진정될지도 모른다.

침하를 계산할 때는 변형정도를 넘지 않아야 한다. 흙 재료의 예정된 사용은 다음과 같은 경우에 입증된다.

- 변형 및/또는 이동 한계를 넘지 않는다.
- 변형이 흙 재료 자체의 결함으로 이끌지 않는다.
- 변형이 승차감이나 안전에 영향을 미치지 않는다.

흙 재료 변형의 영향을 받는 이웃하는 구조물에 대해 결함을 주지 않는다.

언제든지 필수의 궤도배치를 보장하기 위해서는 침하 및 침하 차이를 일찍이 계산하여야 하며 — 건설수단의 도움으로 — 해롭지 않은 값으로 제한하여야 한다. 품질의 요구조건, 특히 흙 재료의 압밀 요구조건을 충족시킬지라도 침하를 줄일 수는 있지만 방지할 수는 없다. 그러므로 침하의 값을 사정하여 가이드라인에 마련된 한계 값과 비교하여야 한다. 흙 재료의 침하는 적합한 모델로 계산하고 관찰하여야 한다. 침하의 계산은 독일 표준에 의거하여 숙련된 엔지니어링 컨설턴트가 실행하고 분석하여야 한다. 이 이유 때문에 크기와 형태를 사정하여야 한다. 이 정보는 침하의 최종 상대를 예측히는데 사용 될 것이다.

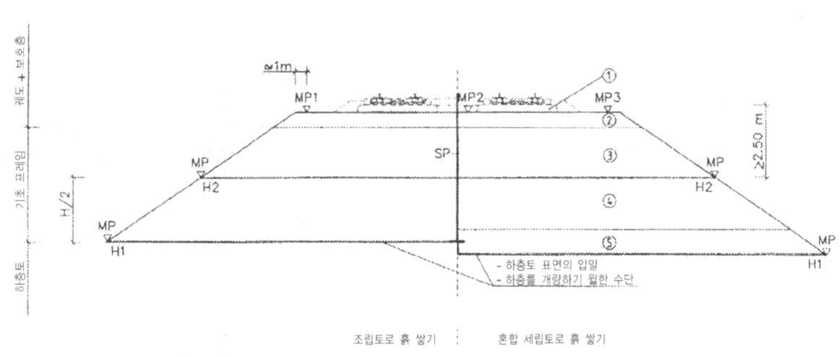

MP1, MP2, MP3 : 측지선 컨트롤이 있는 측정지점

MP : 반(半) 높이에 대하여, 어깨에 대하여 및 바닥 선에 대하여

H1, H2 : 수평경사

SP : 침하 말뚝, 니들(needle)

그림 XII.42 흙 쌓기에서 측량과 관찰을 위한 횡단면

(2) 침하의 관찰과 측량

일반적으로 침하가 관찰될 것이다. 침하는 기록된 하중에 관하여 시간의 함수로서 나타내어야 한다. 침하의 관찰은 침하에 관련된 영향을 계산하기 위해 흙 재료의 각 단일 층에 대한 침하 다이어그램을 포함한다. 하층토의 침하와 흙 쌓기의 침하는 이 측량계획에 포함되어야 한다(**그림 XII.42**).

XII.3.4 흙 쌓기와 땅깎기

(1) 흙 쌓기

가장 일반적으로 사용되는 토공구조는 흙 쌓기이다. 흙 쌓기, 보호 층 및 또한 천이접속 구간과 같은 그 외의 채움 층은 규정에 따라 대단히 엄한 방식으로 건설하여야 한다. 자체 침하의 가능성을 줄이기 위해서는 이하에 나타낸 체계에 따라 흙 쌓기의 층 배치와 사면을 확립하여야 한다. 이것은 안정성이 높고 침하가 낮은 토공의 건설로 귀착되며 그것은 풍화에 대해 충분한 저항력을 가진다. 변화되는 층들 — 점성토 재료의 한 층과 비점성토 재료의 한 층 — 은 피하여야 한다. 그럼에도 불구하고, 만일 교호하는 점성토와 비점성토 재료 층을 피할수 없

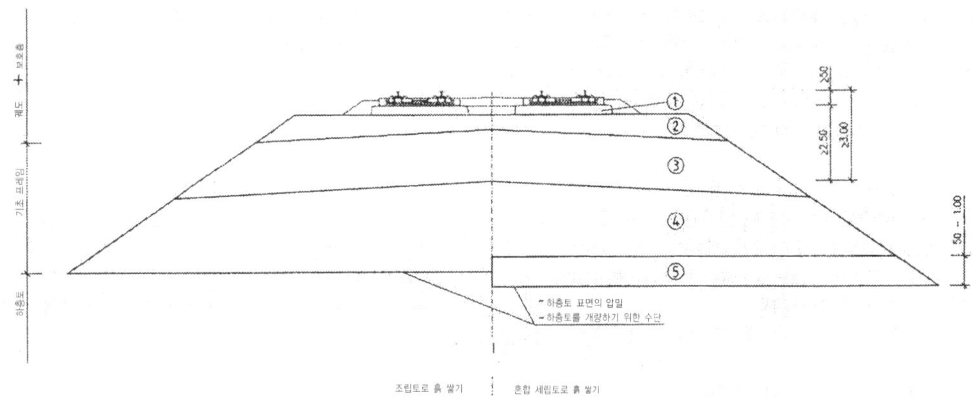

층		KG	Ev2 [MN/m²]	Evd [MN/m²]	Dpr 굵은 입자의 흙	Dpr 혼합된 미립자의 흙
①	수경접착 층, HBL	–	–	–	–	–
②	동상방지층, FPL	2	120	50	1.00	1.00
③	노반재료 ≥ 3.00 m	–	60	–	1.00 GW, GL, GE, SW, SI	1.00 GU, GT, SU, ST
④	노반재료	–	–	–	0.98	1.00 GU, GT, SU, ST 0.97그리고 ≤ 0.12가 아닐 것 GU, GT, SU, ST, UL, UM, TL
⑤	만일 필요하다면, 하층토 표면의 개량	–	–	–	–	0.98 GW, GL, GE, SW, SI, SE

그림 XII.43 흙 쌓기 횡단면

다면, 점성토 재료의 모든 층은 바깥쪽까지 2.5 %의 횡 기울기를 가지는 하층토 표면으로 건설하여야 한다.

층 배치를 **그림 XII.43**에 나타낸다. 재료와 압밀속도의 표준 규정이 주어진다. 하층토는 장기 침하를 피하기 위하여, 또는 오히려 침하를 가속시키기 위하여 요구조건에 따라 압밀시켜야 한다. 만일 표준 압밀방법에 따라서 요구조건을 충족시킬 수 없거나 또는 요구된 파라미터에 따라 흙 재료를 이용할 수 없다면, 노반 처리나 침하의 가속방법을 마련하여야 한다. 기존 흙의 지지력이 불충분한 경우에는 흙을 교체하여야 한다. 하층토에서 소프트 한 흙, 점성토 및 유기질 흙은 궤도의 상면 아래로 적어도 4 m의 깊이까지 교체하여야 한다. 지반의 굴착이나 채 움 및/또는 지하수위의 낮춤과 같은 구조적 수단의 결과를 고려하고 엔지니어링 컨설턴트에 의한 계산에서 검토 하여야 한다.

(2) 땅깎기

땅깎기에 대하여도 동일하게 엄한 규정을 적용할 수 있다. 층의 배치를 **그림 XII.44**에 나타낸다. 흙 쌓기의 요 구조건과 유사하게 레일 아래로 적어도 3 m에 대해서는 층의 요구된 배치와 압밀을 보증하여야 한다.

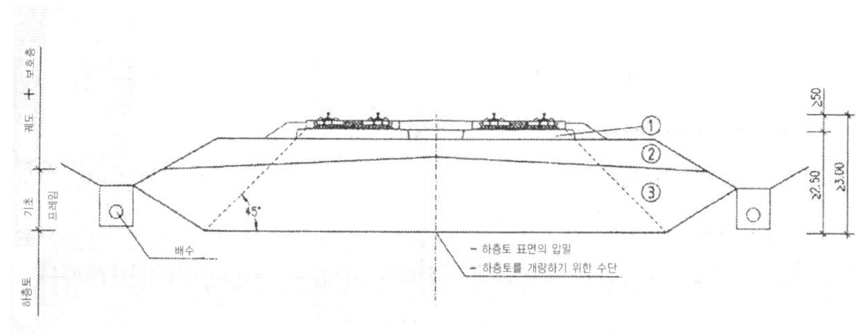

층		KG	Ev2 [MN/m²]	Evd [MN/m²]	Dpr 굵은 입자의 흙	Dpr 혼합된 미립자의 흙
①	수경접착 층, HBL	–	–	–	–	–
②	동상방지층, FPL	2	120	50	1.00	1.00
③	노반재료 ≥ 3.00 m	–	60	–	0.98	0.98 GU, GT, SU, ST 0.97그리고 ≤ 0.12가 아닐 것 GU, GT, SU, ST, UL, UM, TL

그림 XII.44 땅깎기 횡단면

하층토는 지탱할 수 있어야 하며 시간에 걸쳐 작은 침하거동과 결합하여 적합한 지지력을 가져야 한다. 소프 트한 흙과 점성토는 교체하여야 하거나, 또는 하층토에서 소프트한 흙 재료의 영향을 피하기 위하여 그 밖의 노 반처리를 시행하여야 한다. 소프트한 흙은 함수비와 배수용량에 좌우되어 빠르고 컨트롤되지 않은 침하를 초래 한다. 기초를 소프트한 흙 위에 두기 위하여 필요한 이들의 수단은 가장 복잡한 기초방법이다. 따라서 기초를 지 지력이 충분한 더 깊은 흙층에 설치하기 위해서는 구멍을 뚫어 말뚝을 박음으로써 소프트한 흙의 층을 통과할 수 있다. 궤도 양쪽의 땅깎기에서는 일반적으로 배수 시스템이 필요하다. 사면의 기울기는 규정에 따라 설치하여야 하거나 또는 앵커, 말뚝 또는 그 밖의 개량수단으로 적당하게 보강하여야 한다.

XII.3.5 천이접속 구간

(1) 천이접속 구간

다른 침하거동이나 강도를 가진 다른 구조들을 교차하는 무도상궤도 하에서 강성(剛性)과 강도(剛度)의 변화는 하드(hard)에서 소프트로, 또는 소프트에서 하드로 스므스하게 변화시켜야 한다. 교량과 같이 큰 강도(剛度)를 가진 구조물과 흙 쌓기처럼 낮은 강도를 가진 구조 간의 침하 차이는 특수 천이접속 지역을 채용함으로써 감소시켜야 한다. 따라서 교량 구조물은 흙 쌓기의 불연속으로 간주할 수 있다. 그러한 불연속 지점에서는 탄성과 침하가 전적으로 다를 수 있다.

교량의 침하는 운전 하에서 거의 영으로 평가되거나 약간의 밀리미터(< 2 mm)로조차 평가된 말뚝 기초의 강도(剛度)로부터 주로 영향을 받는다. 토공구조의 침하는 운전 하에서 20 mm에 이르기까지 허용된다. 이 천이접속 지역을 스므스하게 하기 위해서는 선로에서 스티프한 구조와 덜 스티프한 구조 간의 하층토를 개량하는 것이 대단히 중요하다. 각각의 강도 불연속 지점은 특별한 천이접속 요구조건을 필요로 한다. 고속선로에는 일반적으로 다음과 같은 천이접속 지역이 존재한다.

- 토공구조 – 교량
- 토공구조 – 터널 또는 트로프
- 토공구조 – 구교
- 다른 종류의 무도상궤도
- 무도상궤도 – 자갈궤도

이 개량의 길이는 가까이에 건설하는 구조물 높이 또는 흙 쌓기 높이의 4 배이어야 한다($4 \times H$, 또는 적어도 20 m). 천이접속에서 쐐기(wedge)의 형상은 하층토 및 하층토의 특성, 예를 들어 하층토의 지지력에 좌우된다. 천이접속 지역은 각각의 구조 종류에 대해 설계하여야 한다. 주된 설계 파라미터는 DB 규정에 기재되어 있으며, 게다가 규모는 침하거동을 고려하여 설계하고 계산하며 계획하여야 한다.

(2) 토공구조–교량 천이접속(그림 XII.45)

교량 구조물과 토공구조 간에서 유사한 침하거동을 실현하기 위해서는 양쪽이 같은 유형의 기초를 가져야만 한다. 교대 뒤에는 시멘트 함량 3~5 %로 혼합한 쐐기모양의 흙을 배치한다. 뒤채움의 길이는 하층토에 따라 설계하여야 한다. 최소 길이는 뒤채움과 흙 쌓기가 동시에 시공되는 경우에 흙 쌓기 높이의 4 배 또는 20 m 이상이어야 한다.

(3) 토공구조–터널 또는 트로프 천이접속(그림 XII.46)

콘크리트 바닥 슬래브 끝에 위치한 강성 구조물과 하층토 위에 부설된 궤도 간의 강성 차이를 줄이는데 충분한 수단이 개발되어있으며, 하층토 위에 부설된 궤도는 무도상궤도 아래의 탄성 층(기포 플레이트)에 부설한다. 터널 또는 트로프의 바닥 슬래브 바로 위에 위치한 기포 플레이트의 최소 길이는 3.5 m이다. 흙과 시멘트로 만든 쐐기모양은 하층토 상태와 지지력에 좌우되어 적당할 수 있다. 터널 또는 트로프 구조물의 기초가 대단히 스티프한 경우, 예를 들어 말뚝구조 위에 위치하는 경우에는 콘크리트로 만든 천이접속 지역이 유용하다. 모든 치수는

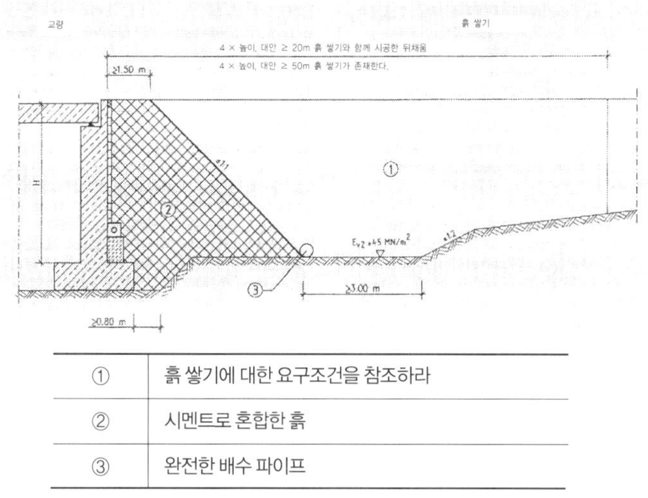

①	흙 쌓기에 대한 요구조건을 참조하라
②	시멘트로 혼합한 흙
③	완전한 배수 파이프

그림 XII.45 교량 – 흙 쌓기 천이접속

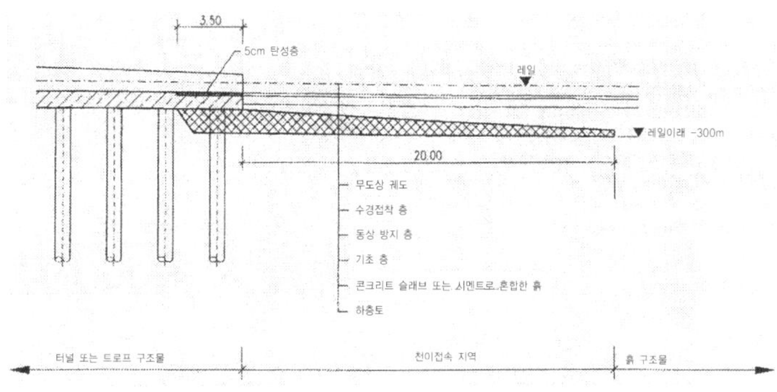

그림 XII.46 토공구조 – 터널 또는 트로프 천이접속

엔지니어링 긴설딘드가 설게하고 승인히여야 한디. 이 침히는 강성이 번회되는 각 지점에 대헤 계산하어야 한다.

(4) 무도상궤도와 자갈궤도 간의 천이접속(그림 XII.47)

궤도 시스템의 강성에 관하여 전혀 다른 궤도구조들 — 자갈궤도와 무도상궤도 — 간의 천이접속은 대단히 스므스하여야 한다. 이 천이접속 지역은 페이딩(fading) 침하에 대한 계산모델을 사용하여 설계하여야 한다.

천이접속 지역의 기능적 요구조건은 다음과 같은 수단과 요소로 실현하여야 한다. 자갈궤도로의 천이접속 위치는 높은 지지력 및 좋은 침하거동을 가진 균질한 하층토 조건에 두어야 한다. 자갈궤도로 벗어나는 슬래브 궤도의 끝에서 다른 지지층들 간의 혼성은 앵커와 다우웰(dowel)로 실현된다. 슬래브 궤도의 끝에서 수경접착 층의 확장은 자갈궤도 바로 밑 궤도구조를 더 스티프하게 하기 위하여 필요하다. 도상자갈들을 접착하여야 한다. 침목의 간격은 60 cm의 최대간격으로 제한된다. 자갈궤도에서 어떤 길이의 추가레일 채택도 또한 강성을 증가시킨다.

추가적으로 다음과 같은 조치를 한다.

- 체결지점에서 탄성속성의 채택
- 슬래브 궤도의 체결지점에서 강성의 감소

• 하층토 및 시멘트로 개량한 쐐기모양의 흙, 즉 3~5 %의 시멘트로 혼합한 전형적인 뒤채움 흙 재료의 교대 구조 채택

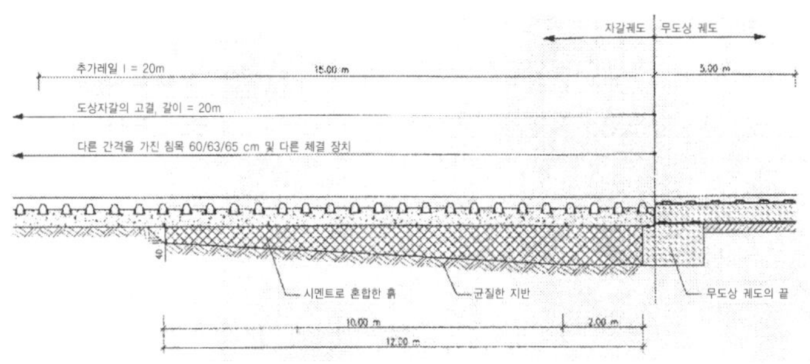

그림 XII.47 무도상궤도와 자갈궤도 간의 천이접속

(5) 흙 쌓기 내의 구교

흙 쌓기 내의 구교는 만일 이들의 콘크리트 구조물이 레일의 상면에서 3 m 이상 아래로 흙 쌓기의 흙 본체에 위치한다면 침하에 대해 거의 영향을 미치지 않는다. 2 m 미만의 스팬과 구교에 걸쳐 2.3 m 이상 덮은 흙은 토공구조의 강성과 침하 상황에 대한 교란이 없음을 의미한다. 흙 쌓기와 구교 간에는 식별 가능하게 눈에 띄는 종방향 강성 차이가 없다.

(6) 갖가지 종류의 무도상궤도

갖가지 무도상궤도 시스템들은 시스템에 따라 건설높이가 다를 수 있다. 이 건설높이의 차이는 천이접속 층을 사용함으로써 보정하여야 한다. 그와 같이 다른 높이를 스므스하게 하기 위하여 수경접착 층을 변경할 수 있다. 게다가, 하층토의 조정은 필요하지 않다.

XII.3.6 소프트한 흙에서의 건설 예

(1) 침하를 촉진하는 수단

특히 점성토 층에서의 침하는 허용 침하의 제한 값을 유지한다. 하층토를 배수시킴과 함께 하층토의 강도가 증가되며 그 압축성은 감소된다. 소프트한 포화 퇴적토를 압밀하는데 가장 성공적인 방법의 하나는 수직배수와 프리로딩 방법이다. 연약한 압축성의 점성토(점토 · clay, 물기 많은 롬 점토 · loam watery clay와 같은 흙 유형) (천연의 충적토)의 일반적인 특성은 하중이 가해지는 경우의 과도한 침하와 압밀 거동이다. 침하와 압밀 거동 사이의 약한 전단강도 때문에 안정성 부족이 일어날지도 모른다.

점성토를 압밀하는 방법은 과중한 흙 쌓기에 의한 프리로딩 기술이다. 검인방법은 장래 구조의 등가 하중을 미리 적용함으로써 건설 이전에 장래 침하를 예상하는 것이다. 그럼에도 불구하고, 점성토는 대단히 열등한 투수성을 나타내며 그것은 이들 흙의 내부에 있는 물이 표면에 도달하는데 시간이 많이 걸리게 할 수 있다. 그러므로 프리로딩은 0.8 × 0.8 m 내지 2.0 × 2.0 m의 전형적인 그립(grip) 패턴의 수직 드레인(drain) 설치와 결합하여 빈번히 사용된다(**그림 XII.48과 XII.49**).

그림 XII.48 소프트한 흙 – 흙 쌓기 기초에서 수직 드레인의 시공

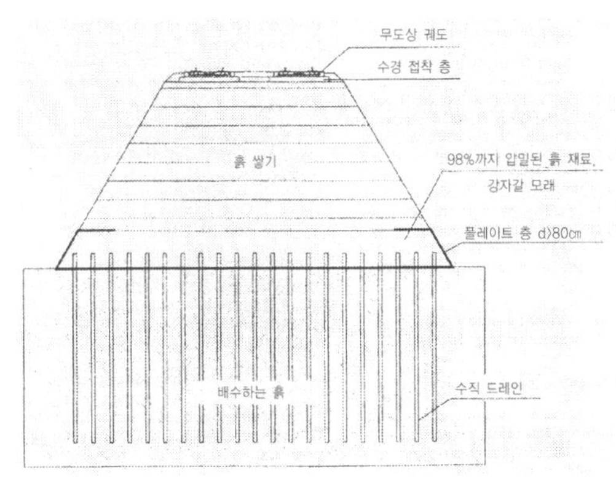

그림 XII.49 수직 드레인

수직 드레인은 격자(grid)의 확장을 허용하는, 따라서 일정한 시간 이내에 미리 계산한 압밀 비율에 도달되는 데 필요한 배수의 양을 극적으로 줄이는 10 m 이상의 깊이에서 크게 유효하다. 수직 드레인은 치환공법으로 소프트한 흙에 설치된다. 드레인 파이프는 요구된 깊이까지 박는다. 드레인의 끝의 특별히 설계된 슈(shoe)는 케이싱을 올리는 동안 드레인에 대한 앵커의 역할을 한다.

(2) 시공기면 개량 수단

설계단계에서 각종 압밀방법으로 하층토를 개량하는 많은 가능성이 논의되고 계산된다. 흙은 횡으로 둘러싼 흙을 밀침으로써 압밀된다. 침하거동 및 침하를 감소시키는 시간을 계산하여야 하며 압밀용의 실행 매뉴얼을 설계하여야 한다. 그러나 정교하고 또한 단순한 방법은 CFG(시멘트, 플루 애시 · flue ash 및 강자갈 혼합물) 원주와 단순한 돌 원주의 사용이다(그림 XII.50).

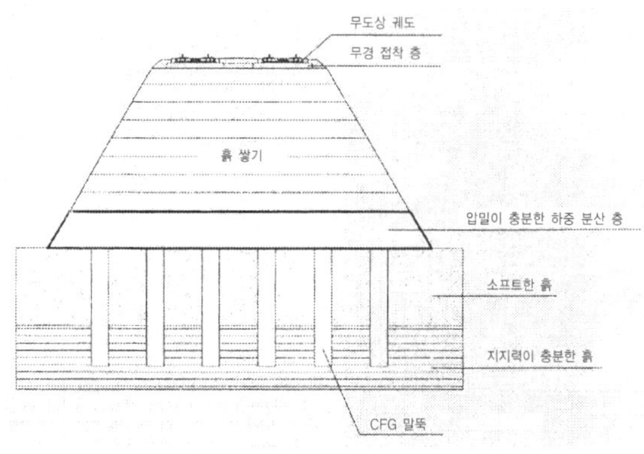

그림 XII.50 하층토 개량용 CFG(시멘트, 플루 애시 및 강자갈 혼합물) 말뚝

CFG는 둘러싼 흙을 배제하여 시멘트 원주를 세우기 위해 오거의 유형을 사용한다. 횡으로 옮겨진 흙은 둘러싼 흙 자체의 개량으로 이끈다. 이 방법은 기존의 건물이나 건설 중인 구조물과 같이 민감한 구조물 가까이에서 사용할 수 있다. 시멘트 그라우트의 압축계수를 컨트롤하는 능력은 흙과 CFG 원주 간의 응력−부담 효과로 이끈다. 이것은 요구된 원주깊이의 상당한 절감을 허용한다. 돌 원주와는 대조적으로 CFG 원주에서는 내부응력의 제한이 없다. 다른 말로, 재하된 원주가 주위 흙의 열등한 받침상태 때문에 변형될 위험이 없다.

그라우트의 압축계수를 컨트롤하는 능력은 흙 자체와 원주의 계수 간에 합리적인 비율을 유지하도록 허용한다. 이 비율의 개발과 계산은 예비적으로 설계되며 흙 및 엔지니어링 컨설턴트에 의한 프로젝트 특성에 대해 고려한다. 하중분배 층은 CFG 원주의 상단에 배치하는 것이 가능하다. 이것은 값비싼 말뚝 캡과 콘크리트 슬래브를 피하게 한다. 재래식 말뚝 접근법에서의 토질계수는 콘크리트 원주에 대해 무시해도 좋다. 그것은 지반의 상단에 가해진 하중이 사전에 한정된 계수의 비율에 따라 원주와 흙 자체 간에서 분배되는 점을 의미한다.

(3) 말뚝 위의 무도상궤도

다른 대책이 가능하지 않거나 실행하기가 너무 비싸거나 또는 타임스케줄에 적합하지 않은, 지질공학적으로 그리고 수리학적으로 어려운 구간에서는 특별한 해법이 필요하다. 장기침하와 미지의 압밀거동의 문제를 피하기 위해서는 말뚝 위의 무도상 궤도를 설계할 수 있다.

Nuremberg~Ingolstadt 고속선로용으로 개발된 이 방법의 주된 설계특징은 말뚝 위에 직접 설치한 철근 콘크리트 슬래브 위에 궤도구조가 부설되는 점이다(그림 XII.51, XII.52 및 XII.53). 사하중과 교통하중은 슬래브 궤도에 의해 분산되며 콘크리트 슬래브에 의해 전달된다. 응력은 말뚝까지 전달된다. 따라서 궤도에 의해 도입된 모든 힘은 이 구조에 의해 떠맡게 된다. 하층토의 약함 또는 흙 쌓기의 흙 본체(earth body)의 품질에 기인하는 영향은 없다. 그러므로 흙 쌓기 용으로 사용된 흙 재료 및 하층토 품질에 대한 요구사항은 더 적다.

흙 쌓기는 기본적으로 그 자체 무게의 하중만을 지탱하여야 한다. 흙 쌓기의 흙 재료는 단지 채움 재료일 뿐이다. 이 종류의 건설은 거의 침하가 없음과 함께 대단히 스티프하다. 선택한 시스템은 흙 쌓기에 사용된 흙 재료의 품질에 전적으로 무관하다. 따라서 침하와 강성에 관한 다리와 비슷하다. 보통의 흙 쌓기나 땅깎기에 대한 천이접속 지역은 이 구조 뒤에 설치하여야 한다.

그림 XII.51 Nuremberg~Ingolstadt
선로에서의 무도상궤도용 말뚝의 시공

그림 XII.52 무도상궤도 시스템용 데크와
말뚝 시스템의 시공

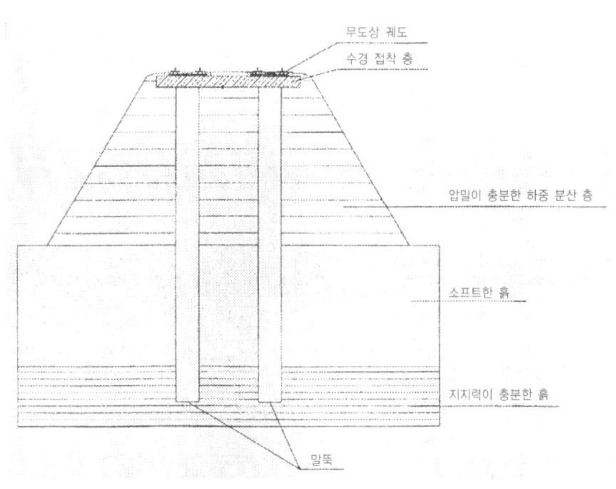

그림 XII.53 말뚝 위 무도상궤도의 횡단면

XII.3.7 요약

Deutsche Bahn AG의 현행 규정에서 토공 건설의 구조적 설계에 관한 기본정보는 일반적인 사용 사례를 기술하기 위해 포함되었다. 이들의 규정에 더하여 다른 툴이 도입되어 왔다. 침하 및 시간이 지남에 따른 침하 거동에 관련된 파라미터를 가진 흙 모델에서는 종단면이 사용되었다. 각각의 건물과 구조물의 침하 속성과 침하거동을 설계에 통합하였다. 프로젝트를 시작하기 전에 무도상 궤도에 대한 허용 변형을 평가하기 위해 전체 선로에 대하여 그러한 모델계산을 행하여야 한다. 이것은 감소된 비용, 증가된 품질 및 좋은 목적 적응으로 귀착되는 보다 효율적이고 유효한 토공건설로 이끌 것이다. 조항에 나타낸 사용사례와 해법은 통합 계산모델에 기초하여 개발되어 왔다.

이들의 표준 사례에 대한 예외는 소프트한 흙층이 하층토에 위치하는 프로젝트이다. 소프트한 흙의 지역에서는 열등한 흙을 파내어야만 한다. 넓은 범위의 교체만이 유효하다. 이들 흙층의 파냄은 가능하지만, 비용이 많이 든다. 폭발적인 비용과 대규모 대량운반을 피하기 위해서는 설계 기술자가 개발한 특수 엔지니어링 구조로 이 문제를 해결할 수 있다. 비용절감과 이 문제에 적합한 방법은 시멘트 풀루애시 강자갈 말뚝의 설치뿐만 아니라 데크와 말뚝 시스템의 사용이다. 선택한 건설공법과 개량대책을 입증하기 위해서는 완전한 계산이 필요하다. 침하차이의 평가뿐만 아니라 침하의 예측을 포함하여야 한다.

새로 건설하는 고속선로에 대하여는 다른 교통노선과의 막대한 수의 교차 때문에 광범위한 계산모델이 필요하다. 선로 옆이나 밑의 많은 갖가지 구조물과 건물을 완전하게 하여야 한다. 교량, 터널, 트로프, 흙 쌓기 및 그 밖의 토공구조는 그들의 침하거동과 강성에서 전혀 다르다. 이들의 다른 구조물들 간에는 천이접속 지역이 필수적이다. 이들 천이접속 지역의 건설은 그 밖의 엔지니어링 구조물과 같은 복잡성을 갖고 있다. 엔지니어링 컨설턴트는 낮은 보수비 및 높은 안정성과 함께, 침하를 계산하고, 토공 구조물을 설계하며 그리고 장래 궤도에 대한 안락한 승차감을 보장하도록 선정하여야 한다.

XII.4 질량-스프링 시스템 및 탈선보류 · 차량접근 설비의 사례

XII.4.1 질량-스프링 시스템의 개론 및 현재의 기술수준

본선 궤도는 마치 여태까지의 지하철과 급행수송(rapid transit) 철도와 같이 교통행정과 도시상태의 이유 때문에 최근에 자체 터널 시스템으로 지하에서도 주행하여 왔다. 각각의 터널 시스템에서 레일을 이용한 교통수단의 운행은 소음과 인근 건물의 진동을 일으킨다.

이들의 파생적인 영향은 주로 전동하는 차륜과 레일 간의 접촉에 기인한다. 이 방사는 진동의 형으로 터널 구조물을 거쳐 흙으로 전파된다. 만일 주위의 흙에 기초를 둔 구조물이 있다면 이들이 전파하는 진동은 기초를 경유하여 건물로 전달될 것이다. 그들은 그곳에서 공기전달 음을 방사시키는 표면의 고유주파수를 여기시킬 것이다 (소위 2차 음). 이것은 특히 터널 시스템 위에 세운 구조물의 경우에 본질적이다. 그러므로 수신점에서 있는 사람은 구조물발생 음에 기인하여 느낄 수 있는 진동뿐만 아니라 들을 수 있는 공기전달 음을 경험할 것이다.

이들의 파생적인 영향은 과거에 감수되어 왔다. 그러나 오늘날에는 가장 좋은 적절한 삶의 질에 대해 성장하는 의식뿐만 아니라 점점 더 민감한 전자장비와 시스템의 사용은 소음과 진동으로부터의 보호를 필요로 한다. 이 종류의 보호는 스프링 위에 놓이는 궤도 기초 플레이트를 설치함으로써 마련되며 터널 바닥과 레일 사이에 위치한다. 이것은 궤도 기초 플레이트가 지지의 스프링 강성과 조화되도록 요구하며, 그래서 차륜과 레일 간의 상호작용으로 생기는 이들 질량-스프링(mass-spring) 시스템의 진동은 그들이 변덕스러운 비(非)작동(immission)을 조금도 일으키지 않는 한 차단된다. 부정확한 규모설정이 바람직하지 않은 영향을 증대시키기기조차 하므로 그러한 규모설정은 충분한 경험을 필요로 한다.

질량-스프링 시스템의 현재 기술수준은 표준이나 가이드라인에 아직 반영되지 않고 있다. 이것은 본선궤도용으로 설계되는 보다 최근의 질량-스프링 시스템뿐만 아니라 지하철과 급행수송 철도용으로 설계된 질량-스프링 시스템에 적용한다. 현재의 기술수준은 단지 최근에 완성된 프로젝트에서만 반영된다. 이 이유 때문에 다음의 설명은 본선 궤도용의 가장 중요한 두 질량-스프링 시스템만을 소개할 것이다. 그 다음에 지하철용으로 설계된 질량-스프링 시스템을 설명할 것이다.

모든 세 프로젝트는 쌍-블록 격자 트러스 침목의 변경된 적용을 경험하였으며 그것은 Rheda 2000 슬래브 궤도 시스템의 일부이다. 그것은 앞의 두 건설 프로젝트에 대하여 슬래브 궤도가 궤도 기초 플레이트에 분리되어 배치된 특징이 있다. 세 번째 건설 프로젝트에서는 슬래브 궤도가 궤도 기초 플레이트에 통합된다.

XII.4.2 Berlin의 North-South 연결선용 질량-스프링 시스템

(1) 프로젝트 소개

새로운 지하 궤도 구간은 그 위와 인근에 구조물이 건설되므로 소음과 진동으로부터의 보호(예를 들어, 질량-스프링 시스템)를 필요로 하였다.

그것은 갖가지 질량-스프링 시스템의 유효 흡음과 진동 흡수작용에서 결정적인 인자인 소위 고유주파수이다. 그들의 주파수는 터널 구조물, 둘러싼 흙 및 인접 건물의 전달과 진동거동에 좌우된다. 터널 시스템의 아주 다른 횡단면 기하구조와 인접 건물의 다른 설계배치 때문에 계획의 승인단계 동안 충분히 면밀한 분석을 수행하여야 한다. 두 광범위한 지역은 7에서 23 Hz까지의 고유주파수를 가진 8 개의 서로 다른 질량-스프링 시스템을 가변의 순서로 배열하여야 한다.

(2) 기술적 경계조건

바람직한 흡수작용 효과를 얻기 위해서는 각 질량-스프링 시스템의 고유주파수를 사정하여야 한다. 특히 바람직한 승차감뿐만 아니라 철도의 안전을 보장하기 위해서는 궤도 기초 플레이트의 변형거동에 대한 요구조건을 사정하는 것이 필요하다. 전형적인 것은 플레이트 처짐의 제한, 플레이트의 최대 수평 처짐 및 가로 이음 지역에서의 각도이다. 슬래브 궤도는 높은 능력이 달성되도록 궤도 상부구조를 구성하기로 되어있으며, 그것은 재래의 자갈궤도보다 상당히 적은 공간과 상당히 적은 보수노력을 필요로 한다.

(3) 질량-스프링 시스템의 개념적 설계

질량-스프링 시스템은 되도록 가장 좋게 모든 요구조건을 충족시킬 목적으로 설계되었다. 결과는 이하에 목록으로 나타낸 설계 특성에 반영된다.

- 면(面) 받침(bearing)은 12 Hz 이상의 고유주파수를 가진 모든 질량-스프링 시스템의 궤도 기초 플레이트(슬래브)에 대하여 스프링으로 재하된 지점(support)을 마련한다. 단일 레일지점은 10 Hz 이하의 고유주파수를 가진 모든 질량-스프링 시스템에 대하여 선택되었다.
- 직사각형 횡단면 형은 상면에서 트로프 모양으로 오목한 특징을 가진 궤도 기초 플레이트에 대해 선택되었으며, 그것은 무도상 궤도를 지탱하고 있다. 이용할 수 있는 공간은 가장 좋게 가능한 휨 강성을 가진 이상적인 운동 다이내믹에 기여하도록 규모설정 동안 가능한 한 많이 이용되었다.
- 그것은 궤도 기초 플레이트에 대하여 120 내지 220 m의 최대로 가능한 길이로 선택되었다. 이것은 단일 레일지점에 얹혀 있는 궤도 기초 플레이트에 대하여 높은 하중분배 수평 휨 강성에 기인하여 모든 수평 힘이 엘라스토머 받침에 의해 흡수되는 것을 의미하며, 엘라스토머 받침은 플레이트 아래에 배치된다. 그러므로

수평 받침이 없이, 따라서 잠재적 음(畜) 중개(브리지)가 없이 행하는 것이 가능하였다.

- 부적당한 변형을 방지하고 가장 좋은 승차감의 해법을 마련하기 위하여 수축과 온도 영향에 의해 그 끝부분에서 고정/정착되는 이음 없는 플레이트를 받아들이지 않아야 하는 점을 또한 언급하여야 한다. 한편으로, 완전하지 않은 정착으로 인한 터널 시스템의 부적당한 변형의 가능성을 없애버리는 것은 가능하지 않다. 다른 한편으로, 수축과 온도 영향으로 인한 수직과 수평 불균형 힘으로 귀착되는 곡선을 가진 선로노선, 둔덕 및 트로프 때문에 수평으로 작용하는 가이드 받침을 설치하고 따라서 잠재적 음 중개를 정립하는 필요하다.

- 횡 앵커는 궤도 기초 플레이트의 가로 이음에 배치하였으며 추가의 받침은 받침 강성을 50 %만큼 증가시키도록 궤도 기초 플레이트의 단부 지역에 배치하였다.

- 양쪽 수단은 열차통과 동안 이웃 플레이트 단부의 균등한 수직변형을 강제할 것이며 따라서 이상적인 운동 다이내믹에 기여할 것이다.

- 정정구멍은 받침을 재배치할 수 있게 할 뿐만 아니라 단일 레일지점을 설치하는데 기여하여 왔다. 이들은 단선-궤도 플레이트에 대하여 실드터널에서는 중심에 그리고 직사각형 터널에서는 궤도의 양쪽으로 플레이트의 가장자리에 배치되며, 그러나 사실은 각각의 것이 5.0 m나 5.2 m 간격을 둔다. 복선 궤도 기초 플레이트에 대하여는 궤도 사이에 추가의 정정구멍을 마련하여야 한다.

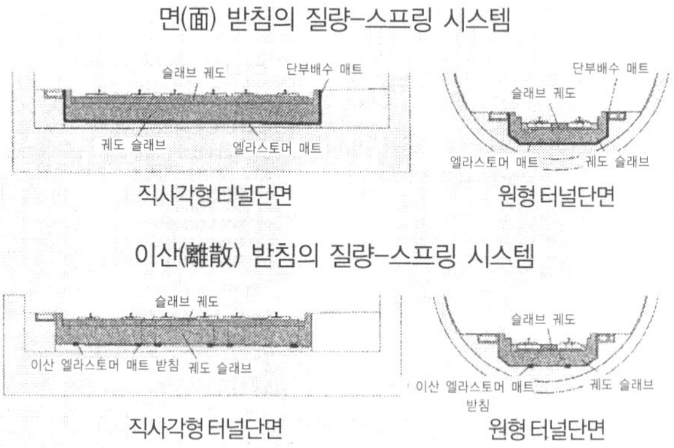

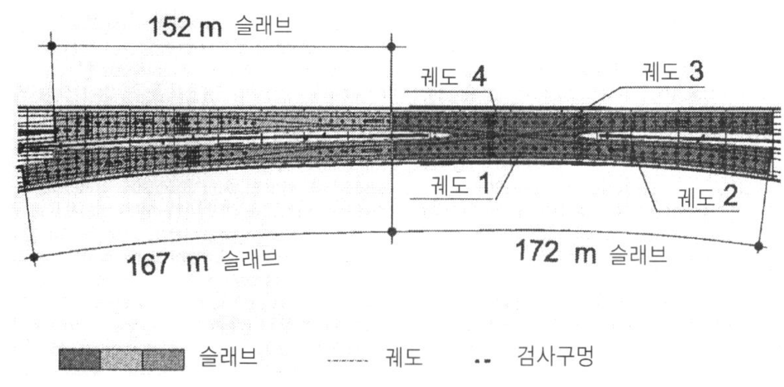

그림 XII.54 횡단면

그림 XII.55 검사구멍(예)

받침(bearing) 유형의 거의 전체범위, 횡단면 설계, 플레이트 배치 및 정정구멍의 배치는 Berlin 중앙역의 남쪽에 이르는 노선에 적용하여 왔다. 단선궤도에 대한 플레이트의 폭은 4.2 m이고 다수의 궤도에 대하여는 19.8 m에 이른다. 플레이트의 두께는 45.0 cm에서 83.0 cm까지 변화한다. 그들의 상승(upturn)은 47.5 cm의 일관된 높이를 갖고 있다. 궤도 기초 플레이트는 실드터널에서만 3.76 m의 폭으로 인해 그 횡단면 크기에서 벗어난다.

기본적인 횡단면을 **그림 XII.54**에 나타낸다. **그림 XII.55**는 남부노선 핵심지역의 검사구멍 배치 예뿐만 아니라 횡 이음의 배치 예를 나타낸다.

선택된 개념은 되도록 가장 좋게 모든 조건을 충족시키려는 목표를 달성하였다. 그것은 본선궤도에서 저주파수 질량–스프링 시스템의 경험이 거의 없었으므로 틀림없이 당연한 것은 아니었다. 계획수립 단계의 초기에 설계와 검증 기준의 조정이 가능하였던 점을 올바르게 인식하여야 한다. 이 조정은 머지않아 8 질량–스프링 시스템의 각각에 대해 EBA로부터 승인을 받기 위해서도 또한 필요하다.

(4) 품질보증 프로그램

질량–스프링 시스템의 유효성을 보장하기 위하여 대단히 광범위한 품질보증 프로그램을 정립하고 착실히 이행하였다. 프로그램은 질량–스프링 시스템의 건설 전, 건설 동안 및 건설 후에 취해진 측정으로 이루어졌다. 그들은 재료가 요구된 품질과 함께 올바른 위치에 설치된 점, 혼합이 구조물발생 음 중개(브리지)를 일으키지 않은 점 및 바람직한 절연효과가 달성되었다는 점을 확실하게 하였다.

예비적인 측정은 신뢰할 수 있는 평가를 미리 제공하는 것이 가능하지 않은, 구조적으로 완성된 터널 지역에서 질량–스프링 시스템에 대한 절연 요구조건의 시험을 포함하였다. 터널 어드미턴스는 터널바닥에 설치한 진동발생기로 진동원(전동하는 차륜/레일 접촉)을 모의실험하면서 바닥과 벽에서 측정한다. 이 측정의 결과로써 실드터널의 바깥 튜브에서 사정된 고유주파수는 교정되어야 하며, 그것은 이 시험에 대한 필요성을 강조한다.

건설 동안 수행된 측정은 구조물발생 음 중개를 방지하기 위해서 뿐만 아니라 시스템을 모니터할 작정이었다. 그들은 받침의 내부와 외부 품질관리, 받침설치의 광범위한 문서화 및 이음과 오목한 곳의 임시 커버의 연속시험으로 이루어졌다. 그러나 이것은 터널바닥 위 궤도 기초 플레이트의 제작도 또한 포함하였다.

그 후에 수행된 측정은 승인측정과 기능측정으로 나뉜다. 승인측정은 궤도 기초 플레이트의 고유주파수와 변형의 동적특성을 확인할 목적으로 이용한다. 기능측정은 한정된 측점에서 진동레벨을 확인할 목적으로 이용한다.

XII.4.3 Cologne/Bonn 공항 연결선용 질량–스프링 시스템

(1) 프로젝트 소개

Cologne/Bonn 공항의 복선 환상선은 공항과 인구밀집 지역 부근의 일부구간에서 터널을 통하여 주행한다. 계획수립 승인의 범위 내에서 진동관련 프로세싱은 310 m와 410 m의 구간에서 이웃의 주택건설을 소음과 진동으로부터 보호하는 것이 필요한 두 부분적인 지역의 확인으로 이끌었다.

(2) 설계와 검증 요구조건

진동에 대처하기 위해 요구된 수단의 유형은 목표 또는 고유 주파수라고도 부르는 동조 주파수에 좌우된다. 310 m 길이의 구간은 10 Hz를 필요로 하였고, 410 m 길이의 구간은 7 Hz를 필요로 하였다. 이들의 저주파수는 단일 레일지점을 가진 질량-스프링 시스템의 적용을 필요로 하였다. 가정된 하중은 DS 804 하중에 따른 원심력, 4 m에 걸쳐 분포된 100 kN의 횡 저크뿐만 아니라 화물과 중량하중 서비스가 없는 UIC 71 화물열차, 진동계수 1.3, 출발과 제동 하중을 고려하였다.

궤도 기초 플레이트(슬래브)의 변형을 검증하기 위해 필요한 한계는 궤도 기초 플레이트 아래 공극(air gap)에 대하여 5 cm, 궤도 기초 플레이트의 수평 횡 처짐에 대하여 5 mm, 궤도 기초 플레이트의 처짐에 대하여 $L/2,000$ 및 횡 이음 지역에서의 각도에 대하여 0.3 %였다. 게다가, 천이접속에서 레일인장, 레일을 통한 횡 힘과 종 힘의 하중전달 동안 받침의 이동에 대한 신뢰계수를 검증하여야 한다.

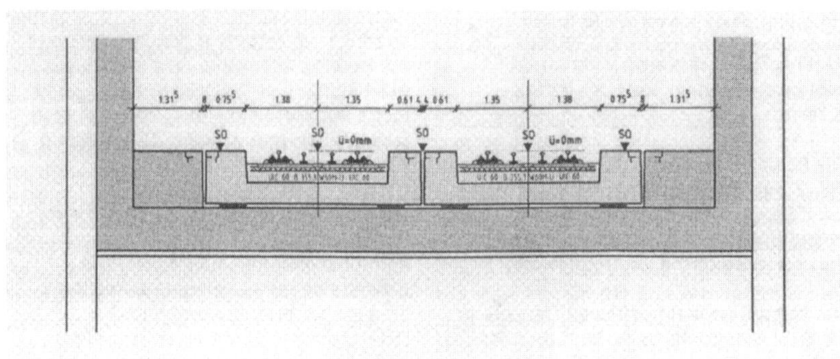

그림 XII.56 횡단면

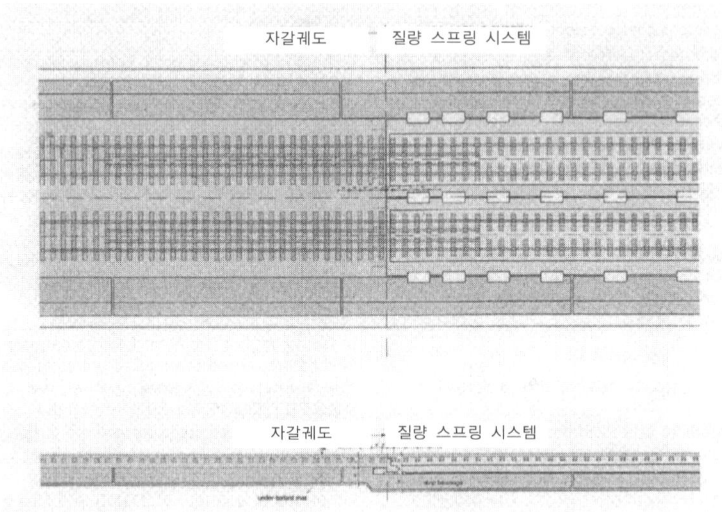

그림 XII.57 평면 / 종단면

(3) 개념적 설계

선택된 개념의 중요한 특성은 다음과 같다: 각 방향에 대하여 분리된 궤도 기초 플레이트, 진동의 최대 감소를 위하여 다음의 궤도구간으로부터 이들 궤도 기초 플레이트의 분리, 궤도 기초 플레이트의 수축변형에 기인하는 엘라스토머 받침의 허용 경사를 위해 구간 당 궤도 기초 플레이트 길이의 양분, 캔트가 다른 무도상 궤도를 수용하기 위해 트로프 모양의 오목한 곳을 가진 직사각형 횡단면 형상, 터널의 건설비를 최소화하기 위하여 터널바닥에 대한 조정불량이 가능한 한 작게 유지된 횡단면 설계 및 궤도 기초 플레이트 위 양쪽 궤도들 절반에 배치하고 비상통로에 대한 또는 3.57 m와 4.16 m 간격을 둔 이웃의 궤도 기초 플레이트에 대한 절반에 배치한 직사각형 정정구멍 — **그림 XII.56, XII.57** 참조.

(4) 건설

궤도 기초 플레이트는 이미 소개한 프로젝트의 경우에서처럼 불충분한 기능을 최소화하기 위해 터널바닥에 부설하였다. 부설된 받침을 갖는 것이 필요한 궤도 기초 플레이트의 요구된 리프팅과 그 후 이들의 받침 위에 궤도 기초 플레이트의 배치는 다른 방법을 사용하여 수행하였다. 실린더를 들어 올리는 유압 리프팅 설비는 상기에 언급한 프로젝트에 사용되었던 정정구멍에 위치하였다. 이 프로젝트를 위하여 궤도 기초 플레이트를 가로질러 배치된 강 거더 격자는 리프팅 장치로서 사용되었다. 그들의 단부는 리프트 실린더의 바깥쪽에 위치하였으며 그들은 나사를 낸 봉으로 궤도 기초 플레이트에 연결되었다. 각 궤도 기초 플레이트의 리프팅은 10 mm의 리프트로 균등하게 행하였다.

(5) 품질보증

질량–스프링 시스템의 유효성을 보장하기 위하여 광범위한 품질보증 프로그램을 정립하고 이행하였다. 프로그램은 받침 특성의 시험과 같은 예비적인 측정, 받침설치의 증거자료 제공, 민감한 지점에 설치하는 부분의 증거자료 제공과 임시커버를 포함하는 이음의 검사와 같은 건설 동안에 수행된 측정 및 고유주파수 측정과 최종보고서 준비와 같은 완성 후에 수행된 측정으로 구성되었다. 최종보고서는 전(前)과 후에 수행된 측정에 더하여 동반되는 프로토콜 및 사신과 함께 각 생산난세의 품질 증서서류 제출을 포함하였다.

XII.4.4 Berlin의 U2 지하철 선로용 경(輕)질량–스프링 시스템

(1) 프로젝트 소개

"Potsdamer Platz"와 "Mendelshon–Bartholdy–Park" 철도역 간의 Berlin 지하철 터널에서는 2~3 궤도의 지하철이 신투자자 빌딩의 집합체 중심 아래를 주행한다. 12에서 15 dB까지 요구된 흡수효과 및 그것에서 파생될 수 있는 16 내지 20 Hz의 동조 주파수 때문에 진동과 구조물발생 소음은 도상 매트로 기존의 자갈궤도를 업그레이드함으로써 저지하기로 하였다(**그림 XII.58**). 이 궤도구간의 대부분에 대하여 이 수단을 적용하는 방법이 없음과 동시에 터널 구조물의 높이는 이 수단을 지역의 일

그림 XII.58 기존의 궤도

부에 적용하는 것을 허용하지 않았다. 다양한 이유 때문에 그 밖의 재래식 업그레이드 수단도 또한 없으므로, 그리고 실현하기가 어렵지만 터널 밑면의 상상할 수 있는 파괴는 주로 높은 비용 때문에 단념하여야 하므로, 특별한 경(輕)질량-스프링 시스템의 개발이 유일하게 남아있는 선택이었다.

개발은 세 가지 중요한 경계조건을 충족시켜야만 하였다.

• 개조는 단지 6 시간의 야간 선로차단 동안에만 수행할 수 있다.

• 개조에서는 항상 한 궤도만을 이용할 수 있다.

• 터널의 크기는 재래식 장비의 사용을 허용하지 않는다.

(2) 질량-스프링 시스템의 설계

실제상의 질량-스프링 시스템(**그림 XII.59 및 XII.60**)은 상대적으로 빠르게 결정되었다. 그것은 스프링-요소로서 작용하는 엘라스토머 매트와 그 위에 놓이는 통합된 쌍-블록 침목과 함께 현장-배합 콘크리트로 만든 궤도 기초 플레이트로 이루어져 있다. 궤도 기초 플레이트는 터널바닥에 따라 15 내지 25 cm 사이에 있다. 격자 트러스를 갖춘 쌍-블록 침목은 좁은 기하구조와 파워 레일, 가드레일 및 가이드 레일의 요구조건에 적용되는 특별한 폼을 형성하였다.

그림 XII.59 경량 질량-스프링 시스템(LMFS)   그림 XII.60 제 위치의 LMFS

(3) 생산 방법과 장비

이 질량-스프링 시스템을 생산하는 방법과 장비를 개발하는 일은 더 어려웠다. 상기에 언급한 스페이스와 시간 제약은 야간 선로차단에 필적하는 주기적인 작업계획을 결정할 뿐만 아니라 적당한 재료를 입수하면서 특수 기계와 장비의 구성과 적용을 필요로 하였다.

5.2 m 길이의 궤도구간은 개조를 위해 다루기에 겨우 충분하였다. 기계와 장비는 개조된 철도-도로 굴착기, 궤도선형을 "고정(freeze)"하기 위한 특수 조립 프레임 및 그라우팅 모르터 공급과 배합 스테이션을 포함하였다. 특수 그라우팅 모르터는 낮은 외부온도에서조차 단지 2 시간의 경화 후에 무-제동 지하철 운전의 재개를 허용하는 현장-배합 콘크리트로서 사용하였다.

(4) 품질보증

모든 기계, 모든 장치 및 그라우팅 콘크리트의 직접 재료는 전체 건설 프로젝트의 성공을 보장하기 위하여 자체 및 공동으로 시험주행 또는 실험실 조사로 시험되었다. 품질보증 프로그램은 또한 받침특성의 시험, 특수 문제에 포함된 모든 것들의 민감성, 각 생산단계의 모니터링 및 기술적 측정에 의한 질량–스프링 시스템 기능성의 확인을 포함하였다.

XII.4.5 질량–스프링 시스템의 결론

본선궤도용 질량–스프링 시스템의 기술적 상태에 관한 논의를 완료하기 위해 참신한 "Hlso 궤도" 질량–스프링 시스템을 여기서 언급한다(**그림 XII.61**).

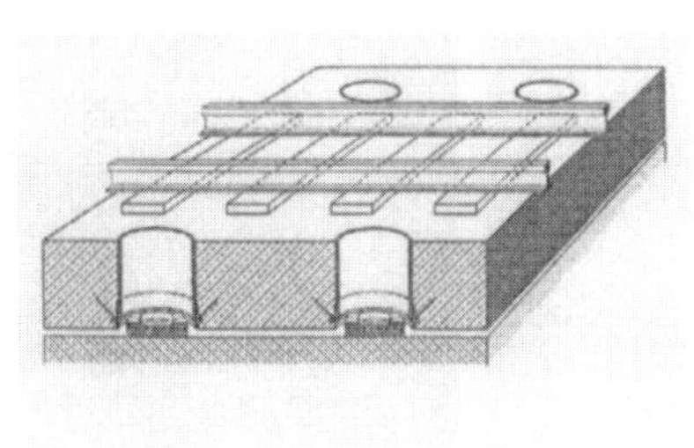

그림 XII.61 Hlso 궤도그림

그림 XII.62 재래식 가드레일 장치

이 질량–스프링 시스템은 엘라스토머 받침의 사용으로 단순하고 쉬운 부설, 레벨링 및 교체에 의해 특성을 묘사한다. 이것은 조립구멍을 이용하여 철근 콘크리트로 만든 궤도 기초 플레이트(슬래브)를 마련함으로써 달성되며, 조립구멍은 한 번에 하나의 엘라스토머 받침을 설치하거나 교체함을 허용한다. 궤도 기초 플레이트로부터 받침으로의 하중 전달을 용이하게 하는 강 요소는 받침의 사용상의 요구 및 전체 시스템의 유효성을 측정하고 편차의 경우에 목표 데이터로 조정할 수 있는 방식으로 설계된다. 부설 동안 생기는 복원력을 이용하여 부설하므로 궤도 기초 플레이트의 리프팅은 어떠한 추가의 보조기구도 필요로 하지 않는다.

질량–스프링 시스템의 건설은 터널 시스템으로만 제한되지 않는다. 그것은 지상교통이나 가설 구조물의 교통에도 적용할 수 있다. 일례로서 "Hlso 궤도" 질량–스프링 시스템이 언급된다. 이 질량–스프링 시스템은 강(鋼)고가교용으로 설계된다. 그것은 통합된 쌍–블록 침목과 함께 철근 콘크리트로 만든 궤도 기초 플레이트와 엘라스토머 스트립으로 이루어져 있으며 엘라스토머 스트립은 궤도 기초 플레이트와 고가교의 가로보 사이에 놓인다.

XII.4.6 흡음 슬래브에 대한 탈선보류 및 차량접근 설비

(1) 기본원리

(DB AG 제3판에 발행된) "슬래브 궤도 건설용 시방서"는 탈선의 경우에 보기나 윤축의 횡 변위가 제한되어

그 이상의 윤축들의 부차적인 탈선을 방지하도록 복선 터널의 궤도가 탈선보류 장치("가드레일")를 갖추어야 한다고 요구하고 있다. 교량은 대다수의 경우에 탈선가드와 또한 흡음 설비를 갖추고 있다. 인시던트에 따른 승객의 대피를 고려하면 바닥에 대해 리드미컬하게 진행되는 위험을 제거하는 것이 중요하다. 구출차량이 인시던트 장소에 출입하는 일이 더욱 더 요구되고 있다. 궤도자체는 이들의 요구에 부응할 뿐만 아니라 검사, 보수 및 갱신을 위해 당연히 접근할 수 있어야 하며 관련된 전기와 신호 시스템 설비의 설치에 적합하여야 한다. 시방서의 제4판은 이들의 요구조건이 "개별적인 경우에 필요한 만큼" 충족되어야 한다고 단순히 언급하고 있다.

(2) 탈선보류 설비의 재래식 설계의 예

탈선보류 설비의 통상적인 장치는 두 레일위치를 가진 특수 베이스플레이트 위의 외측 주행레일 바깥쪽으로 180 mm에 고정된 보조레일로 이루어져 있지만 슬래브 궤도에 사용된 탄성 레일지점(支點)은 이 장치를 부적합하게 만든다. 침목의 어느 한쪽에 또는 침목들 사이의 공간에 특수 고정점을 위치시키는 것이 필요하다. 하나의 해법은 침목 위 받침대(mounting)에 특수 UIC33 레일단면(체크레일용으로 설계)을 마련하는 것이다. 이 장치는 Hanover~Berlin 고속 신노선의 두 교량에 채택하였다(**그림 XII.62**).

소음저감 슬래브도 설치한 궤도에 대한 이 장치의 제작과 설치는 매우 비싸다. 캡 신호 케이블(LZB)의 설치는 목제 받침블록을 사용하여서만 가능하며, 이 장치가 피난 목적에 불만족스럽다는 점이 명백하다.

(3) 다기능 궤도설비 시스템 개발

궤도구조 설계에 대해 기본의 기능적 요구조건은 다음과 같이 "단선과 복선 터널", "교량", "특수 구조물", 및 (교량 지지기둥 근처와 같은) "특수 보호가 필요한 지역"에 필요하다.

- 통합된 건설
- 시방서에 따른 탈선차량의 구속 장치
- 자갈궤도에 적용된 것 이하로 방사레벨을 줄이기 위한 흡음 장치
- 피난과 구출용 보행 면
- 차량을 구출하기 위한 면
- 차량손상으로부터 케이블 보호를 보장할 수 있도록 신호시스템 케이블의 통합
- (부설과 유니트 교환의 유연성을 위한) 단위구조(modular construction)
- 가지각색의 요구조건에 대한 블록조립 시스템
- 품질에 대한 기초로서 미리 제작된 구성요소의 사용
- 각종 횡단면에 대한 적응성
- 각종 레일지점 간격(피치)에 대한 적합성
- 교통 하에서 기존의 궤도배치를 장치함의 용이성
- 구성요소의 긴 수명
- 식물과 오염(특히 흡수)에 대한 저항
- 배수의 촉진
- 열응력에 대한 저항
- 침하와 진동에 저항하기 위한 탄성
- 화재와 열에 대한 저항
- 환경친화성
- 레일의 전기절연
- 누설 견인전류에 대한 저항(예를 들어, 접지문제, 누전)
- 조화진동 효과에 대한 저항
- 슬래브 궤도 자체의 일관된 수명
- 레일연삭 장비, 운전 및 레일 체결장치의 보수처리를 위한 건축한계(클리어런스)

(4) 원형설계 원리

원형은 상기의 요구조건을 염두에 두고 다음의 원리를 이용하여 설계하였다.

- 어느 지점(地點)에서도 레일두부 레벨에서 100 kN의 힘에 대해 저항
- 탈선된 보기의 회전을 억제하기 위하여 주행 가장자리로부터 180 mm의 거리에서 레일두부 레벨로 가드레일의 위치
- (허용속도가 330 km/h인 구간에서 보행 면을 마련하기 위한 어떠한 덮개라도 포함하여) DIN 1055/파트 4에 의거한 후류(slipstream) 또는 포괄적인 힘의 용인
- 헛디딤(tripping)과 부상 위험을 최소화한 상면의 형성
- 동적 증가 없이 DIN 1072에 의거한 등급 30/33의 교량을 따른 도로차량 접근의 용이성(주 : 220 mm보다 작은 타이어 폭을 가진 차량으로 제한된 접근은 주행 가장자리로부터 가드레일의 요구된 간격의 결과이다)
- 궤도에 대해 가로방향으로 놓이는 구조부재 또는 투윈-블록 침목의 앞면, 또는 레일 체결장치의 고정 장치(holding-down shank)에 의한 횡 힘에 대한 저항력
- 횡 힘에 저항하도록 체결장치의 설계 형식에 따른 고정
  - 침목에 대해 직접
  - 채움 콘크리트의 정착에 대해
  - 특별히 세운 유지지점에 대해
- 레일 체결장치의 볼트와 정착장치(anchorage)에 대해 전단하중을 부과함이 없는 고정 시스템
- 있음직한 변위를 고려한 신호 케이블의 설치(seating)

대단히 특수한 이슈는 탈선보류와 흡음설비의 통합이었다. Rhomberg Bahntechnik 그룹은 이 개발 동안 프리캐스트 흡음 유니트를 제작함에 있어 그 장점을 취할 수가 있었다. 예를 들어, 실제로 1999년에는 충분히 적재된 도로차량이 사용할 수 있는 다른 설계가 오스트리아 Tyrol의 Wolfsgruben 터널에 설치되었다.

BAFS 시스템(주행가능, 보행가능, 흡음, 탈선보류)의 첫 번째 버전을 설계함에 있어 궤도들 사이의 중앙

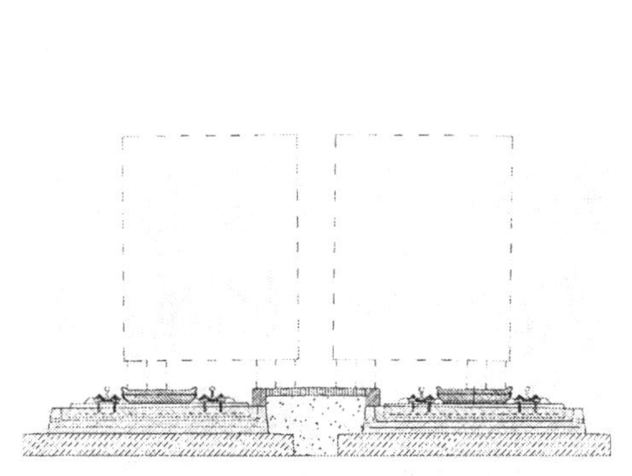

그림 XII.63. BAFS에 의해 중앙지역에 걸친 주행가능성

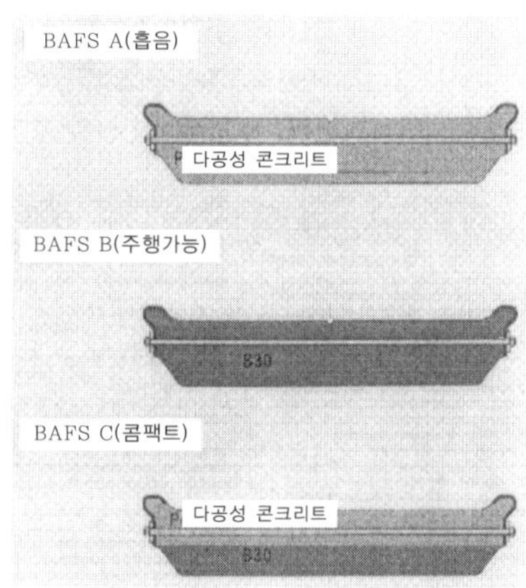

그림 XII.64 BAFS 변형체

공간은 주행 면을 또한 갖추고 있다(**그림 XII.63**). 나중에 오스트리아의 경험을 고려하여 이 방식으로 전체의 표면에 판을 깔았다.

(5) BAFS 구조의 건설

BAFS 시스템은 특별히 설계된 스텐리스 강 단면(S355J2G2W)을 양쪽에 설비한 프리캐스트 콘크리트 슬래브로 이루어져 있다. 가드레일은 약 0.65 m의 피치로 가로부재에 고정된다. 슬래브는 5.85 m의 피치(0.65 m의 9 배)를 주며 침목간격의 변화를 허용하는 5.82 m의 우선적 길이로 제조된다. 콘크리트 유니트는 가드레일 바깥 가장자리를 넘어 돌출함이 없이 커넥터(연결기)로 함께 고정되며, 그래서 그들은 탈선의 경우에 붕괴로부터 보호된다. 커넥터는 유니트들 간의 상대적인 횡과 수직 이동을 방지하며 또한 그들 사이에 전기(電氣)의 연속성을 마련한다.

커넥터의 슬립저항은 경험할지도 모르는 종 방향 열 힘을 조정하도록 설계된다. 슬래브 바닥은 추가의 횡 저

표 XII.2 BAFS 유형

유형	탈선보류	보행가능(비상구)	주행가능(DIN 1072)	흡음
BAFS-A(흡음)	○	○	–	○
BAFS-B(주행가능)	○	○	○	–
BAFS-C(콤팩트)	○	○	○	○

항력을 주도록 또한 키로 고정된다. BAFS-A와 BAFS-C(콤팩트) (**표 XII.2, 그림 XII.64**) 형의 슬래브 상면은 가장 높게 있음직한 등급의 흡음능력을 갖도록 제작된다. 주행할 수는 있지만 흡음 능력이 없는 BAFS-B의 경우에는 상면이 좋은 배수능력을 주도록 형성된다.

BAFS의 모든 변형체는 규정된 대로 안전한 보행 면을 마련하며 그래서 레일 간의 공간이 피난과 구출 목적에 적합하다. 아래쪽의 추가 철근은 BAFS-C가 DIN 1072 교량 등급 30/33에 대한 차량하중을 받을 수 있게 하고 흡음 특성을 가지게 한다.

기포 콘크리트(B15)의 철근과 강 인서트는 부식저항성을 갖고 있다. 플라스틱과 지오그리드(geo-grid)는 이들의 제작물에도 사용할 수 있다. 유니트의 중앙 지역에는 LZB 신호 케이블의 설치를 위한 오목부분이 있으며 모든 이음에는 케이블의 연결에 사용할 수 있는 4 cm 공동(空洞)이 형성된다. 가드레일은 가드레일의 해체가 없이 주행레일 체결장치를 검사하고 교환할 수 있도록 배치된다. 이 시스템의 BAFS는 재래식 시스템과 비교하여 상당한 비용증가가 없이 탈선보류 및 안전한 보행과 주행을 할 수 있게 한다.

(6) 서비스 시험 및 시험구간의 설치

시스템은 Rheda 시스템 모노블록 침목 슬래브 궤도 구간을 실험으로 입증할 목적으로 2000년 4월에 Hanover~Berlin 고속노선 137.600 km에 부설되었다. 이것은 독일연방철도청(EBA)의 후원으로 이루어졌다. 약 128 m의 길이에 걸쳐 10 구간의 BAFS-A와 10 구간의 BAFS-B가 부설되었다(**그림 XII.65**). 게다가, 탈선보류 시스템의 입구와 종점 구간이 설치되었다. BAFS 구간의 각각의 단부에는 연결 스트라이킹(striking) 블록을 가진 가드레일로 형성된 램프가 마련된다(또한, **그림 XII.66** 참조).

그림 XII.65 Hanover Berlin 노선의 BAFS 시스템

그림 XII.66 BAFS의 입구와 종점 구간

슬래브 궤도 시스템의 부설은 침목 중심점에서 하나의 M20 볼트 고정, 또는 침목 상면의 레일 베이스플레이트 지역 안쪽에 두 M14 볼트를 필요로 한다. 이 실증사례에서는 침목들 사이의 공간에 두 M14 볼트가 채택되었다. 현존하는 슬래브 궤도에서는 침목 사이의 어느 한쪽 슬래브에 또는 침목자체에 적당한 구멍을 천공함으로써 정착시킬 수 있다.

(7) 결과 및 다음 단계

Rhomberg와 그 파트너는 시험과 병행하여 시험현장에 각종 흡음재를 설치하여 다수의 변형체 유형을 실험할 기회를 포착하였다. 결과는 선택된 재료의 충분한 흡수성질을 입증하였으며 3 dB의 바랐던 최소의 소음저감이 각종 구성에서 달성되었다. Rhomberg와 그 파트너는 더욱이 오스트리아 철도용으로 주행가능 시스템을 개발하였다. "Melk 탈선(Deviation)"과 "Blisadonna 터널"의 두 프로젝트는 특별한 흥미가 있다.

그림 XII.67 Arlberg 노선의 Blisadonna 터널

- Melk 탈선에서는 건전한 열차가 2001. 1. 15에 탈선(derail)되었다. Rhomberg 파트너가 부설한 슬래브의 손상-저항 품질과 관련된 매우 유익한 정보가 도출되었다.
- 오스트리아 Arlberg 노선의 Blisadonna 터널에는 운송수단의 구출이 필요할지도 모를 때에 특수차량의 필요성을 피하기 위해 충분히 주행 가능한 시스템을 설치하였다(**그림 XII.67**).

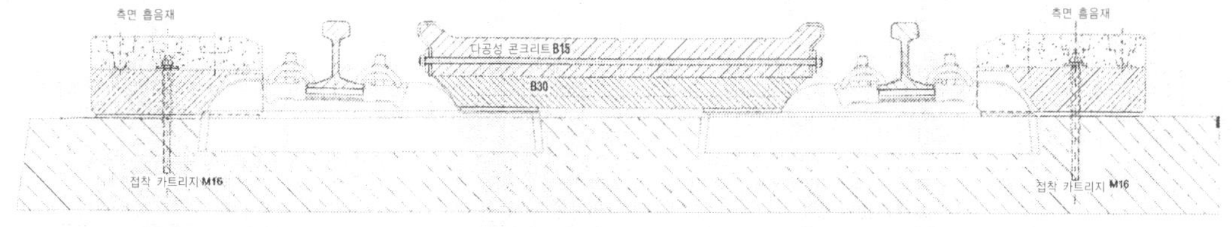

그림 XII.68 슬래브 궤도에서 측면 흡음 유니트를 가진 BAFS 시스템

Hanover~Berlin 노선의 흡음 시스템에 대한 시험 결과를 얻기 위하여 소음 체임버(noise chamber)에서 각종 음의 세기 측정을 수행하였다. 주행가능 시스템에 대해 6 내지 8 dB의 소음저감이 확인되었다. 독일연방철도청(EBA)은 BAFS 시스템에 대해 2005. 12. 이래로 반영구적인 승인을 교부하였다. 그러므로 주행가능 및 보행가능 시스템의 특허를 얻은 Rhomberg Bahntechnik 그룹은 그 시스템을 어떠한 독일 노선에도 부설될 수 있다. 마지막으로, Rhomberg Bahntechnik 그룹은 독일에 일반적으로 설치된 슬래브 궤도에 대해 측면 흡음 유니트를 사용하는 BAFS-C 시스템의 적용을 정밀하게 살필 수 있다(**그림 XII.68**).

이 특수한 결합에 대해 과학적인 데이터를 이용할 수 없을지라도, 경험은 이 시스템이 비용절감, 완전한 주행가능성 및 보수요구를 저감하는 비용 효과적이고 실용적인 해법을 제공한다는 점을 나타낸다. 단선과 복선 터널에서 전체 시스템의 분명하게 통합된 설계는 상당한 상승작용(synergy) 이익을 제공한다. 이것은 슬래브 궤도 자체, 궤도의 여유, 슬래브에서 채널 내나 케이블 공간 내의 케이블 루트, 복선궤도 구간에서 중앙지역, 터널 피난처, 방화용수, 또는 대안으로 여기서 기술한 다기능 궤도설비를 포함한다.

XIII. 콘크리트궤도의 역학

전(全)세계적으로 개발된 무도상 궤도(Feste Fahrbahn, FF)는 다음과 같이 3 그룹으로 세분할 수 있다.

- 연속 철근콘크리트 지지슬래브(tragplatte) 또는 아스팔트 지지 슬래브 위에서 고탄성 레일체결장치로 체결된 궤광(Gleisrost). 슬래브 밑에는 수경결합 지지층(HGT층) 또는 아스팔트 지지층이 있다.
- 수경결합 지지층(HGT층) 또는 아스팔트 지지층으로 받쳐지는 연속 철근콘크리트 지지 슬래브 위의 고탄성 레일지점(支點).
- 하부 타설 재료와 함께 고탄성 레일체결장치가 있는, HGT층 또는 아스팔트 지지층 위의 기성(旣成) 슬래브 또는 기성 프레임(Rahmen).

지반 위에 부설하는 무도상 궤도의 건설비는 고속교통용으로 개량된 자갈궤도와 비교하여 약간만 더 높다. 자갈궤도의 유지보수작업에 필요한 규칙적인 간격의 선로차단과 그것에 관련된 선로구간의 자유로운 통행의 방해를 고려할 경우는 무도상 궤도에 우선권이 있다. 독일에서 무도상궤도 적용의 전제조건은 도로건설에서 도입한 기술규정의 준수와 무결함의 건설이다. 이 장에서는 독일철도에서 개발된 수정형 레다구조의 기술을 중심으로 설명한다.

XIII.1 지반 상에 부설되는 콘크리트궤도의 구조계산

XIII.1.1 일반사항

무도상궤도의 특징은 레일이 탄성의 상태에 있는 점과 일반적으로 2 층으로 부설된 지지 슬래브에서 휨 응력을 받는 점이다. 이것은 예를 들어 수경 또는 역청 결합 지지층이 있거나 없는 연속 철근콘크리트 지지 슬래브 {구속받지 않는(freie) 균열형성, 또는 제어된(gesteuerte) 균열형성}, 또는 예를 들어 수경 결합 지지층(HGT층)이 있거나 없는 아스팔트 지지 슬래브로 실현된다. 동상방지층과 하층토를 탄성 등방성 반공간으로 모델링할 경우에는 3층 시스템으로 된다.

지지(支持, trag) 슬래브에 삽입되어 하중을 횡 방향으로 충분히 분배하는 침목으로 레일을 지지하는 (Auflagerung) 경우에는 지지 슬래브의 휨 응력 주축(主軸)이 종 방향으로 있기 때문에 "스프링 위의 보"를 계산모 델로, 개별 레일지점(支點)에서 레일을 지지(콘크리트 지지 슬래브에서만 가능)하는 경우에는 "스프링 위의 슬래 브"를 계산모델로 이용할 수 있다(후술의 **그림 XV. 5** 참조).

장거리 철도에 대한 구조계산에서는 유럽 철도에 도입된 하중체계 UIC 71(윤축하중 250 kN의 4 차축이 1,600 mm 간격으로 배치되고, 그곳에서 800 mm부터 80 kN/m의 등분포하중이 계속)을 기초로 한다. 곡선주행 시의 윤하중 변동은 20 %의 할증(1.2의 계수), 동역학에서는 50 %의 할증(1.5의 계수)을 고려한다. 동적계수는 궤도상태가 좋은 무도상 궤도에서 측정한 기존의 측정결과를 근거로 하여 속도에 상관없이 300 km/h 또는 그 이상에서도 0.15 %의 손실(Ausfall)확률(통계상의 신뢰성 99.7 %; $t = 3$)에 상당하는 16.7 %의 변동계수가 사 정될 수 있다. 지반의 최대 압축응력을 계산할 때에는 현존의 과잉(Redundanz) 때문에 15.7 %의 손실확률(통 계상의 신뢰성 68.7 %; $t = 1$)에 상응하는 1.17의 동적계수를 선택하면 충분할 것으로 생각된다.

계산가정이 불확실하고, 지지거동을 정량화하기 위한 계산모델이 제한적으로만 적합하며, 계산의 단순화를 위해 근사계산하기 때문에, 이론적인 구조계산에서는 도로와 활주로 건설의 경험으로부터 축적된 설계기술로 보충하여야 한다. 구조계산 및 설계 시에는 우수한 장기거동을 보장하여야 한다. 유지보수가 적은 60년의 사용 기간을 목표로 한다.

XIII.1.2 재료의 특성 값

무도상궤도의 구조계산에서 표준적인 재료의 특성 값 들은 다음과 같다.
- 레일 UIC 60(**표 XIII.1**) : $E = 2.1 \cdot 10^5$ N/mm²; $J = 3055 \cdot 10^4$ mm⁴
  주해 : UIC 60 레일(공칭강도 900 N/mm²)은 17 kN/mm(±10 %)의 레일지점 스프링계수에 대하여 하중 체계 UIC 71 또는 250 kN의 윤축하중을 가진 단일 차축용으로 {레일파손 시의 등급을 붙인 조직(Stufen-bildung)을 포함하여} 충분하게 정해진다.
- 길이 2.4 m, 또는 2.6 m의 PS 콘크리트 침목 B301. 또는 DB AG에서 허가한 동일 크기의 침목
- 레일체결장치의 탄성 중간 플레이트(또는 레일패드) :
  스프링 계수 $c = 20$ kN/mm(17 kN/mm를 얻도록 노력) ; 레일지점 힘의 계산 시에는 저온에서의 동역학적 스프링 계수 $c_{dyn} \leq 40$ kN/mm가 사정된다.
- 최소한 340 kg/m³의 시멘트 함량과 함께 B 35의 콘크리트 지지 슬래브와 채움 콘크리트 ; $E = 34,000$ N/mm² ; 인장 휨 강도(DIN 규정 1048; 단일하중) $\beta_{BZ} \geq 5.5$ N/mm² ; 구속을 받지 않는 균열형성 시에 연 속 철근콘크리트 지지 슬래브의 종 방향 영구 인장 휨 강도 0.85 N/mm²{동절기 저온에서의 하위응력 (Unterspannung) 3.0 N/mm²}, 하절기의 불균등한 온도상승으로 인한 휨 응력(Wölbspannung)을 고려 할 때의 횡 방향 영구 인장 휨 강도 2.10 N/mm². 균열형성을 제어할 경우에 종 방향 영구 인장 휨 강도는 더 높게 사정될 수 있다(제 **XIII**.1.7항).
- 구조용 강 BSt 500 S
- 아스팔트 지지 슬래브 : $E = 5,000$ N/mm²; 연간 평균치로서 영구 인장 휨 강도 0.80 N/mm²
- HGT층 : 콘크리트뿐만 아니라 아스팔트 지지층 아래의 적합성 시험 시 원주의 압축강도 $\beta_C \geq 15$ N/mm² ;

구조적 균열이 있을 경우의 유효 E 계수 5,000 N/mm^2~10,000 N/mm^2 ; 인장 휨 강도 $\beta_{BZ} \geq 1.6$ N/mm^2 ; 영구 인장 휨 강도 0.80 N/mm^2

- 동상방지층 : $E_{v2} \geq 120$ N/mm^2(10 % – 최소의 양) ; 노반계수를 조사할 때에 사정된다.
- 하층토/하부구조 : $E_{v2} \geq 45$ N/mm^2(10 % – 최소의 양) ; 지반의 허용 압축응력은 Heukelon와 Klomp의 공식으로 계산할 수 있다. 즉,

$$\text{허용} \quad \sigma_z = \frac{0.006 \cdot E_{dyn}}{1 + 0.7 \cdot \lg(n)} \tag{XIII.1}$$

하중체계 UIC 71(무도상궤도의 하중분배효과가 우수하므로 과다한 전동(轉動)(Überrolung)은 하중의 변동에 상응한다)에 대해 $n = 2 \cdot 10^6$이고 $E_{dyn} = E_{stat} = E_{v2} = 45$ N/mm^{2}일 때는 허용 $\sigma_z = 0.050$ N/mm^{2}을 유지한다. 대부분 $E_{dyn} > E_{stat}$이며, 안전 측에 있다.

표 XIII.1 레일 단면

레일단면	UIC60	UIC54
	1970년부터 높은 하중의 구간에 적용하는 DB의 규정단면	대다수의 철도에서 적용하는 규정단면
치수		
G [kg/m]	60.3	54.43
F [cm^2]	76.9	69.30
I_x [cm^4]	3,055	2,346
I_y [cm^4]	513	418
W_0 [cm^3]	336	279
W_u [cm^3]	377	313
강도 [N/mm^2]	900 (1,100)	900 (1,100)

XIII.1.3 레일지점 힘

레일에서 지지 슬래브로 전달되는 레일지점(支點) 힘(그림 XIII.1)은 계산모델 "스프링 위의 보"로 계산할 수 있다(표 XIII.2). 탄성이 있게 놓인 레일에 비해 지지 슬래브의 강성이 크기 때문에 레일지점 힘을 계산할 때는 지지 슬래브의 강성을 무한대로 가정한다. 열차가 고속으로 주행할 때에 레일의 2차 처짐을 제한하기 위해서 넘

어서는 안 되는 650 mm의 침목 또는 레일지점의 간격에서

$$L = \sqrt[4]{\frac{4 \cdot 2.1 \cdot 10^5 \cdot 3{,}055 \cdot 10^4 \cdot 650}{40{,}000}} = 804 \text{ mm} \quad (\text{UIC 60 레일의 탄성 길이, 표 XIII.2 참조})$$

와 함께 c = 40 kN/mm의 레일지점 스프링 계수에 대하여, 반올림한 준정적 힘 S(우측 레일), 또는 S' (좌측 레일)는 다음과 같다.

▶하중체계 UIC 71 (구조계산 시의 기준) :

$S_0 = S_0' = 55{,}600$ N (대칭축)

$S_1 = S_1' = 48{,}000$ N (650 mm의 거리에 있는 이웃 레일지점들)

$S_2 = S_2' = 53{,}000$ N (1,300 mm의 거리에 있는 이웃 레일지점들)

$S_3 = S_3' = 50{,}000$ N (1,950 mm의 거리에 있는 이웃 레일지점들)

▶윤축하중 250 kN의 단일차축 :

$S_0 = S_0' = 50{,}500$ N (대칭축)

$S_1 = S_1' = 32{,}000$ N (650 mm의 거리에 있는 이웃 레일지점들)

$S_2 = S_2' = 9{,}500$ N (1,300 mm의 거리에 있는 이웃 레일지점들)

▶윤축하중 225 kN, 차축간격(축거) 1,700 mm의 3축 대차가 있는 화물열차

$S_0 = S_0' = 49{,}000$ N (대칭축)

$S_1 = S_1' = 42{,}000$ N (650 mm의 거리에 있는 이웃 레일지점들)

$S_2 = S_2' = 45{,}000$ N (1,300 mm의 거리에 있는 이웃 레일지점들)

그림 XIII.1. 개별 레일지점 힘을 받는 무도상 구조의 종단면도와 상면도

표 XIII.2 Winkler 탄성 지지 보 이론을 바탕으로 레일의 지점 힘을 계산하기 위한 공식

레일의 탄성길이 L

$$L = \left[\frac{4 \cdot E \cdot I}{b \cdot C}\right]^{0.25} \text{[mm]}$$

지점 힘 $S = b \cdot C \cdot a \cdot y$ [N]

레일의 침하 y

$$y = \frac{1}{2 \cdot b \cdot C \cdot L} \cdot \sum (Q_i \cdot \eta_i) \text{ [mm]}$$

$$\eta_i = \frac{\sin\xi_i + \cos\xi_i}{e^{\xi_i}}, \qquad \xi_i = x_i / L$$

E : 레일의 탄성계수 [N/mm²]
b : 종 보의 폭 [mm]
Q_i : 윤하중 [N]
x_i : 관련 차축과 이웃 차축간의 거리 [mm]

I : 레일의 단면2차 모멘트 [mm⁴]
C : 노반계수 [N/mm³]
η_i : 이웃의 차축을 고려하기 위한 영향계수
a : 레일지점 간격 [mm]

$b \cdot C$는 상수로서 공식 안으로 삽입되기 때문에 $b \cdot C = c / a$로 등가치환(ersetzt)할 수 있으며, 여기서 c는 레일체결 장치의 스프링계수 [N/mm]이다.

▶윤축하중 198 kN, 차축간격 3,000 mm의 ICE 1, ICE 2 동력차

$S_0 = S_0' = 40,000$ N (대칭축)

$S_1 = S_1' = 25,200$ N (650 mm의 거리에 있는 이웃 레일지점들)

$S_2 = S_2' = 7,600$ N (1,300 mm의 거리에 있는 이웃 레일지점들)

XIII.1.4 지지되는 궤광의 시스템

2.4 m의 침목 최소길이에서는 레일지점(支點)의 하중이 폭 3.0~3.2 m의 콘크리트 지지 슬래브에서 횡 방향으로 충분히 분배된다{궤도간의 간격이나 동상방지층의 두께에 종속(abhängig)}. 이것에 대해서는 "스프링 위의 보" 계산모델을 구조계산에 적용할 수 있다.

2층 지지 슬래브(**그림 XIII.3**)에서는 연속 철근콘크리트 지지 슬래브와 HGT층의 사이, 또는 아스팔트 지지 슬래브와 HGT층 사이가 "결합되지 않는" 시스템 Ⅰ과 "결합되는" 시스템 Ⅱ를 구별한다.

표 XIII.3 Winkler 탄성 지지 보 이론으로 등가 치환한 보의 휨모멘트를 계산하기 위한 방정식

등가치환 보의 탄성길이 L_E

$$L_E = \left[\frac{4 \cdot E_E \cdot I_E}{b_E \cdot k} \right]^{0.25} \ [\mathrm{mm}]$$

등가치환 보의 단면2차 모멘트 I_E

$$I_E = \frac{b_E \cdot h_{I,II}^3}{12} \ [\mathrm{mm}^4]$$

등가치환 보에서의 휨모멘트 M_{II}

$$M_{I,II} = \frac{L_E}{4} \cdot \sum (S_i \cdot \mu_i) \, [\mathrm{N} \cdot \mathrm{mm}]$$

$$\mu_i = \frac{-\sin \xi_i + \cos \xi_i}{e^{\xi_i}}$$

$$\xi_i = x_i / L_E$$

E_E : 등가치환 보의 탄성계수 = E_1 [N/mm²]

b_E : **트로프 폭의 반** [mm]

k : Eisenmann방법에 의한 가상 노반계수 [N/mm²] (**표 XIII.4**)

S_i : 지점 힘 [N]

μ_i : 이웃한 하중을 고려하기 위한 영향계수

시스템 상세(시스템 Ⅰ의 노반계수와 h_I ; 시스템 Ⅱ의 h_{II}, J, e_o, e_u)의 계산은 현존의 3층 시스템을 가상의 2층 시스템(등가치환 높이 h_I 또는 h_{II}인 세로 보)으로 전환하여 **표 XIII.4**의 계산방법으로 행할 수 있다. 제2 단계에서는 **표 XIII.3**에 나타낸 공식으로 등가치환(ersatz) 보의 탄성길이 L_E를 계산한다. 제3 단계에서는 **표 XIII.3**의 공식으로 제**XIII.2.3**항에서 설명한 레일지점 힘의 작용 하에서 2 시스템의 휨모멘트를 계산할 수 있다. 이때에는 모멘트 선의 양(陽)의 범위($\mu > 0$)에 있는 레일지점 힘만 산정할 수 있다(**그림 XIII.2**). 제4 단계에서는 **표 XIII.4**의 (4)에서 설명한 공식을 이용하여 양 층의 하면에 대한 인장 휨 응력 σ_1과 σ_2를 계산한다. 콘크리트 지지 슬래브 또는 아스팔트 지지 슬래브의 다양한 폭 B_1 및 HGT층 또는 아스팔트 지지층의 폭 B_2($B_2 \leq B_1 + 2 \cdot h_2$; 하중의 퍼져 나감이 45°이하로 되도록 해야 한다)는 좋은 근사로서 아래와 같이 고려할 수 있다. 더 정확하게 계산하기 위해서는 시스템 상세에다 B_1과 B_2를 포함시켜야 하지만, 계산가정이 불확실하고 계산모델이 단지 제한적으로만 적합하기 때문에 이것이 필요하지 않다.

표 ⅩⅢ.4a : 탄성기층 위의 비결합형 지지층과 지지 슬래브의 3층 시스템에서의 휨 응력을 계산하기 위한 Eisenmann방법

시스템Ⅰ : 층1과 2가 결합되지 않음

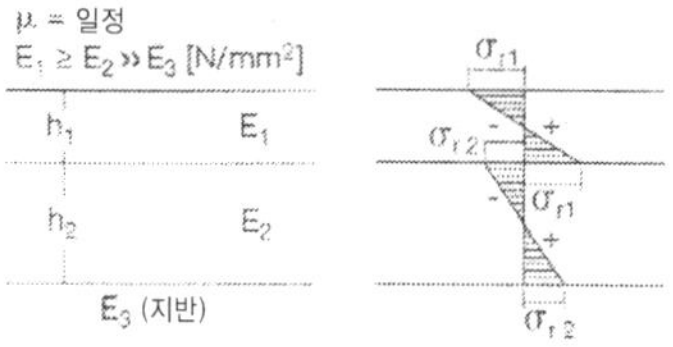

μ = 일정
$E_1 \geq E_2 \gg E_3$ [N/mm²]
h_1 　 E_1
h_2 　 E_2
E_3 (지반)
σ_{r1} 　 σ_{r2} 　 σ_{r1} 　 σ_{r2}

(1) 하층토에 대한 가상의 노반계수

$$k = \frac{E_3}{h^x} \ [\text{N/mm}^3], \qquad h^x = 0.83 \cdot h_1 \cdot \sqrt[3]{\frac{E_1}{E_3}} + c \cdot h_2 \cdot \sqrt[3]{\frac{E_2}{E_3}} \ [\text{mm}]$$

　　c = 수경 결합재에서 0.83, 역청을 함유한 결합재에서 0.90

(2) $E = E_1$일 때 동일한 강성을 가진 등가치환 시스템의 두께

$$h_I = \sqrt[3]{\frac{E_1 \cdot h_1^3 + E_2 \cdot h_2^3}{E_1}} \ [\text{mm}]$$

(3) Westergaard 또는 Pikett · Ray에 의거한 등가치환 시스템 (k, h_1, E_1)에서의 모멘트 M_I의 계산

(4) 층1과 2에서의 휨 응력

$$M_1 = M_I \cdot \frac{E_1 \cdot h_1^3}{E_1 \cdot h_1^3 + E_2 \cdot h_2^3} \ [\text{N} \cdot \text{mm}], \qquad M_2 = M_I \cdot \frac{E_2 \cdot h_2^3}{E_1 \cdot h_1^3 + E_2 \cdot h_2^3} \ [\text{N} \cdot \text{mm}]$$

$$\sigma_{r1} = 6 \cdot \frac{M_1}{h_1^2} \ [\text{N/mm}^2], \qquad\qquad \sigma_{r2} = 6 \cdot \frac{M_2}{h_2^2} \ [\text{N/mm}^2]$$

(5) 탄성길이(슬래브)

$$l_1 = \sqrt[4]{\frac{E_1 \cdot h_I^3}{12 \cdot (1-\mu^2) \cdot k}} \ [\text{mm}]$$

　　μ = 횡 팽창계수
　　　　콘크리트 = 0.15
　　　　아스팔트 = 0.50

비결합형 시스템 Ⅰ :

$$\sigma_1 = \frac{6 \cdot \beta_1 \cdot M_I}{B_1 \cdot h_1^2} \ [\text{N/mm}^2] \ \ (\text{지지 슬래브 하면}) \tag{ⅩⅢ.2a}$$

$$\sigma_2 = \frac{6 \cdot \beta_2 \cdot M_I}{B_2 \cdot h_2^2} \ [\text{N/mm}^2] \ \ (\text{지지층 하면}) \tag{ⅩⅢ.2b}$$

여기서,

$$\beta_1 = \frac{E_1 \cdot h_1^3}{E_1 \cdot h_1^3 + E_2 \cdot h_2^3} \quad \text{및} \quad \beta_2 = (1 - \beta_1)$$

이다.

표 XIII.4b 탄성기층 위의 결합형 지지층과 지지 슬래브의 3층 시스템에서의
휨 응력을 계산하기 위한 Eisenmann 방법

시스템 II : 층1과 2가 결합됨

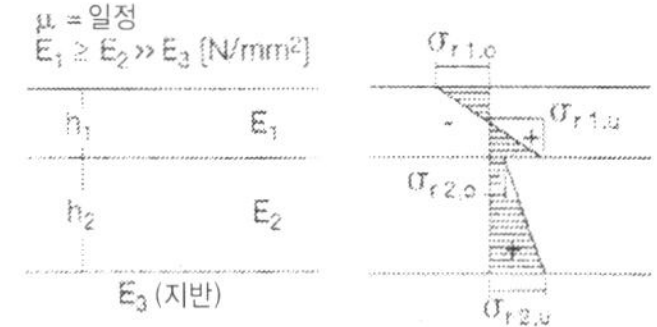

(1) 시스템 I 에서와 마찬가지로 하층토에 대한 가상의 노반계수

(2) $E = E_1$일 때 동일한 강성을 가진 등가치환 시스템의 두께

$$h_{II} = h_1 + 0.9 \cdot h_2 \cdot \sqrt[3]{\frac{E_2}{E_1}} \quad [\mathrm{mm}]$$

(3) Westergaard 또는 Pikett · Ray에 의거한 등가치환 시스템(k, h_{II}, E_1)에서의 모멘트 M_{II} 의 계산

(4) 동일한 강성을 가진 슬래브 보에 대한 층 1과 2에서의 휨 응력 계산

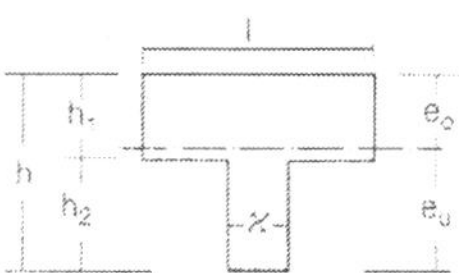

$$\kappa = \frac{E_2}{E_1}, \qquad E = E_1, \qquad I = \sum (I_i + F_i \cdot x_8^2), \qquad e_0 = \frac{\sum F_i \cdot x_i}{\sum F_i}$$

I : 슬래브 보(T형 보)의 단면2차 모멘트 [mm당 mm⁴]

$$e_0 = \frac{h}{2} \cdot \frac{E_2 \cdot h_2}{E_1 \cdot h_1 + E_2 \cdot h_2} + \frac{h_1}{2} \quad [\mathrm{mm}], \qquad\qquad e_\mu = h - e_0 \quad [\mathrm{mm}]$$

$$\sigma_{r1,0} = \frac{M_{II}}{I} \cdot e_0 \quad [\mathrm{N/mm^2}], \qquad\qquad \sigma_{r1,0} = \frac{M_{II}}{I} \cdot (h_1 - e_0) \quad [\mathrm{N/mm^2}]$$

$$\sigma_{r2,0} = k \cdot \frac{M_{II}}{I} \cdot (h_1 - e_0) \quad [\mathrm{N/mm^2}], \qquad\qquad \sigma_{r2,0} = k \cdot \frac{M_{II}}{I} \cdot e_\mu \quad [\mathrm{N/mm^2}]$$

(5) 탄성길이(슬래브)

$$l_{II} = \sqrt[4]{\frac{E_1 \cdot h_{II}^3}{12 \cdot (1 - \mu^2) \cdot k}} \quad [\mathrm{mm}]$$

결합형 시스템 Ⅱ:

$$\sigma_1 = \frac{M_{\text{Ⅱ}} \cdot (h_1 - e_0)}{B_1 \cdot I} \quad [\text{N/mm}^2] \ \text{(지지 슬래브 하면)} \tag{XⅢ.3a}$$

$$\sigma_2 = \frac{E_2 \cdot M_{\text{Ⅱ}} \cdot e_u}{E_1 \cdot B_2 \cdot I} \quad [\text{N/mm}^2] \ \text{(지지층 하면)} \tag{XⅢ.3b}$$

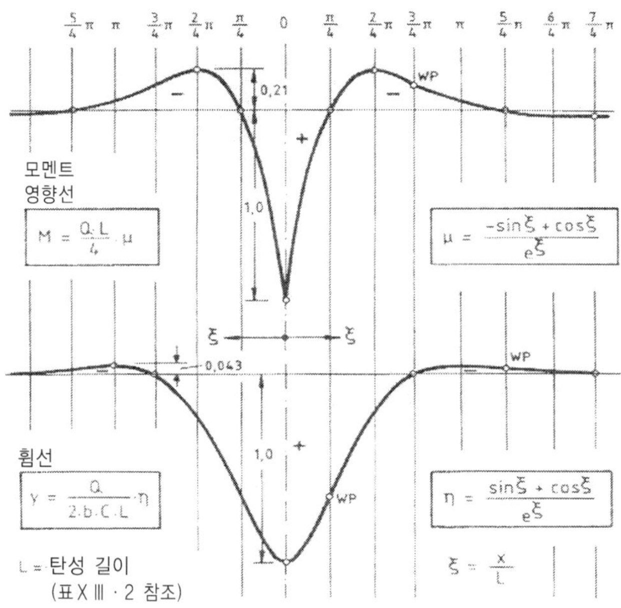

그림 XⅢ.2 탄성 거치 보의 모멘트 영향선과 휨선(표 XⅢ.2와 XⅢ.3참조)

300 mm의 침목 폭을 고려함{휨모멘트의 다듬음(ausrundung) ; **그림 XⅢ.2**}으로써 약 10 % 더 작은 휨모멘트 M을 유지한다.

레다형 선로구조에서 침목들 사이와 아래에 있는 채움 콘크리트와 콘크리트 지지 슬래브 간을 영구적으로 결합시킬 경우{레다 역에 설치된 무도상 궤도와 같이 채움 콘크리트에 스트럽(Bügeln)의 설치가 필요하다}에는 침목 아래에 있는 두께 50 mm의 채움 콘크리트를 사정하여 설계 계산할 수 있다.

그 밖에도 인장 휨 응력은 FEM 법으로 계산하기도 한다. 탄성 지지 보의 노반계수는 **표 XⅢ.4** (1)의 공식으로 계산할 수 있다.

그림 XⅢ.2에 따른 모멘트 영향선의 양(陽)의 범위

$$(-0.25 \cdot \pi) \leq (x/L) \leq (0.25 \cdot \pi)$$

에서 등분포하중 q(N/mm)에 대한 결합형과 비결합형 시스템에서의 휨모멘트는 다음의 공식으로 계산할 수 있다.

$$M_{\text{I, Ⅱ}} = 0.161 \cdot q \cdot L^2{}_{\text{I, Ⅱ}} \quad [\text{N} \cdot \text{mm}] \tag{XⅢ.4}$$

하중체계 UIC 71(1,600 mm 간격으로 4 · 250 kN)에 대해 등분포하중으로 환산하면, 휨모멘트가 약 10~20 % 작아진다(탄성길이 L에 종속).

XIII.1.5 개별 레일지점을 가진 시스템

"스프링 위의 슬래브"(**표 XIII.5**)는 하중이 2 축으로 작용하기 때문에 슬래브의 방사방향으로 작용하는 모멘트 또는 인장 휨 응력과 접선방향으로 작용하는 모멘트 또는 인장 휨 응력을 구별해야 한다. 하중 점 0에 관한 방사방향의 모멘트와 접선방향 모멘트의 계산에서는 하중 점 0을 가진 우측 레일의 지점(支點) 1, 2, 3과 이웃하는 좌측 레일의 지점 0′, 1′, 2′, 3′ 을 구별해야 한다(레일지점 3′ 은 모멘트를 계산할 때에 고려하지 않을 수도 있다). 레일지점 1, 2, 3에 관한 방사방향은 무도상궤도의 종 방향에 상응하며, 접선방향은 무도상궤도의 횡 방향에 상응한다. 레일지점 0′, 1′, 2′ 에서는 방향들이 바뀐다(**그림 XIII.1**).

하중 점 0에 관해서는 재하 케이스 "슬래브 중간"을 목표로 해야 하며, 이용 시에 레일지점의 양쪽에 대해 $0.5 · l(l$ = 지지 슬래브의 탄성길이)보다 큰 콘크리트 지지 슬래브의 돌출상태(Überstand)에 도달될 수 있다. 이것은 콘크리트 지지 슬래브에 대하여 적어도 3.0~3.1 m의 폭을 보장한다. 콘크리트 지지 슬래브의 폭이 줄어들수록 종 방향 인장 휨 응력이 증가한다. 재하 케이스 "슬래브 가장자리"의 경우(레일지점이 가장자리에 위치한다)에는 종 방향으로 작용하는 인장 휨 응력이 약 두 배로 증가한다.

하중 점 0에서는 종 방향과 횡 방향의 레일지점 힘이 0이기 때문에 하중 점 0에서의 인장 휨 응력 $\boldsymbol{\sigma}$는 Topf 하중(재하 케이스 "슬래브 중앙")에 대하여 $h = h_1$(비결합형), $h = h_{\mathrm{II}}$(결합형)를 가진 **표 XIII.5**의 등가치환 시스템에 적용되는 Westergaard의 공식으로 계산할 수 있다. 그것에 의하여 다음과 같은 모멘트 값을 얻는다.

$$M_{\mathrm{I}} = \frac{h_{\mathrm{I}}^2 \cdot \sigma_{\mathrm{I}}}{6}, \quad M_{\mathrm{II}} = \frac{h_{\mathrm{II}}^2 \cdot \sigma_{\mathrm{II}}}{6} \quad [\mathrm{N \cdot mm/mm}] \tag{XIII.5}$$

비(非)결합형 시스템 Ⅰ과 결합형 시스템 Ⅱ에 대한 층간 경계(콘크리트 지지 슬래브 또는 아스팔트 지지 슬래브의 하면과 HGT층 또는 아스필드 지지층의 하면)에서의 인장 휨 응력 σ_1, σ_2는 모멘트 M_{I} 와 M_{II} 를 알면 **표 XIII.4** (4)의 공식으로 계산할 수 있다. Topf 하중(원형으로 분배된 단일 하중)이므로 종 방향과 횡 방향에서의 모멘트와 인장 휨 응력은 그 크기가 동일하다. Topf 하중의 반경 a에 대해서는 레일지점에 관련된 원에 필적하는 면적에 달할 수 있다. 예를 들어, 레일지점(탄성 중간 플레이트 Zwp) 면적이 370 · 160 = 59,200 mm²인 레일체결장치 Ioarv 300에서는 a = 137 mm이다. 레일지점이 콘크리트 받침(sockel)에 있을 경우에는 평가 시에 콘크리트 받침에서의 하중의 퍼져나감을 45 ° 이하로 산정할 수 있다. 인장 휨 응력의 계산에서는 받침의 폭에 따라 휨 응력이 감소될 수 있다.

이웃의 레일지점 1, 2, 3과 0′, 1′, 2′ 에서 발생된 방사방향과 접선 방향으로의 모멘트는 **표 XIII.5**의 하단에 나타낸 Westergaard의 영향선으로 사정할 수 있다. 그와 동시에, 인접하는 층간 경계에서의 인장 휨 응력은 **표 XIII.4** (4)의 비결합형 시스템 Ⅰ과 결합형 시스템 Ⅱ에 대한 공식으로 계산할 수 있다. 이 때 유의할 점은 레일지점 1, 2, 3에서는 방사방향(r)이 슬래브 종축에, 접선방향(t)이 슬래브 횡축에 상응하는 점이다. 레일지점 1′, 2′ 에서는 모어(Mohr)의 응력원에 의거하여 다음과 같이 종축과 횡축으로 나눈다.

s = 1,500 mm, a = 650 mm(**그림 XIII.1**)와

표 XⅢ.5 스프링 위에 탄성 거치된 슬래브의 휨 응력을 계산하기 위한 Westergaard 방법과 영향선

원형(圓形)으로 분배된 단일 하중(Topf 하중)에 대한 인장 휨 응력을 계산하기 위한 Westergaard 방법

h = 층의 두께 [mm], E = 탄성계수 [N/mm²], μ = 횡 팽창계수, Q = Topf 하중(원형으로 분배된 단일하중) [N], F = 면적 [mm²]; , $F = \dfrac{Q}{p}$, p = 접촉 압력 [N/mm²], a = 면적 F에 대한 반지름 [mm]

k = 노반계수 [N/mm³]

유의 : k는 재하 슬래브의 지름과 h, E 및 $E_u = E_{v2}$ 에 따라 달라진다.

　　k를 계산하는 과정은 **표 XⅢ.4**를 참조하라.

$$k = \frac{E_{\text{하층토}}}{\left(0.83 \cdot h \cdot \sqrt[3]{\dfrac{E_{\text{콘크리트}}}{E_{\text{하층토}}}}\right)} \quad [\text{N/mm}^2]$$

σ_{ai}, σ_{ar} = 인장 휨 응력. 각각 슬래브의 중앙과 가장자리에 작용한다.

$$\sigma_{ai} = \frac{0.275 \cdot Q}{h^2} \cdot (1+\mu) \cdot \left[\lg\left(\frac{E \cdot h^3}{k \cdot b^4}\right) - 0.436 \right] \quad [\text{N/mm}^2]$$

$$\sigma_{ar} = \frac{0.529 \cdot Q}{h^2} \cdot (1+0.54\mu) \cdot \left[\lg\left(\frac{E \cdot h^3}{k \cdot b^4}\right) + \left(\frac{b}{1-\mu^2}\right) - 2.484 \right] \quad [\text{N/mm}^2]$$

$$a < 1.724 \cdot h \rightarrow b = \sqrt{1.6a^2 + h^2} - 0.675 \cdot h \quad [\text{mm}]$$

$$a > 1.724 \cdot h \rightarrow b = a \quad [\text{mm}]$$

Westergaard에 따른 단일하중 하에서의 모멘트의 영향선 : 재하 케이스 "슬래브 중앙"

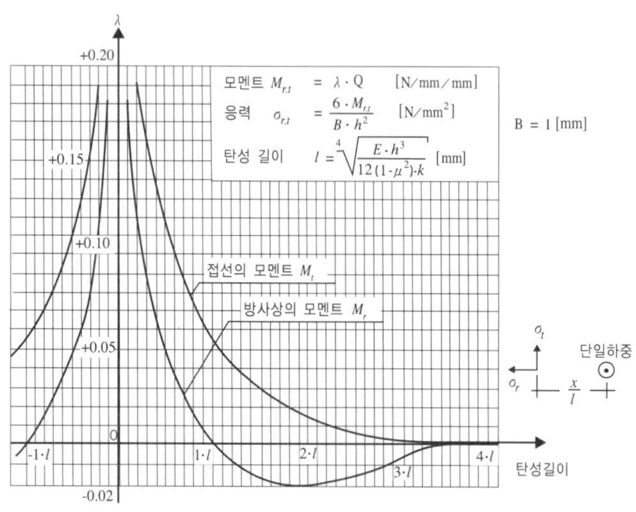

지점 $1'$: $\tan\beta = s/a = 1{,}500/650 = 2.308$; $\beta = 66.57°$

지점 $2'$: $\tan\beta = s/(2 \cdot a) = 1{,}500/1300 = 1.154$; $\beta = 49.09°$

에 대하여

$$\sigma_{종축} = \sigma_r + 0.5 \cdot [\sigma_t - \sigma_r] \cdot [1 - \cos(2 \cdot \beta)] \tag{XⅢ.6a}$$

$$\sigma_{횡축} = \sigma_r + 0.5 \cdot [\sigma_t - \sigma_r] \cdot [1 + \cos(2 \cdot \beta)] \tag{XⅢ.6b}$$

표 XⅢ.5 하단의 영향선은 0.2 < (x/l) < 2.5일 경우에 아래의 회귀(Regression)식을 이용하여 계산할 수 있다.

$$\lambda_r = 0.160 - 0.284 \cdot (x/l) + 0.157 \cdot (x/l)^2 - 0.036 \cdot (x/l)^3 + 0.003 \cdot (x/l)^4$$

$$\lambda_t = 0.244 - 0.335 \cdot (x/l) + 0.189 \cdot (x/l)^2 - 0.048 \cdot (x/l)^3 + 0.005 \cdot (x/l)^4$$

합산의 최대 인장 휨 응력을 계산할 때에는 레일지점 0, 1, 2, 3의 인장 휨 응력을 윤하중 변동계수 1.2로 곱하고 레일지점 $0'$, $1'$, $2'$ 의 인장 휨 응력을 0.8로 곱한다.

인장 휨 응력은 Pickett와 Ray의 영향 표를 이용하거나 또는 "스프링 위의 슬래브" 계산모델에 대한 FE를 이용하여 계산할 수 있다.

콘크리트 지지 슬래브의 침하 y는 다음과 같은 Westergaard 공식으로 계산할 수 있다:

$(x/l) \leq 4$와

$$\beta_i = 0.1269 - 0.0331 \cdot (x_i/l) - 0.0241 \cdot (x_i/l)^2 + 0.0109 \cdot (x_i/l)^3 - 0.0012 \cdot (x_i/l)^4$$

에 대하여

$$y = \frac{S_o + \sum(S_i \cdot \beta_i + S_{i'} \cdot \beta_i)}{8 \cdot k \cdot l^2} \tag{XⅢ.7}$$

여기서, x_i은 하중 점 0에 관련된 한 레일지점 거리이다.

XⅢ.1.6 지반의 압축응력

하중체계 UIC 71(250 kN의 윤축하중을 가진 네 개의 차축이 1,600 mm 간격으로 배치되어 있다)에 대한 지반의 압축응력은 등분포하중 q = 250,000/1,600 = 156 N/mm에 대하여 좋은 근사로 계산할 수 있다. 그것에 관하여 HGT층의 폭은 3,800 mm, 동상방지층의 두께는 500 mm를 얻으며 30˚(tan = 0.58) 또는 45˚(tan = 1.00)의 각도로 동상방지층에서 하중이 옆으로 퍼질 경우에 지반의 압축응력은 다음과 같다:

$$(156)/(3800 + 2 \cdot 500 \cdot 0.58) = 0.036 \text{ N/mm}^2 \text{ 또는}$$

$$(156)/(3800 + 2 \cdot 500 \cdot 1.00) = 0.033 \text{ N/mm}^2$$

최대치는 1.2 · 1.17 = 1.40의 율만큼 더 크며 0.051 N/mm²~0.046 N/mm² < 0.050 N/mm²에 상응한다(하층토의 E_{v2} = 45 N/mm²에 대한 허용치).

구속을 받지 않고 균열이 형성되는 연속 철근콘크리트 지지슬래브의 종 철근으로는 ϕ 20 mm BSt 500S를 사용한다. 콘크리트 지지 슬래브(B35) 횡단면의 철근비(%)는 도로건설에서 축적된 포괄적인 경험에 비추어 볼 경우에 0.8~0.9 % 정도이다. 종 철근은 콘크리트 지지 슬래브의 중앙에 설치하여야 한다. 콘크리트 지지 슬래브의 두께는 180 mm, 폭은 3,200 mm(**그림 XIII.3**)이며 ϕ 20 mm 종 철근의 간격이 200 mm일 경우의 철근비는 0.87 %이다(수정형 레다구조에서는 측벽이 없이는 철근으로 보강하지 않는다). 횡 철근으로는 ϕ 16 mm를 600 mm 간격으로 설치한다(개별 레일지점의 경우에 ϕ 20 mm를 400 mm 간격으로 설치). 지금까지의 경험에 기초하면 이것에 의하여 평균 2.0~2.5 m 간격의 균열이 발생한다(최소치 0.5~1.0 m ; 최대치 3.0~4.0 m ; 콘크리트 타설 시의 온도에 종속). 균열이 발생된 지역에서는 연속 철근이 앵커와 다우엘의 역할을 한다. 따라서 벌어진 틈은 보통 0.5 mm 이상으로는 커지지 않으며 횡력도 충분히 전달된다. 연속 철근은 온도의 변화에 따라 콘크리트 지지 슬래브의 종 변화를 저지하므로 우수한 장기거동에서 중요한 전제조건인 콘크리트 지지 슬래브와 HGT층간의 결합을 유지하는데 꼭 필요하다. 종 철근의 이음은 옮기거나(versetzt) 끼움 관 연결 또는 용접이음으로 한다. 전철화 구간의 경우에는 전주위치에 뻗쳐있는 종 철근을 접지에 접속하여야 한다. 수정형 레다구조에서 콘크리트 트로프의 측벽에는 배수구멍을 설치하여야 한다. 측벽의 내부면 아래에는 경우에 따라서 위에서 스며들어 새는 물을 유도하기 위하여 알칼리 저항이 있는 지오텍스타일(무게 1,000 g/m²)을 덧붙인다. 보다 큰 균열 폭(예를 들어, 노천 연결구간)을 조절하는 경우에는 이것을 작은 공간모양으로 깎아내고 결합재로 채운다. 최소 시멘트 함량비율 340 kg/m³을 준수하고 포틀랜드 시멘트 CEM I 을 사용하는 것이 중요하다.

단부(교량과 터널로의, 또는 자갈궤도로의 천이접속 구간)에서는 연속 철근콘크리트 지지 슬래브에 1~2 개의 보강 엔드-스폰(Endsporn, 단부고정 장치)을 설치해야 한다. 엔드-스폰은 HGT층 아래의 하층토 안에 1.0 m 길이로 삽입된다. 단부와 엔드-스폰과의 간격이 더 클 경우나 엔드-스폰이 없는 경우에는 4 ϕ 25 mm 앵커 네 개를 1.5~2.0 m 간격으로 HGT층 안에 수직으로 설치해야 한다(마지막 앵커는 단부 0.5 m 앞에 설치). 이렇게 해야 HGT층과 콘크리트 지지 슬래브 간의 결합이 분리되는 것을 예방할 수 있다(**그림 XIII.9**). 수정형 레다구조에는 연속 철근콘크리트 지지 슬래브가 침목구간 당 4 개의 ϕ 10 mm 스트럽으로 침목 사이의 채움 콘크리트에 연결되는 약 15 m 길이의 보충된 단부지역이 있다(제 **XIII**.3절).

수정형 레다구조에서 모든 침목에는 침목이 이완되는 것을 막기 위해(제 **XIII**.1.11항 리프팅 힘) 4 개의 종 방향 구멍을 내야 한다. 이 구멍 안으로 연속 보강재 BSt ϕ 16 mm을 삽입한다(**그림 XIII.3**).

그 밖에, 갈라진 틈이 벌어지는 것을 방지하기 위해 아직 굳지 않은 상태의 HGT층을 약 5 m 간격으로 앵커로 고정해야 하며, 그리고 결합을 달성하게 하기 위해 HGT층을 습기로 사후처리하며 콘크리트 지지 슬래브를 설치하기에 앞서 이물질을 제거하고 적셔 두어야 한다. 그밖에, 콘크리트 지지 슬래브가 가장자리 지역에서 불룩하게 휘어오를 수도 있는데 이는 장기거동에 부정적인 영향을 미친다고 고려된다.

1.95~2.60 m(지점 간격의 3~4 배) 간격으로 절단연결(Fugenschnitt)이나 노치를 만들어 넣음으로써 균열 형성을 제어하는 경우에는 개별 레일지점이 설치된 시스템의 레일체결장치 고정부분에서의 균열발생을 막을 수 있다. 절단연결은 충전재(Vergu masse)로 채우거나 압축 가능한 탄성 프로파일로 압축한다(TL bit Fug). 균열형성을 제어하는 경우에는 규정된 균열 간격 때문에 콘크리트 지지 슬래브 하면에서의 허용 인장 휨 응력(제 **XIII**.2.2

항)이 1.8 N/mm^2(균열 간격 2.60 m)~2.0 N/mm^2(균열 간격 1.95 m)으로 증가될 수 있다.

두께 240 mm의 콘크리트 지지 슬래브를 사용하는 개별 레일지점의 건설공법 또는 HGT층을 사용하지 않는 건설공법과 두께 300 mm의 콘크리트 지지슬래브에서는 구속을 받지 않은 균열형성에서의 중간정도의 균열 간격에 상응하는 1.95~2.60 m의 간격으로 균열형성을 제어할 수 있으며 두께 180 mm의 콘크리트 지지 슬래 브를 가진 레다형 선로구조(**그림 XIII.3**)에서는 철근(200 mm 간격으로 ϕ 20 mm)이 균열제어를 지속하여야 하며, 그것에 의하여 균열지역의 벌어진 틈을 0.5 mm 이하로 제한하는 앵커의 효과와 횡력을 전달하는 다우엘 효과 모두를 얻을 수 있다. 이 경우에는 100 mm 깊이에 놓여있는 연속 철근이 균열간격을 제한하는 역할을 할 필요가 없다.

XIII.1.8 아스팔트 지지 슬래브

아스팔트 지지 슬래브는 아스팔트의 점성-탄성 거동 때문에 절단이 없이 부설한다. 바로 다음의 층을 부설하기 전에 각 층들이 충분히 결합될 수 있도록 아래층의 이물질을 제거하고 역청 유화액 또는 접착제를 바른다. 여름철에 온도가 상승하고 있을 때에 반복적인 하중이 가해질 경우는 침목 지역에서 아스팔트가 눌러 일그러지는 현상이 발생될 수 있으며, 이를 줄이기 위해서는 표면층과 연결 층 내에 폴리머 역청(PmB), 입자크기가 2~16 mm인 양질의 쇄석(Edelsplitt), 깬 모래(Brechsand)를 사용하고, 콘크리트 지지층의 상층에는 혼합재 CS를 사용하는 것이 좋다. 그 밖에 침목의 받침(지지) 면적은 가능한 한 커야 한다. 아스팔트의 눌러 일그러짐 현상이 무도상궤도의 장기거동에 미치는 영향에 대해서는 앞으로 계속적인 연구가 필요하다.

자갈궤도로의 천이접속 구간에는 침목과 견고하게(zugfest) 연결되어 있고 양 방향으로 가운데가 보강된 두께 300 mm, 길이 약 25 m의 철근 콘크리트 지지 슬래브(종 방향 200 mm 간격으로 ϕ 20 mm ; 횡 방향 400 mm 간격으로 ϕ 20 mm)를 부설한다.

XIII.1.9 동상방지층과 하층토

동상방지 안전의 확대는 콘크리트 지지 슬래브 또는 아스팔트 지지 슬래브의 상면에 관하여 약 1 m에 달하여야 하며(SV 등급에서 RStO - 86/89에 의한 것보다 0.15 m 더 크다. 동상에 대한 민감도 등급 F3, 동상이 영향을 미치는 범위 III), 그것에 의하여 궤도위치의 안정성에 부정적인 영향을 미치는 동상융기가 발생되는 것을 예방하고 충분한 하중의 분배(지반의 압축응력)가 이루어진다. 그와 동시에 동상방지층은 약 0.50 m의 두께를 유지한다. 동상방지층의 상면은 지지 슬래브의 상면과 동일한 횡단경사를 가져야 한다. 압밀도 D_{Pr}은 103 %, 동상방지층 상면에서의 변형계수 E_{v2}는 10 % - 최소의 양에 상응하는 120 N/mm^{2}에 달하여야 한다. 동상이 측면으로부터 하층토 안으로 침투하는 것을 막기 위해 예를 들어 도상자갈로 무도상궤도의 옆을 충분히 덮는다(**그림 XIII.3**).

흙 시공기면의 변형계수는 10 % - 최소의 양에 상응하는 E_{v2} = 45 N/mm^{2}을 지켜야 한다. 경우에 따라서는 건설현장에서의 통행 때문에 흙 시공기면이 허용치 이상으로 눌러 일그러지는 현상을 방지하기 위해 지반을 개량해야 하며, 흙 시공기면의 횡 기울기는 (물에 민감한 지반에서) 2.5~5 %가 되어야 한다. 열차 운행으로 인한 하중(하중체계 UIC 71) 하에서 흙 시공기면 상에서 지반의 압축응력은 0.05 N/mm^{2}을 넘지 않는 점을 주목하

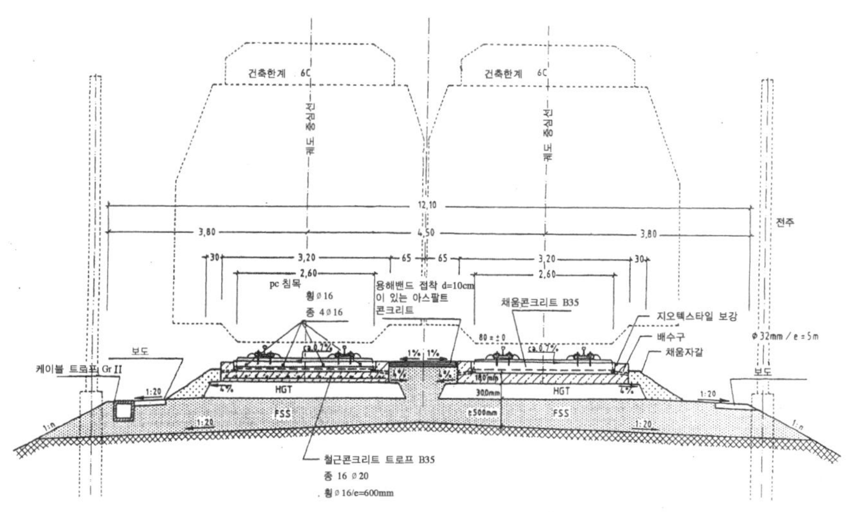

그림 XIII.3a 직선 수정형 레다구조

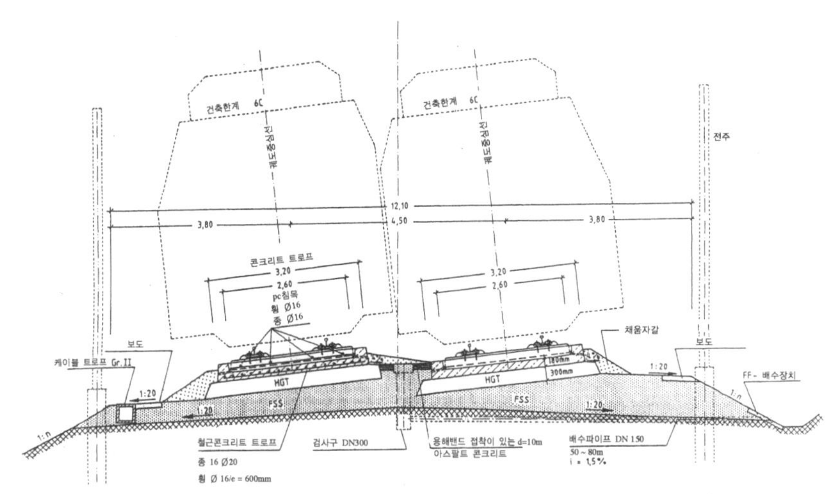

그림 XIII.3b 곡선 수정형 레다구조, 캔트 160 mm

여야 하며 이 수치는 건설현장에서 통행하중으로 인해 발생되는 접촉압력(트럭 타이어)의 약 8 %밖에 되지 않는 수치이다. 지하수가 높은 곳에 있을 경우에는 아주 조금의 물이라도 아래에서부터 동상방지층 안으로 스며들어가는 것을 막기 위해 하층토에 적합한 지오텍스타일을 설치하는 것이 좋다.

하층토 또는 하부구조의 동상방지 안전이 행해지는 경우에는 압축밀도와 변형계수가 동상방지층의 수치에 상응해야 한다. 경험에 따르면, 모래흙(sandböden)에서 도달 가능한 E_{v2} 값은 최대 60~80 N/mm²에 지나지 않는다. 그렇기 때문에 모래흙(sand) 상부의 0.15~0.20 m를 시멘트로 단단하게 하거나 0.3~0.4 m 두께의 동상방지층을 설치해야 한다.

좋은 장기거동을 보장하기 위해서는 무도상궤도의 배수에 특별한 목표를 두어야 한다. 궤도 간 중간의 배수를 포기할 경우에는 지지 슬래브의 결합(녹일 수 있는 결합 테이프를 끼워 넣는다)을 포함하여 양 궤도 간의 지역에서 영구적인 밀폐(100 mm 두께의 아스팔트 덮개 또는 아스팔트 홈통)의 능력이 불가피하다. 그 때에는 통행하중의 작용을 여러 번 받아 0.2~0.4 mm 범위로 지지 슬래브의 수직 움직임이 생긴다고 고려된다 (그림 XIII.3).

XIII.1.10 구조계산 예

(1) 수정형 레다구조(침목이 있는, HGT층 위의 콘크리트 지지 슬래브)

두께 h_1 = 180 mm, 폭 B_1 = 3,200 mm의 연속 철근콘크리트 지지 슬래브가 부설되고 두께 h_2 = 300 mm, 폭 B_2 = 3,800 mm의 HGT층이 아래에 부설된 수정형 레다구조(**그림 XIII.3a, XIII.3b**)의 시스템 상세와 휨 응력(하중체계 UIC 71)을 **표 XIII.6**에서 계산한다. (표에서는 측벽과 콘크리트로 타설된 궤광을 고려하지 않았다)

휨 응력에 대해 결정적인 것은 종 방향 인장 휨 응력이다. 시스템 II(결합형)에서 HGT층의 E_2 계수가 10,000 N/mm²일 때(명백히 나타나는 구조적 균열이 없는 상태)에 HGT층 하면에서의인장 휨 응력은 허용치인 0.80 N/mm²을 초과하지 않는다(하중체계 UIC 71). HGT층의 유효 E_2 계수가 5,000 N/mm²일 때("응력을 받지 않음"에 상응하여 구조적 균열이 존재함)에 HGT층 하면에서의 인장 휨 응력은 0.58 N/mm²이다. 시스템 II(결합형)의 경우에 콘크리트 지지 슬래브 하면에서의 인장 휨 응력은 장기거동에 유리한 시스템 잉여(systemredundanz)에 상응하여 매우 작다. 폭이 300 mm인 침목 아래에서의 모멘트의 다듬음(ausrundung)을 고려할 때에 인장 휨 응력은 약 10 % 더 작다.

시스템 I(비결합형)을 기반으로 하면, 콘크리트 지지 슬래브 하면에서의 인장 휨 응력이 허용치를 넘으며, E_2 = 10,000 N/mm²일 때는 HGT층 하면에서도 또한 넘는다. 연속 철근콘크리트 지지 슬래브에서 큰 휨 재하가 계속되면 응력 감소와 결합하여 균열의 압축으로 이끈다. 이는 우수한 장기거동과 관련하여 피하여야 한다.

인장 휨 응력은 ICE 1과 ICE 2의 동력차가 운행될 때에는 1.5의 율만큼, ICE 3이 운행할 때에는 1.8의 율만큼, 윤축하중이 225 kN(차축간격 1.7 m)인 3축 화물열차 대차가 운행될 때에는 1.1의 율만큼, 윤축하중 250 kN인 단일차축 차량이 통행할 때에는 1.2의 율만큼 작다. 그것으로부터 고속열차가 주행하는 신설구간에서는 허용 응력에 대해 충분히 안전하다는 점이 미루어 짐작된다. 그 때에는 고려하지 않았던 음(陰)으로 작용하는 레일지점 힘도 또한 고찰한다.

E_{v2} 값으로 120 N/mm²(10 % - 최소의 양) 대신에 150 N/mm²을 적용할 경우에는 HGT층의 두께가 40 mm 만큼 감소되어 260 mm로 되며, 폭은 3,800 mm에서 3,700 mm로 감소시킬 수 있다. 하중체계 UIC 71이 80 %로 감소(중량 화물열차가 통행하지 않는 구간에 한함)하게 되면 콘크리트 지지 슬래브의 폭을 2,950 mm(침목 길이 2,400 mm)로 HGT층의 폭은 3,300 mm(175 mm의 돌출상태)로 설계할 수 있다.

(2) 개별 레일지점이 있는, HGT층 위의 콘크리트 지지 슬래브

두께 h_1 = 240 mm, 폭 B_1 = 3,200 mm의 연속 철근콘크리트 지지 슬래브가 부설되고 두께 h_2 = 300 mm, 폭 B_2 = 3,800 mm의 HGT층이 아래에 부설된 개별 레일지점의 콘크리트 지지 슬래브의 시스템 상세와 휨 응력(하중체계 UIC 71)을 **표 XIII.7**에서 계산한다.

휨 응력에 대해 결정적인 것은 횡 방향 인장 휨 응력이며, 결합형 시스템의 경우에는 횡 방향 인장 휨 응력이 종 방향 인장 휨 응력보다 1.6~1.7의 율만큼 더 크다. HGT층의 E 계수가 10,000 N/mm²일 경우(명백히

표 XIII.6 수정형 레다구조(침목이 있는, HGT층 위의 콘크리트 지지 슬래브)

$E_u = E_3 = 120$ N/mm^{2}에 대한 시스템 상세, 휨 모멘트와 휨 응력(스프링 위의 2층 보)

		시스템 I (비결합형)		시스템 II (결합형)	
B_1	mm	3,200		3,200	
B_2	mm	3,800		3,800	
h_1	mm	180		180	
h_2	mm	300		300	
E_1	N/mm^2	34,000		34,000	
E_2	N/mm^2	5,000	10,000	5,000	10,000
$C = k$	N/mm^3	0.065	0.058	0.065	0.058
$h_{I,II}$	mm	214	240	323	360
β_I		0.59	0.42	-	-
J_{II}	N/mm^4/mm	-	-	$2.86 \cdot 10^6$	$4.56 \cdot 10^6$
e_u	mm	-	-	343	311
e_o	mm	-	-	137	169
$L_{I,II}$	mm	1,143	1,282	1,557	1,738
$M_{I,II}$	N mm	$41.2 \cdot 10^6$	$50.0 \cdot 10^6$	$68.3 \cdot 10^6$	$83.1 \cdot 10^6$
σ_1	N/mm^2	1.41	1.22	0.32	0.06
σ_2	N/mm^2	0.30	0.51	0.32	0.44
max σ_1	N/mm^2	2.54	2.10	0.58	0.11
max σ_2	N/mm^2	0.54	0.92	0.58	0.79

주해

$L_{I,II} = [4 \cdot E_1 \cdot h^3_{I,II}) / (12 \cdot k)]^{0.25}$ (보)

σ_1 = 콘크리트 지지 슬래브 하면의 인장 휨 응력

σ_2 = HGT 하면의 인장 휨 응력

max $\sigma = 1.2 \cdot 1.5 \cdot \sigma = 1.8 \sigma$

$B_2 \leq 2 \cdot B_1$ (HGT 하에서 45° 하중 영향)

예 (시스템 I ; $E_2 = 10,000$ N/mm^2)

$M_1 = 2 \cdot (1,282/4) \cdot (55,600 + 2 \cdot 48,000 \cdot 0.234) = 50.0 \cdot 10^6$ N mm

$\mu_1 = [\text{-sin} (650/1,282) + \cos(650/1,282)] / e^{(650/1,282)} = 0.234$

μ_2 = 음

$\sigma_1 = (6 \cdot 0.42 \cdot 50.0 \cdot 10^6) / (3,200 \cdot 180^2) = 1.22$ N/mm^2

$\sigma_2 = [6 \cdot (1 - 0.42) \cdot 50.0 \cdot 10^6] / (3,800 \cdot 300^2) = 0.51$ N/mm^2

예 (시스템 II ; $E_2 = 10,000$ N/mm^2)

$M_1 = 2 \cdot (1,738/4) \cdot (55,600 + 2 \cdot 48,000 \cdot 0.389 + 2 \cdot 5,300 \cdot 0.025) = 83.1 \cdot 10^6$ N mm

$\mu_1 = [\text{-sin} (650/1,738) + \cos(650/1,738)] / e^{(650/1,738)} = 0.389$

$\mu_2 = [\text{-sin} (1,300/1,738) + \cos(1,300/1,738)] / e^{(1,300/1,738)} = 0.025$

μ_3 = 음

$\sigma_1 = [83.1 \cdot 10^6 \cdot (180 - 169)] / (3,200 \cdot 4.56 \cdot 10^6) = 0.06$ N/mm^2

$\sigma_2 = (10,000/34,000) \cdot (83.1 \cdot 106 \cdot 311) / (3,800 \cdot 4.56 \cdot 10^6) = 0.44$ N/mm^2

나타나는 구조적 균열이 없는 상태)에는 HGT층 하면에서의 횡 방향 인장 휨 응력이 허용치인 0.80 N/mm^{2}을 초과하며 더불어 구조 균열의 형성이 촉진되고 E 계수의 감소로 이끈다. HGT층의 유효 E_2 계수가 5,000 N/mm^{2}일 때는 "응력을 받지 않음"에 상응하여 허용치 0.80 N/mm^{2}이 준수된다. 레일지점 S_2, S_3, S_2' 을 고려하지 않을 경우(간격 $2 \cdot 1.3 = 2.6$ m 또는 $2 \cdot 1.95 = 3.9$ m)에는 HGT층 하면에서 본질적인 인장 휨 응력이 1.04 N/mm^{2}에서 0.73 N/mm^{2}으로 ($E_2 = 10,000$ N/mm^2), 또는 0.80 N/mm^{2}에서 0.57 N/mm^{2}로 ($E_2 = $

$E_u = E_3 = 120$ N/mm²에 대한 시스템 상세, 휨 모멘트와 휨 응력(스프링 위의 2층 슬래브)

				시스템 I (비결합형)		시스템 II (결합형)	
h_1			mm	240		240	
h_2			mm	300		300	
E_1			N/mm²	34,000		34,000	
E_2			N/mm²	5,000	10,000	5,000	10,000
k			N/mm³	0.055	0.050	0.055	0.050
$h_{1,II}$			mm	261	279	383	420
β_1				0.78	0.64	-	-
J_{II}			N/mm⁴/mm	-	-	$4.2 \cdot 10^6$	$6.52 \cdot 10^6$
e_o			mm	-	-	378	347
$l_{1,II}$			mm	982	1,058	1,308	1,437
S_0	M_0		N mm/mm	11,971	12,240	12,607	12,730
	$\sigma_{1,0}$		N/mm²	0.969	0.810	0.234	0.093
	$\sigma_{2,0}$		N/mm²	0.178	0.298	0.167	0.201
$2 \cdot S_1$	$2 \cdot \sigma_{1,1}$	종 방향	N/mm²	0.246	0.240	0.097	0.043
		횡 방향	N/mm²	0.731	0.643	0.216	0.090
	$2 \cdot \sigma_{2,1}$	종 방향	N/mm²	0.045	0.088	0.069	0.93
		횡 방향	N/mm²	0.134	0.237	0.154	0.195
$2 \cdot S_2$	$2 \cdot \sigma_{1,2}$	종 방향	N/mm²	-0.130	-0.083	0.001	0.005
		횡 방향	N/mm²	0.310	0.284	0.110	0.049
	$2 \cdot \sigma_{2,2}$	종 방향	N/mm²	-0.024	-0.031	0.001	0.012
		횡 방향	N/mm²	0.073	0.104	0.079	0.106
$2 \cdot S_3$	$2 \cdot \sigma_{1,3}$	종 방향	N/mm²	-0.170	-0.145	-0.037	-0.012
		횡 방향	N/mm²	0.219	0.178	0.059	0.026
	$2 \cdot \sigma_{2,3}$	종 방향	N/mm²	-0.031	-0.053	-0.026	-0.026
		횡 방향	N/mm²	0.040	0.066	0.042	0.057
$S_{0'}$	$\sigma_{1,0'}$	종 방향	N/mm²	0.133	0.119	0.046	0.021
		횡 방향	N/mm²	-0.087	-0.064	-0.009	-0.001
	$\sigma_{2,0'}$	종 방향	N/mm²	0.024	0.044	0.033	0.045
		횡 방향	N/mm²	-0.016	-0.024	-0.006	-0.002
$2 \cdot S_{1'}$	$2 \cdot \sigma_{1,1'}$	종 방향	N/mm²	0.132	0.122	0.056	0.027
		횡 방향	N/mm²	-0.065	-0.042	0.007	0.008
	$2 \cdot \sigma_{2,1'}$	종 방향	N/mm²	0.024	0.045	0.040	0.059
		횡 방향	N/mm²	-0.012	-0.015	0.005	0.017
$2 \cdot S_{2'}$	$2 \cdot \sigma_{1,2'}$	종 방향	N/mm²	0.058	0.041	0.019	0.011
		횡 방향	N/mm²	0.018	0.008	0.010	0.007
	$2 \cdot \sigma_{2,2'}$	종 방향	N/mm²	0.011	0.015	0.014	0.024
		횡 방향	N/mm²	0.03	0.003	0.007	0.016

$$\sum \sigma = \sigma_{S0} + \sigma_{S0'} + 2 \cdot (\sigma_{S1} + \sigma_{S2} + \sigma_{S3} + \sigma_{S1'} + \sigma_{S2'})$$

				시스템 I (비결합형)		시스템 II (결합형)	
$\sigma_{1,종\ 방향}$			N/mm²	1.24	1.11	0.42	0.19
$\sigma_{1,횡\ 방향}$			N/mm²	2.09	1.82	0.63	0.27
$\sigma_{2,종\ 방향}$			N/mm²	0.23	0.41	0.30	0.41
$\sigma_{2,횡\ 방향}$			N/mm²	0.40	0.67	0.45	0.59

$$\sum \max \sigma_{곡선} = 1.8 \cdot (\sigma_{S0} + 2 \cdot \sigma_{S1} + 2 \cdot \sigma_{S2} + 2 \cdot \sigma_{S3}) + 1.2 \cdot (\sigma_{S0'} + 2 \cdot \sigma_{S1'} + 2 \cdot \sigma_{S2'})$$

				시스템 I (비결합형)		시스템 II (결합형)	
$\max \sigma_{1,종\ 방향}$			N/mm²	2.03	1.82	0.68	0.30
$\max \sigma_{1,횡\ 방향}$			N/mm²	3.85	3.33	1.13	0.49
$\max \sigma_{2,종\ 방향}$			N/mm²	0.37	0.67	0.48	0.66
$\max \sigma_{2,횡\ 방향}$			N/mm²	0.74	1.23	0.80	1.04

주해

$l_{1,II} = [(E_1 \cdot h^3_{1,II}) / \{12 \cdot (1 - 2) \cdot k\}]^{0.25}$ (슬래브)

σ_1 = 콘크리트 지지 슬래브 하면의 휨 응력

σ_2 = HGT 하면의 휨 응력

마이너스 부호 = 압축 휨응력

플러스 부호 = 인장 휨응력

5,000 N/mm²) 각각 줄어든다. 그와 동시에, 이 건설공법에서는 레일체결장치의 고정 지역에 균열이 생기는 것을 방지하기 위해 휨 응력의 감소와 결합하여 1.95~2.60 m의 일정한 간격계산으로 제어된 균열형성을 얻어야 한다. 콘크리트 지지 슬래브 하면에서의 인장 휨 응력은 매우 작다.

E_2 = 10,000 N/mm²(HGT층)에 관하여 HGT층 하면에서 인장 휨 응력을 측정하여 Pickett와 Ray의 영향 표와 비교하면, 영향선을 이용하여 응력을 조사한 결과와 상당히 좋게 일치한다.

시스템 I (비결합형)의 경우에는 HGT층과 콘크리트 지지 슬래브의 인장 휨 응력이 허용치를 초과한다. 연속 철근콘크리트 지지 슬래브에서 횡 방향의 큰 휨 응력은 구속을 받지 않은 종 방향 균열을 형성할 수 있으며 횡 철근으로 안전하게 한다. 그와 동시에 레일체결장치의 고정지역이 균열된 경우에는 시스템으로 앵커를 느슨하게 하여 항상 접속시킬 수 있다.

우수한 장기거동을 얻기 위해서는 연속 철근콘크리트 지지 슬래브와 HGT층 사이의 결합이 중요하며, 그 자체는 HGT층을 습기로 후처리하고 콘크리트 지지 슬래브를 설치하기 전에 적시어서 달성할 수 있다.

무도상궤도의 규모설정(dimensionierung)을 "교통규모(verkehrsfläshen)의 표준화에 관한 규정"에 상응하는 일반도로 상부구조의 구조계산과 비교할 때에는 건설등급 SV(통행량이 매우 많음)를 전제로 한다. 무도상궤도의 콘크리트 포장 두께는 260 mm이고 HGT층의 두께는 150 mm로서 도합 410 mm이다. 충분한 크기의 무도상 궤도는 보다 높은 교통하중, 더 작은 콘크리트 지지 슬래브의 폭 및 도로에서의 30년의 목표 사용수명 대신에 60년의 목표 사용수명으로 귀착된다.구조계산 시에 하중체계 UIC 71의 80 %만 반영할 경우(고속철도 운행구간에 한함)에는 지지층과 지지 슬래브의 폭이 더 작을 수 있다. 그때에는 개별 레일지점의 시스템에서 레일지점의 양쪽에 대한 콘크리트 지지 슬래브의 돌출상태(Überstand)가 $0.5 \cdot l$보다 큰 점에 유의한다(제 XIII.1.5항).

표 XIII.8 침목이 있는 HGT층 위의 아스팔트 지지 슬래브
E_u = E_3 = 120 N/mm²에 대한 시스템 상세, 휨모멘트와 휨 응력(스프링 위의 2층 보)

		시스템 II (결합형)		
B_1	mm	3,200	3,200	3,200
B_2	mm	3,800	3,800	3,800
h_1	mm	300	300	300
h_2	mm	300	300	300
E_1	N/mm²	5,000	10,000	5,000
E_2	N/mm²	5,000	10,000	10,000
$C = k$	N/mm³	0.070	0.055	0.062
h_{II}	mm	600*)	600*)	640
J_{II}	N/mm⁴/mm	$18.0 \cdot 106$	$18.0 \cdot 106$	$24.8 \cdot 106$
e_u	mm	300	300	250
$L_{I,II}$	mm	1505	1902	1692
M_{II}	N mm	$64.8 \cdot 106$	$99.6 \cdot 106$	$73.3 \cdot 106$
σ_{HGT}	N/mm²	0.28	0.44	0.39
max $_{HGT}$	N/mm²	0.51	0.80	0.70

〈주해〉 $L_{II} = [4 \cdot E_1 \cdot h^3_{II}) / (12 \cdot k)]^{0.25}$ (보)
    *) $h_{II} = h_1 + h_2$

(3) 침목이 있는 HGT층 위의 아스팔트 지지 슬래브

시스템 II(아스팔트와 HGT층 사이의 결합)에 대한 두께 h_1 = 300 mm, 폭 B_1 = 3,200 mm인 아스팔트 지지 슬래브와 두께 h_2 = 300 mm, 폭 B_2 = 3,800 mm인 HGT층(**그림 XIII**.3)의 시스템 상세와 휨 응력(하중체계 UIC 71)을 **표 XIII**.8에서 계산한다. 2,600 mm의 침목 길이에서는 HGT층의 아래쪽 가장자리에서 횡 방향으로 하중의 퍼져나감이 45°이다.

10,000 N/mm^{2}의 HGT층 E 계수(눈에 띄는 구조적 균열이 없는 상태)에 대하여 HGT층 하면에서의 인장 휨 응력은 아스팔트 지지 슬래브의 E 계수도 또한 10,000 N/mm^{2}이더라도(동절기 저온에서) 허용치인 0.80 N/mm^{2}를 넘지 않는다. 지오텍스타일 매트를 갖춘 침목 아래에서 스스로 조절되고, 차량하중의 영향을 받아 되풀이되는 아스팔트의 눌러 일그러짐에 대해서는 그 이상의 연구가 필요하다.

XIII.1.11 리프트 힘

무도상 궤도에서는 고탄성 레일체결장치를 갖춘 침목을 지지 슬래브 위에 놓거나 콘크리트 지지 슬래브에 개별 레일지점(支點)을 설치함으로써 레일을 지지한다. 이때에 열차가 레일 위를 지나가기 전·후에 발생되는 파형의 범위(**그림 XIII**.4)에서 음(陰)의 개별 레일지점 힘에 상응하여 발생되는 리프트 힘은 궤광의 고유무게보다 작으며, 또는 개별 레일지점을 고정함으로써 손상이 없이 흡수된다고 간주된다.

음의 개별 레일지점 힘은 **표 XIII**.2의 계산방법으로 계산할 수 있다. UIC 60 레일에서 침목 및 레일지점 간격이 600 mm일 경우에 대해 계산한 준정적 음의 개별 레일지점 힘의 계산 결과를 **그림 XIII**.5에 나타낸다. 침목 간격이 650 mm일 경우에는 그 수치가 6 % 더 높다. 차축간격(축거)이 $2 \cdot \pi \cdot L$일 때에는 두 리프팅 파형의 중첩(**그림 XIII**.4)이 음의 개별 레일지점 힘의 배가(倍加)로 이끈다. 길게 늘어진(langgezogene) 중첩 영역은 차축 간격이 약 $1.6 \cdot \pi \cdot L \sim 2.6 \cdot \pi \cdot L$일 때에 생기는 것으로 고려된다. L = 804 mm(제**XIII**.1.3항)에 대하여는 2 차량의 대차 차축간격에 상응하여 4,041~6,567 mm를 유지한다.

수정형 레다 상부구조(**그림 XIII**.3)에서는 ICE 1과 ICE 2 하에 있을 때에 콘크리트로 타설된 궤광의 무게가 음의 개별 레일지점 힘보다 크며, 이 음의 개별 레일지점 힘의 최대치 자체는 곡선 주행 시의 윤하중 변동(1.2의 계수)과 1.5의 동석세수를 고려할 때에 생긴다(제**XIII**.1.1항). $1.8 \cdot \pi \cdot L$에 상응하여 동력차(윤하중 99 kN)의 첫 번째 차량(윤하중 75 kN) 사이의 차축간격이 4,450 mm일 때에 바깥쪽 레일에서의 최대치는 [$1.2 \cdot 1.5 \cdot 0.0216 \cdot 650 \cdot (99 + 75)$] / [804] = 5.47 kN이며 안쪽 레일에서는 3.65 kN(평균 4.56 kN)에 달한다(a = 650mm, L = 804 mm, 제**XIII**.1.3항). 한 차축으로만 동적계수를 산정할 경우에는 음의 개별 레일지점 힘이 14 % 더 작다. 수정형 레다 상부구조(**그림 XIII**.3)에서는 견고한 궤광이 콘크리트 트로프 안으로 매립되기 때문에 윤축하중이 더 큰 화물열차가 통행하는 경우에도 리프팅 현상에 대해 충분한 안전성을 가진다.

궤광이 아스팔트 지지 슬래브 위에 느슨하게 놓인 구조에서 길이 2.6 m의 PS 콘크리트 침목 B90을 사용할 경우에는 비례배분의 고유무게가 약 2.2 kN에 달하며 그것에 의하여 $2 \cdot \pi \cdot L$의 차축간격에서의 최대 음의 개별 레일지점 힘(안쪽 레일과 바깥쪽 레일의 중간치)이 48 %만 커버된다. 그러므로 주행속도가 높을 때에는 아스팔트 지지 슬래브 위 침목의 충격성 튀어 오름(impulsartigen Aufsetzen)으로 이끌며, 이는 침목 아래에 있는 지오텍스타일층에 의해 약화된다.

개별 레일지점을 가진 구조에서 음의 개별 레일지점 힘은 레일체결장치와 콘크리트 지지 슬래브 상의 레일체결장치 고정에 의해 흡수되어야 하며, 이는 레일체결장치의 시험에서 증명되어야 한다.

지지되는(aufgelagerten) 궤광을 고정할 경우에는 — 선형 와전류 브레이크가 이용될지라도 — 여름철에 레일온도가 상승시의 궤도좌굴에 대해 절대적인 안전성이 달성되는 점이 이해된다.

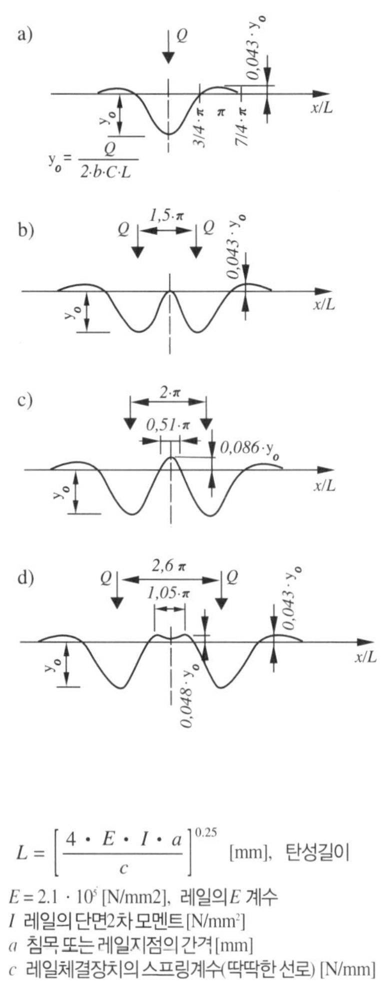

$$L = \left[\frac{4 \cdot E \cdot I \cdot a}{c} \right]^{0.25} \text{[mm]}, \ \text{탄성길이}$$

$E = 2.1 \cdot 10^5$ [N/mm2], 레일의 E 계수
I 레일의 단면2차 모멘트 [N/mm²]
a 침목 또는 레일지점의 간격 [mm]
c 레일체결장치의 스프링계수(딱딱한 선로) [N/mm]

그림 XIII.4 탄성 거치된 레일의 휨선

그림 XIII.5 $2 \cdot \pi \cdot L$ 간격으로 놓여있는 2 차축
사이에서 음의 레일지점 힘과 궤광의 고유무게
(레일 UIC 60; a = 600 mm)

XIII.2 교량 위 및 천이접속 구간의 콘크리트궤도

XIII.2.1 일반사항

레일이 지지 슬래브에 적절한 힘으로(klaftschlüssigen) 연결된 무도상 궤도(예를 들어, Rheda 상부구조,

Züblin 상부구조, 또는 개별 레일지점)의 교량으로부터 교대로의 천이접속 구간 또는 중간 지지 위의 연속 단순보에서는 교량의 처짐으로 인하여 레일체결장치의 하중이 당김과 누름(**그림 XIII.6**) 및 밀어 옮김으로 작용한다. 이 힘은 레일체결장치의 시기상조의 손상(텐션 클램프와 탄성 중간 플레이트 및 중간층의 과도한 하중) 예방과 고속주행 시의 승차감 저하의 방지를 위해 중간 지지 위 연속 단순보의 단부 접선 각에 대한 약 2 ‰ 또는 1 ‰의 제한과 교량의 교좌장치 위로 마지막 레일지점의 배치(약 0.2 m의 벗어남(편차)이 허용된다)를 필요로 한다(**그림 XIII.6**). 복선 교량의 경우에는 두 개의 선로가 동시에 하중을 받을 가능성이 적기 때문에 가상의 하중체계 UIC 71에 따라 특히 무거운 화물열차가 통과하지 않을 경우에 더 큰 단부 접선 각이 허용된다. 그때에 열차가 250~330 km/h의 속도로 주행할 경우는 승차감이 저하됨과 동시에 차량의 수직 가속도가 증가된다고 고려된다. DB AG의 DS 804에 따라 자갈궤도에서는 더 큰 단부 접선 각이 허용되는 점을 알 수 있다(예를 들어, 속도가 200 km/h를 초과하고 지간 $L \leq 25$ m일 경우에 f/L = 1/800이면 단부 접선 각은 약 3.2 · (1/800) = 4.0 ‰가 된다. 속도가 160~200 km/h일 때의 단부 접선 각은 5.3 ‰이다).

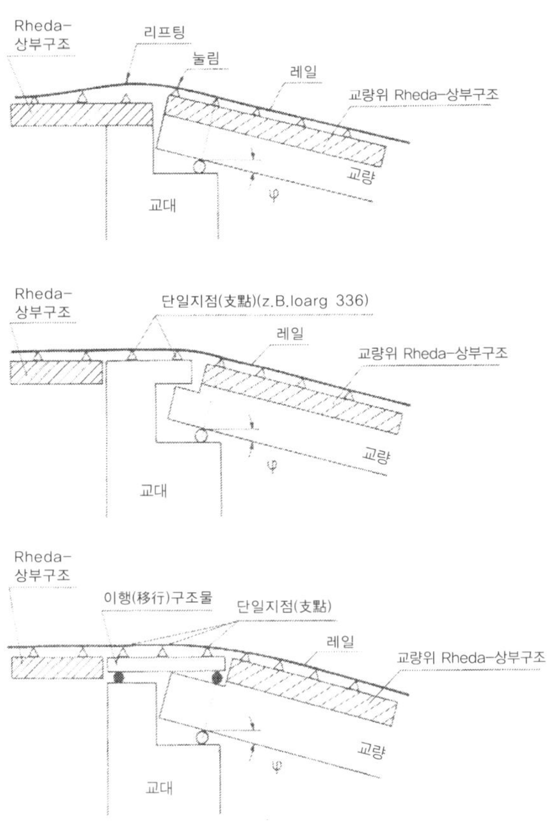

그림 XIII.6 교량에서 교대로의 이행(移行)

교량의 교좌장치 위쪽으로 마지막 레일지점의 배치에서는 교량의 돌출상태(Überständen)가 더 클 경우에 교대의 캔틸레버 또는 이행(移行) 구조물을 설치하고 그 위에 탄성의 개별 레일지점을 설치하며(**그림 XIII.6**), 그 때문에 교량 상의 레다구조에서 캔틸레버 또는 이행 구조물에 대해 약 450 mm의 구조높이가 마련된다. 교대 위 교량 단부에서 비틀림으로 인해 선로구조가 위로 들리는 현상을 방지하기 위해 교량의 교대 위에 약 2.5 m의 거리에 걸쳐있는 이행 구조물에 교좌장치를 설치한다. 교량 단부에서 비틀림이 발생할 때에 선로구조가 위로 들리는 현상을 방지하기 위해서는 이행 구조물이 충분한 크기를 가져야 한다. 예를 들어, 철근 또는 PS 콘크리트 슬래브로 형성한다.

신축 이음매(Ausziehstoß)가 필요할 경우에는 교량단부의 비틀림으로 인한 피해를 방지하기 위해 신축 이음매의 텅레일이 시작되는 레일지점까지 3~4 개의 레일지점을 삽입하여야 한다. 토공(흙 쌓기)이 아닌 교량 상에 신축 이음매를 설치할 경우에는 이행 구조물을 배치하고(**그림 XIII.6**) 그 구조물의 견고한 힌지받침(Kippplager)을 교량의 교대 위에 배치하여야 하며, 그것에 의하여 교량의 종 방향으로 변화가 발생할 때에 이행 구조물에서 레일이 미끄러지는 현상을 방지할 수 있다. 종 방향 기울기가 있는 교량에서는 교량이 종 방향으로 변화할 경우에 교량과 이행 구조물 사이에 단차가 발생되는 점이 고려되며, 그 수치는 0.5~1 mm로 제한된다. 신축 이음매를 교대 또는 지반 상에 배치할 때에는 이행 구조물의 견고한 힌지받침을 교량 위에 설치한다. 그것에 의하여 종 방향으로 기운 상태에서 발생되는 교량과 이행 구조물 사이에서의 단차가 방지된다. 그밖에, 지지구조물의 이음지역에는 레일 용접이음매가 전혀 없다는 점에 주의한다.

지간 L의 PS 콘크리트 교량에서는 크리프와 수축으로 인한 교량의 변형 f를 $f/L = 1/5,000$ 이하로 제한해야 한다. 아치 교량에서는 다른 교량 단부에서 생기는 음의 단부 접선 각을 계산할 때에 교량의 분담하중도 고려해야 한다.

레일이 지지 슬래브에 대해 적절한 힘으로(klaftschlüssige) 연결되지 않는 무도상궤도의 경우(예를 들어, 아스팔트 지지 슬래브와 지지되는 궤광의 무도상궤도)에는 여러 차례의 통행 하중의 작용으로 궤광이 들리는 현상, 천이접속 구간에서 아스팔트가 눌러 일그러지는 현상, (선형 와전류 브레이크를 고려할 경우에) 궤도의 좌굴 현상에 대한 안전성의 감소를 막기 위해 복선 교량에서의 단부 접선 각을 0.5 ‰ 이하로 제한한다. 그와 동시에, 지간이 짧은 교량은 무도상 궤도의 적용이 제한된다.

교량 위의 레일을 유간이 없이 용접(장대레일)할 뿐만 아니라 신축 이음매도 설치할 경우(신축하는 길이가 50~60 m 이상인 교량에 한함)에는 통행 중과 온도변화에 기인하는 레일과 교량 지지 구조물 간의 수평 움직임이 가능해야 한다. 이를 위해서는 (25 m 이하의 지간을 가진 교량에서) 교량상판 위에 종 방향으로 움직이는 지지 슬래브를 부설하거나 레일체결장치의 죄임 압력을 줄이고(죄임 압력이 약 25 % 감소된 수정형 텐션 클램프를 사용) 레일과 무도상 궤도 사이의 복진(Durchschub) 저항을 줄여야 한다. 레일체결장치의 복진 저항(제 XIII.3.4항)은 교량 상에서 7 kN을 넘어서는 안 된다. 레일체결장치는 아무 손상 없이 레일이 종 방향으로 움직이도록 허용하여야 하며 이는 승인시험에서 증명되어야 한다. 이와 관련하여 특히 견고한 힌지받침에서는 통행 하중이 작용할 때에 교량단부의 수평 움직임이 작용하며, 여러 차례 레일의 밀림으로 이끄는 점을 나타낸다. 단부 접선 각을 제한함으로써 이러한 수평 움직임을 작게 할 수 있다. 이에 관해서는 교량의 중심축과 레일 간의 거리가 작은 트로프(Trog) 교량이 유리하다. 수평 움직임이 너무 클 경우에는 신축 이음매를 견고한 힌지받침에 설치해야 한다. 그때에는 레일 파손 시에 균열의 틈이 너무 많이 벌어지지 않도록 유의해야 한다.

무도상 궤도는 하층토의 갑작스런 침하에 민감하게 반응하기 때문에 교량 교대로부터 흙 노반으로의 천이접속은 특별한 형성을 필요로 한다. 배후충전(Hinterfuellung)의 시멘트그라우팅을 하거나(**그림 XIII.7**) 교대 위에 지지되는 철근콘크리트 슬래브를 설치하는 방식이 적합하다고 입증되었다. 여기서 철근콘크리트 슬래브의 길이와 두께는 예상되는 침하의 정도에 따라 조절해야 한다. 배후충전 시멘트그라우팅에 비교한 유도 슬래브(Schlepp-platte)의 장점은 교량의 교대로부터 흙 노반으로의 천이접속 구간에서 단차형성의 방지이다. 자체침하로 인해 나타나는 유도 슬래브의 경사경향은 1/500~1/1,000으로 제한된다. 더 큰 침하는 설치 시의 유도 슬래브 과대높임(Überhöhung)(음의 경사경향)의 덕택으로 길이 10 m의 유도 슬래브로 조정될 수 있다. 가능한 경우에는 유도 슬래브를 곧바로 설치하지 않고 배후충전의 침하를 부분적으로 감소시킨 후에 설치해야 한다.

교좌장치 축에서 가로의 교좌장치 움직임(Lagerspiel)은 레일체결장치의 유해한 손상을 막기 위해 ±1 mm로 제한하여야 한다. 종 방향으로 기울어진 교량의 수평 교좌장치에서 발생되는 지지 구조물 이음에서의 종 방향 움직임은 1 mm로 제한하여야 한다. 교량, 특히 강 교량에서의 진동은 무도상궤도의 지지 슬래브 아래에 두께 약 12 mm, 노반계수 0.10 N/mm³의 탄성 매트를 설치함으로써 감소시킬 수 있다. 탄성매트는 DB AG의 요구조건에 부합되어야 한다.

XⅢ.2.2 25 m 이하의 지간을 가진 교량

25 m 이하의 지간을 가진 짧은 교량에서는 교좌장치가 있는 단일 영역의 상부구조와 라멘구조를 구분할 수 있다. 교좌장치의 존재는 교좌장치 교체 시에 상부구조의 들어 올림이 필요하며 교량 단부의 무도상 궤도에 다우엘이 없는 틈의 접합을 필요로 한다(**그림 XⅢ.7**). 라멘구조는 무도상 궤도를 도중에 끊임이 없이 교량 상에 연속적으로 설치할 수 있다. 짧은 교량에서는 무도상궤도의 콘크리트 지지 슬래브 아래에 랩(薄板)을 깔음으로써 무도상궤도가 상부구조에 독립적으로 온도에 따라 종 방향으로 움직이며 단단한 기포 슬래브(Hartschaum platte)를 사용하여 무도상 궤도를 탄성-소성적으로 거치할 수 있다. 그것에 의하여 교량의 양측에서 흙 노반으로의 천이접속 구간에서 무도상 궤도 지지의 적응이 이루어지게 된다(**그림 XⅢ.8**).

그림 XⅢ.7에서는 교대의 돌출을 나타내며, 그것에 의하여 교량의 교좌장치 뒤에 있는 첫 번째 레일지점이 교량 위에 위치하지 않게 된다(**그림 XⅢ.6**). 침하가 커지는 것을 막기 위해 교대 뒤의 배후충전(Hinterfuellung)

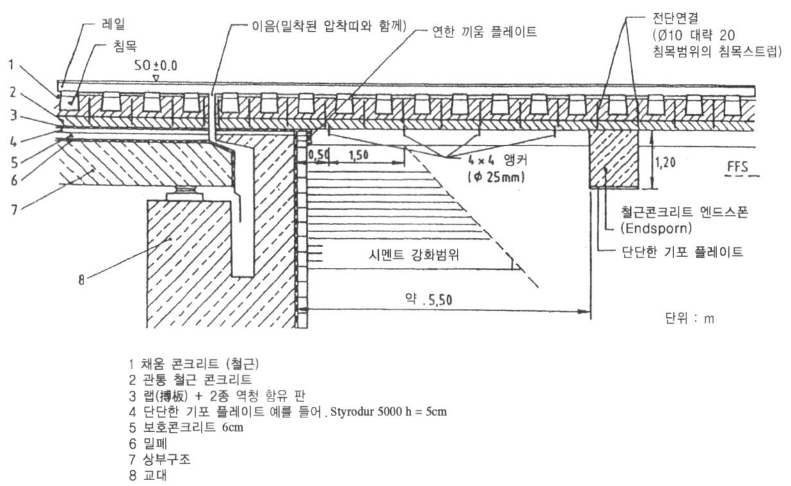

그림 XⅢ.7 짧은 단일재 교량(L ≤ 25 m) 상에 지지되는 상부구조와 이음이 있는 레다형 상부구조의 종단면

시멘트그라우팅 대신에 교대 위에 유도 슬래브(Schlepp-platte)를 설치할 수도 있다. 교량상의 콘크리트 지지 슬래브는 흙 노반 상에 설치될 때와 마찬가지로 철근으로 보강한다(XIII.1.7항). 라멘구조의 경우에는 무도상 궤도를 이음이 없이 교량 위에 연속적으로 설치하며, 균열의 확대를 제한하기 위해 특히 교량으로부터 흙 노반으로의 천이접속 구간, 교량 및 양쪽 10 m~15 m 길이의 구간에서 종 철근 보강재를 약 $\frac{1}{3}$ 늘려야 한다.

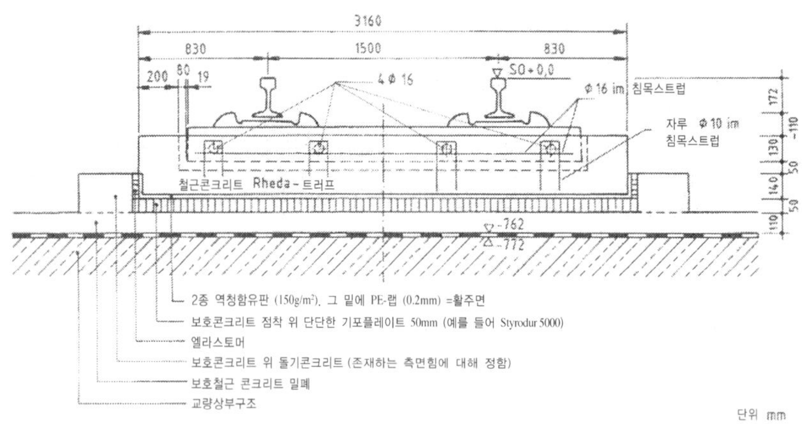

그림 XIII.8 짧은 단일재 교량 위의 레다형 선로구조의 횡단면

XIII.2.3 25 m 이상의 지간을 가진 교량

그림 XIII.9는 지간이 25 m인 단일재(單一材, massiv) 교량 상에 설치된 레다 선로구조의 종단면, **그림 X III.10과 XIII.11**은 횡단면의 모습이다. Nantenbacher 곡선부에서 선로구조의 특징은 폭 100 mm의 가로 이음을 3.9~4.55 m 간격(침목간격의 6~7 배)으로 설치하는 점과 선로구조의 슬래브를 상판의 덮개 위에 설치된 철근콘크리트 슬래브 안으로 삽입된 스토퍼(캠플레이트)를 이용하여 고정하는 점이다. 콘크리트 슬래브는 가장자리 보호 장치(Randkappe)를 통해 축력과 횡력을 전달하기 위해 교량의 지지구조물과 단단히 연결되어 있다.

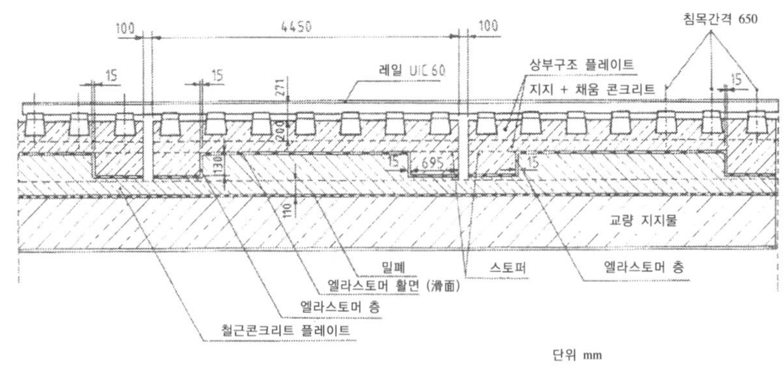

그림 XIII.9 긴 단일재 교량 위의 레다형 선로구조의 종단면

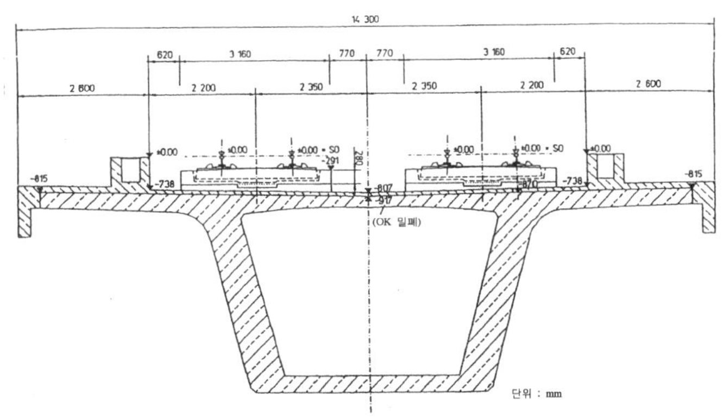

그림 XIII.10 직선의 긴 단일재 교량 위 레다형 선로구조의 횡단면

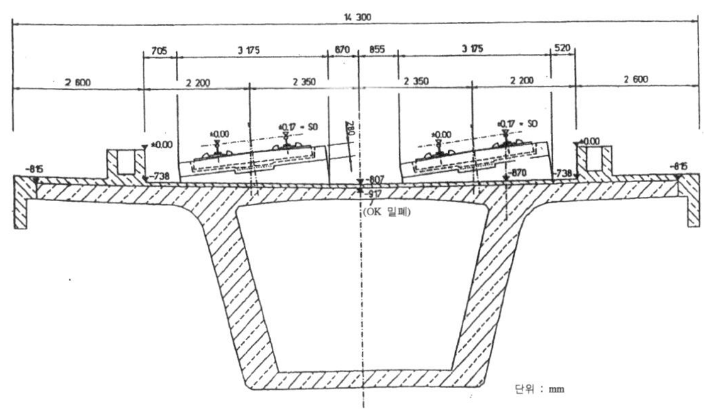

그림 XIII.11 곡선의 긴 단일재 교량 위 레다형 선로구조의 횡단면

선로구조 슬래브와 콘크리드 슬래브 사이에는 기치기 고르게 이루어지고 파손이 발생했을 때에 선로구조를 교체할 수 있도록 하기 위해 두께 1.2 mm의 엘라스토머 활면(滑面, bahn), 탄성 분리재를 설치한다. 스토퍼의 측면에는 엘라스토머 받침(완충재)을 설치한다. 상판 슬래브(orthotropen Fahrbahnplatte)를 사용하는 강(鋼) 교량의 경우에는 가로 보 위에 가로 이음을 설치한다. 스토퍼는 상판 슬래브 바로 위에 설치한다. 상판 슬래브의 변형으로 인한 영향을 막기 위해 무도상궤도 아래에 두께 약 12 mm의 탄성 매트를 삽입한다(노반계수 0.30 N/mm³ ; 교량의 진동을 줄여야 할 필요가 있을 경우에 0.10 N/mm³). 무도상 궤도를 분할함으로써 교량과 선로구조 사이의 종 방향 이동이 작아지고 안으로 또는 밖으로 흐르는 배수가 가능해진다.

레다형 선로구조에서는 교량상 침목 사이 및 이음 곁의 침목을 따른 콘크리트 띠(Streifen) 안의 채움 콘크리트 내에 4 개의 Ø10 mm 스트럽을 설치하며, 그것에 의하여 중앙의 철근콘크리트 지지 슬래브와 채움 콘크리트 간의 결합이 분리되는 것을 예방할 수 있다. 단계 I(탄성매트를 중간에 삽입할 때에 한해 필요함)에 따라 무도상 궤도의 구조를 계산할 때에는 레다형 선로구조 연구와 관련하여 수행된 시험들에 기초하여 채움 콘크리트를 종 철근의 높이까지 산정할 수 있다.

DB AG에서 신설선로의 교량 상에 사용한 무도상궤도 대신에 이미 전(全)세계에서 그 성능이 입증된 고탄성

개별 레일지점 공법을 사용할 수도 있다. 이 개별 레일지
점들은 별도의 공정으로 매우 정확하게 제작된 연속 철
근콘크리트 세로 보 위에 설치한다. 콘크리트 세로 보는
상판 바로 위 또는 방수처리 보호용 콘크리트 위에 설치
한다. 축력과 횡력의 전달을 위해 교량상판에 대한 또는
철근에 대한 결합을 보장해야 하며, 보호 콘크리트에 접
합된 교량 덮개에 스트럽(Bugel)(4 Ø10 mm, 길이 1 m)
을 설치한다(**그림 XIII.12**). 이러한 선로구조는 몇몇의 교
량이 설치되고 1991년에 개통된 Porto 신설구간에서 사
용되었다. Rio Duoro의 PS 콘크리트 교량은 연장이
1.14 km이고 최대 경간이 250 m이다. 실행의 변경으로
교량의 상판은 밀폐하지 않았다. 콘크리트 세로 보 사이
에 있는 콘크리트 더미는 열차로부터 방출되는 공기발생
음을 흡수하는 역할을 한다. Porto에 설치된 고탄성 레
일체결장치 1403 보슬로는 레일의 높이 조정과 횡 방향
조정을 가능하게 하며 DB AG에서도 사용한다. 레일체

그림 XIII.12 포르투갈 Porto의 Rio Duoro 교량
(세로 보 부분의 교량상판에 스트럽이
장치되어 있다. 1990년 건설)

결장치를 조립할 때는 체결나사를 침목에 설치된 플라스틱 다우엘 안으로 돌려 넣는다. 플라스틱 다우엘은 콘크
리트 세로 보를 타설할 때 동시에 장착하거나 사후에 구멍을 뚫을 경우에 그 구멍 안으로 끼워 넣는다.

XIII.2.4 자갈궤도로의 천이접속

무도상궤도로부터 자갈궤도로의 천이접속 구간에서는 운행하중 하에서 발생되는 15~20 mm의 자갈도상 침
하를 고려해야 한다. 문제의 장소는 무도상 궤도 위와 자갈궤도의 침목 위에 보조레일을 설치하고 천이접속 구
간에 있는 도상자갈을 다짐으로써 완화시킬 수 있다. 제 **XIII.1.7**항에서 설명한 다층 무도상 궤도에서의 결합을
보호하기 위한 방법도 참조하기 바란다.

XIII.3 콘크리트궤도 및 그 구성요소에 대한 실험실에서의 시험

XIII.3.1 일반사항

새로운 무도상 궤도 시스템의 성공적인 개발을 위해서는 구조계산의 기술적 조사 이외에도 실험실에서 시험
을 시행해야 한다. 개별 구성부품에 대한 시험을 통해 강성, 피로강도, 마모저항을 평가할 수 있다. 1 : 1 축척으
로 시행되는 대규모 시험들을 통해 시스템 전체의 변형거동을 평가할 수 있다. 그 밖에 탄성-소성 재료의 상호
작용 및 여러 온도와 주파수에서 나타나는 특성들에 대한 이해를 도울 수 있다.

실험실 시험의 종류는 선로구조의 종류에 따라, 그리고 각각의 구성부품이 수정된 형태로 이미 다른 시스템에서 성공적으로 시험되었는지의 여부, 또한 이에 대한 장기간에 걸친 경험이 축적되었는지의 여부에 따라 달라진다. 그러나 원칙적으로는 다음에 예를 드는 시험들이 시행된다. 이 절에서의 특정한 사항은 독일의 사례이다.

XIII.3.2 스프링 계수

모든 무도상 궤도에서는 레일의 하중분배 효과를 촉진하고 동적 첨두 힘(Spitzenkraft)을 감소시킬 수 있도록 하기 위하여 수직 하중 하에서 충분한 탄성이 있어야 한다.

특징은 우선 첫째로 독일의 표준 레일체결장치 Ioarv 300 또는 예를 들어 탄성 층의 리브 플레이트가 있는 Ioarg 336과 같이 그 대안으로 새로 개발된 레일체결장치들의 탄성 중간 플레이트로 인한 레일의 처짐(ein-senkung)이며, 장거리 철도에서는 지금까지 c_{stat} = 20 kN/mm(±10 %)의 실온에서의 정적 스프링계수를 필요로 하였다. 이 스프링 계수는 저온 및 보다 높은 하중 주파수(ICE의 차축배치에 대하여는 속도 250 km/h에서 약 20 Hz의 주파수가 예측된다)에 상응하는 속도 증가에서도 또한 c_{dyn} = 30~35 kN/mm을 넘지 않아야 한다. 고속에서 최적의 승차감을 유지하고 실제 운행하중과 노화의 영향 하에서 불가피하게 나타나는 경화현상을 고려하여 향후에는 c_{stat} = 17 kN/mm(±10 %)의 스프링계수가 되도록 노력해야 한다.

예를 들어, 중간 플레이트 Zwp 104(정적과 동적으로 20 Hz까지)가 갖고 있는 탄성의 예를 **그림 XIII.13**과 **XIII.14**에 나타낸다.

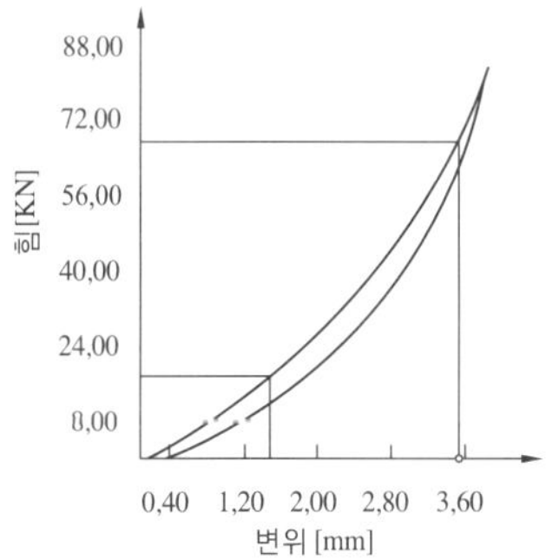

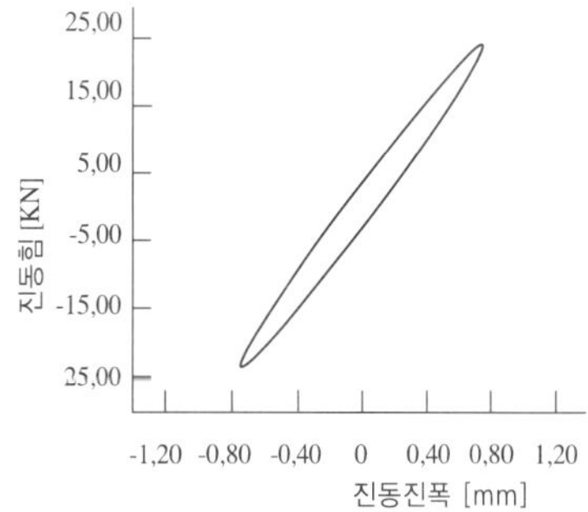

결과
주변온도: 20 ℃
최대힘: 84.64 kN
최대변위: 3.825 mm
감쇠율: 37.68 %
스프링계수: 24.39 kN/mm

스프링계수 계산 시의 적용치:
힘 1 :   18.00 kN(규정치)
힘 2 :   68.00 kN(규정치)
변위 1 :   1.475 mm
변위 2 :   3.525 mm

예측된 곡선특성
시험 파라미터:
주변온도 :   20
시편 면적 :   45400 mm^2
가진(加振) 주파수 :   1.0 Hz
힘 진폭 :   24.20 kN
변위 진폭 :   0.743 mm

동적 크기(dyn. kenngroßen) :
감쇠율 :   13.64 %
손실각 :   7.84 °
동역학적 스프링계수 :   32.57 kN/mm
동역학적 노반계수 :   0.72 N/mm^3

그림 XIII.13 2년간 하중을 가했을 때 탄성중간 플레이트 Zwp 104의 정적 스프링 특성 선

그림 XIII.14 그림 XIII.13에서와 동일한 탄성중간 플레이트 Zwp 104의 동역학적 특성치

XIII.3.3 레일체결장치의 장기거동

  운행선로에서는 최대로 작용하는 수평 안내 힘이 레일체결장치를 통해 안전하게 전달되어야 하며, 그 때에 안정된 윤축주행의 관점에서 레일두부의 큰 횡 방향 처짐은 허용되지 않는다. 이는 레일두부에 힘을 비스듬하게 가하는 연속진동시험(피로시험)을 시행함으로써 입증할 수 있다. 이 시험은 일반적으로 소위 가위모양 지레 (Scherenhebel)의 진동시험 프레임으로 시행한다(**그림 XIII.15**). 약 300 m의 궤도 곡선반경을 시뮬레이션하기 위해서는 구성부품에 가해지는 수평 힘이 수직 힘의 61 % 값이어야 하며, 이는 α = 31.5 ° 수선(법선)으로 귀착되는 힘의 각도에 상응한다. 1,000 m를 훨씬 넘는 곡선반경을 가진 신설 철도노선에서는 구성부품들에 작용하는 수평 힘이 수직 힘의 40~50 % 값으로 감소될 수 있으며, 이는 α = 22~26.5 ° 각도에 상당한다.

  특수한 경우에는 선로의 곡선반경이 매우 작다. 예를 들어, 베를린 도시철도의 경우에는 최소 반경이 R_{min} = 253 m이다.

  기존의 경험에 의거하면 Q_o = 150 kN의 최대 시험 하중(P_{vert} = 75 kN ; P_{hor} = 46 kN) 하에서 α = 31.5 ° 로 행한 연속진동시험(피로시험)에서 레일두부에서의 탄성 궤간 확장은 5 mm의 값, 약 3백만 회의 하중변화 후의 영속하는 궤간 확장은 8 mm를 넘지 않아야 한다. 진동운동수의 증가와 함께 변형이 점진적으로 진행되지 않아야 한다. 연속진동시험(피로시험)의 종료 후에 레일체결장치의 개별 구성부품들, 특히 고정 시스템이 허용 범위를 벗어나는 마모현상이나 손상을 나타내지 않아야 하는 것은 당연하다.

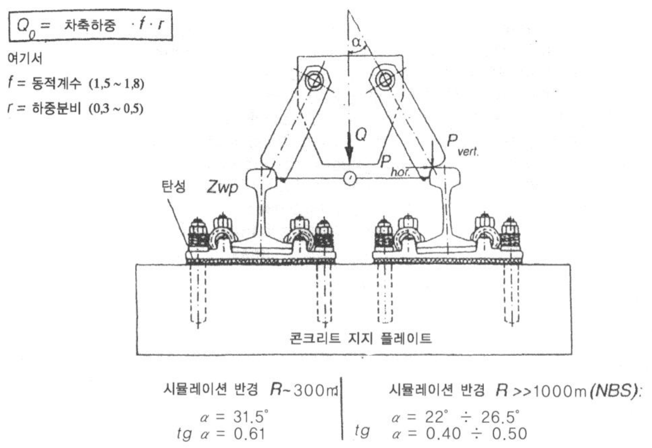

그림 XIII.15 레일체결장치에 2축으로 힘을 가하는 실험장치

XIII.3.4 레일체결장치의 복진 저항

  레일체결장치는 저온에서 레일이 파손된 경우에 갈라진 틈이 커지는 것을 막기 위해 충분히 큰 복진(Durch-schub) 저항을 갖고 있어야 한다. 정적으로 힘을 가하면서 개별 레일지점에서 시험을 시행한다. 시험은 한 개의 개별 레일지점에서 힘의 정적 전달이 이루어질 때와 진동의 중첩이 동시에 나타날 때에 실시한다(운행궤도에서의 동적 하중을 가하여 레일체결장치 구성부품에서 나타나는 잡아당김 힘(Spannkraft)의 변화를 시뮬레이션한다). 이때에 힘과 변위 사이의 관계를 나타내는 다이어그램이 기록된다. 자갈궤도에서의 경험에 의거하면, 무

도상 궤도에 안전계수 1.3을 적용할 경우에 최악의 조건(진동이 작용한다)에서 잡아당김 힘의 최소치는 레일지점 당 7 kN이어야 한다. 이때에 주로 적용되는 변위 값은 2 mm이다.

그 밖에, 레일체결장치는 극단적인 경우에 교량에서 운행 하중을 받아 교량단부에서 생기는 비틀림에 기인하는 레일의 복진(Durchschieben)(제 XIII.2.1항)에 영구적으로 견뎌내야 한다. 이는 레일의 위치 벗어남 시험에 상응하는 반복하중 시험으로 수행된다.

XIII.3.5 무도상궤도의 변형거동에 대한 대규모 실험

전체 시스템의 변형거동을 조사하기 위하여 1 : 1 축척의 아스팔트 또는 콘크리트 지지 슬래브가 있는 무도상궤도의 대규모 시험대를 (180 mm의 최대 허용 캔트에 상응하는) 12 %의 횡 기울기로 설치한다. 연속진동시험(피로시험)을 시행하여 최악의 한계조건 하에서 나타나는 통행 하중과 온도로 인한 압력을 시뮬레이션 한다.

그림 XIII.16에 따라 정확하게 시험 장비를 장치할 때에 최대 수직 하중이 250 kN(UIC 71 화물열차의 차축하중)이면, 아래에 놓여있는 레일에 작용하는 횡력은 30 kN이다. 즉, 캔트가 심한 운행선로에서 화물열차가 천천히 주행할 때에 나타날 수 있는 상황들을 시뮬레이션 하는 것이다. 연속진동시험(피로시험)은 일반적으로 여러 개의 시험단계로 나누어 실온에서와 아스팔트 지지 슬래브를 가진 무도상궤도 상태에서, 또한 $T = 36\,°C$의 아스팔트의 온도 상승{흡수 판(板, belag)을 고려하여 하절기 기후조건을 시뮬레이션 한다}에서 총계로 최소 3백만의 진동 사이클로 시행한다. 이 때 다이얼 게이지, 유도식 경로변환기, 변형률 게이지를 이용하여 레일, 궤광, 지지 슬래브, 고정 시스템의 변형거동을 기록한다. 탄성–소성 변형은 진동 사이클의 수에 따라 그래픽으로 기록된다. 결정적인 것은 변형이 점근선의 변화를 나타내는 점과 그에 따라 피로현상이 없으며 아울러 고정 시스템이 영구적으로 효과를 가질 수 있는 점이다.

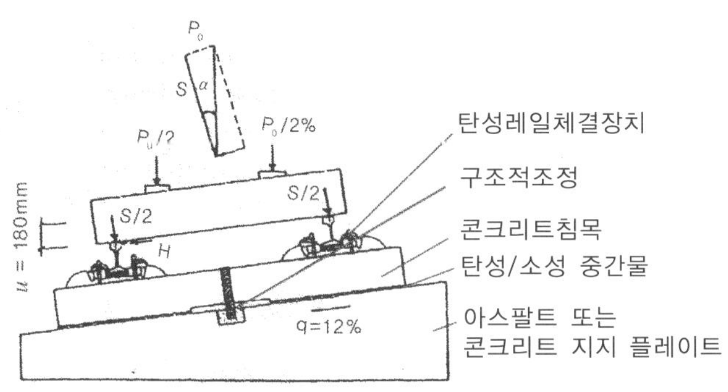

그림 XIII.16 궤광으로 무도상궤도의 변형거동을 조사하기 위한
뮌헨공대의 대규모 시험대의 근본적인 시험배치

영속상태 시험은 하절기 온도에서 인장상태에 있을 때에 시스템의 거동을 조사하기 위하여 아스팔트 지지 슬래브를 가진 시스템에 대하여만 대규모 시험대로 수행한다. 아스팔트 층의 표면온도가 36 °C로 될 때까지 방사 가열기로 열을 가한다. 수직 시험하중 250 kN을 최소 5 일간 불변으로 지속적으로 가한다. 아스팔트 표면에서 지속적인 변형의 일정한 증가는 시스템의 장기거동에 대한 평가를 허용한다.

XIII.3.6 레일 종 방향 반력의 시험

큰 레일축력은 예를 들어 신축 이음매 지역, 터널/흙 노반 천이접속 구간 또는 저온에서 레일파손이 발생되는 경우에 선로구조에 영향을 미친다. 이와 관련된 거동을 조사하기 위해 대규모 실험대로 지지되는 침목을 가진 무도상궤도의 양쪽 레일에 축력을 가한다. 이때에 레일/침목, 침목/지지 슬래브의 상대변위가 기록된다. 그 때에 통례적인 구조적 고정 시스템은 침목 두 개 또는 세 개당 하나씩 만 설치된다는 점을 고려해야 한다. 기록된 힘-변위 다이어그램(**그림 XIII.17**)을 바탕으로 레일 길이방향으로 가해지는 종 변위저항을 계산할 수 있다.

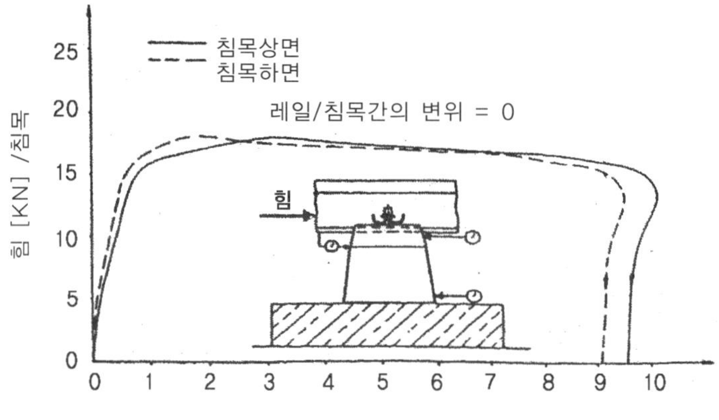

그림 XIII.17 레일 길이방향으로 힘을 가하는 시험

이 변위저항은 적어도 약 7 N/mm의 하중을 반복적으로 가했을 때에 무거운 자갈도상 선로구조에서 레일 길이방향으로 나타나는 변위저항에 상응해야 한다. 또 중요한 것은 종 변위에서 침목이 기울어지거나 고정 시스템에 손상이 발생되는지의 여부이다. 임계지역(신축 이음매, 짧은 교량 상부구조물)에서 침목이 옆으로 기울 경우에는 예를 들어 침목 중간부에 단단한 흡수 판을 설치하거나 침목을 지지 슬래브에 더 강하게 고정시키는 등의 구조적인 조치를 취해야 한다.

XIII.3.7 횡 변위 저항시험

이 실험은 무도상궤도의 각 침목에서 시행하며 그 때에 침목상부의 움푹 들어간 곳에 위치시킨 유압식 압력 실린더를 이용하여 지지층의 표면에 평행하게 압력을 가하여 발생되는 상대변위를 기록한다. 무도상궤도의 횡 변위저항 측정 시에는 자갈궤도에서처럼 변위가 2 mm에 도달할 때의 값을 모방하여 적용할 수 있다. 그것은 궤도길이와 관련하여, 안정화된 상태에 있는 무거운 자갈궤도의 값에 상응하여 적어도 약 15 N/mm이어야 한다. 그러나 무도상궤도의 구조 때문에 자갈궤도의 좌굴에 상응하는 궤광의 급격한 수평 줄 틀림이 가능하지 않은 점은 명백하다.

XⅢ.3.8 리프팅 시험

이 시험을 통하여 한편으로는 구조적 고정 시스템의 효과를 조사하고 다른 한편으로는 예를 들어 탈선 등의 사고가 발생했을 경우에 손상된 무도상궤도 구간의 신속한 교체 또는 복구의 가능성을 검토할 수 있다. 운행선로의 통행하중 하에서 나타나는 최대 리프팅 힘은 레일지점 당 약 5 kN이라는 점이 명백하다(제 XⅢ.1.11항). 궤광의 고유무게를 참작하여 고정 시스템의 잡아당김 힘(Anspannkrft)이 최소한 5 kN의 값에 도달될 때는 운행선로에서 나타나는 펌핑 현상(pumperscheinungen)을 피할 수 있다.

XⅢ.3.9 예상

구성부품들에 대한 실험실 시험의 종료 후에는 예를 들어 건설회사의 작업부지에 길이 약 20~30 m의 구간의 부설을 통하여 실제적인 건설경험을 쌓아야 한다. 독일의 경우에는 이 시험들을 성공적으로 마치게 되면 독일연방철도청(EBA)에다 시스템의 운행시험에 관한 허가를 신청한다. 신청이 받아들여질 경우에 본 허가서의 유효기간은 통상 5년이다. 운영자가 사용자 설명서를 제출하면 DB AG의 궤도에 시험선로구간을 설치할 수 있으며, 그것에 대해, 예를 들어 엄밀하게 한 형식의 검사로 EBA가 제시하는 추가의 요구조건을 준수해야 한다.

결정적으로 중요한 장기거동을 측정하기 위하여 준정적 하중 하에서와 열차가 주행하는 상태로 시험구간의 궤도에서 측정을 수행하며, 그 이유는 극한의 온도와 습도 및 실제의 운행하중에 관련된 기상상황(혹한-이슬-교체)에서 실제의 부설상황을 실험실 시험으로는 완벽하게 시뮬레이션 할 수 없기 때문이다. 시험구간의 운영 직전 또는 직후에 원래의 상태를 파악하는 것("제로 측정")이 대단히 중요하다. 장기거동에 대해 최종적으로 확실하게 평가하기 위해서는 약 1억 5천만 톤의 운행하중을 가하고 거치기간이 약 3년 정도 경과해야 하며 반복적인 측정을 수행하여야 한다.

XIV. 사전제작 콘크리트슬래브궤도

XIV.1 개론

이 장에 논의하는 사전제작 콘크리트슬래브궤도(이하에서는 슬래브궤도로 약칭)는 보수 경감화를 위하여 일본에서 개발한 구조로서 정밀하게 제작된 궤도슬래브와 하부구조의 사이에 조정 가능한 완충재를 채우는 구조이며, 일반궤도용 슬래브궤도에는 궤도슬래브를 지지하는 방법 등에 따라 아래의 ①~④와 같은 형식이 있다. 주입재(채움재)에 의한 전면(全面)지지 방식은 시공성, 내구성이 우수하므로 신선 건설 및 선로 개량공사 등에 사용하며, 여기서 기술하는 슬래브궤도는 일반적인 ①의 형식을 말한다.

① 주입재에 의한 전면지지 방식(강성노반 상의 시멘트 아스팔트 모르터 지지)

② 고무매트에 의한 4점지지 방식(강성노반 상의 고무매트 4점지지)

③ 레일하면을 띠 모양으로 지지하는 방식(강성노반 상의 장대튜브 지지)

④ 흙 노반 위의 슬래브(흙 노반 상의 시멘트 아스팔트 모르터 지지)

슬래브궤노는 **그림 XIV.1**과 같이 레일을 시시하는 프리캐스트 콘크리트의 궤도슬래브와 노반 콘크리트 사이를 완충재인 시멘트 아스팔트 모르터(이하에서는 CA 모르터라고 약칭한다) 등으로 채우는 전면지지 방식이며, 돌기(突起) 콘크리트에 의하여 궤도 종 하중과 횡 하중을 기초로 전달하도록 하고 있다. 따라서 슬래브궤도의 설계는 궤도슬래브, 돌기콘크리트, 노반콘크리트 및 채움재(填充材)의 설계로 대별된다.

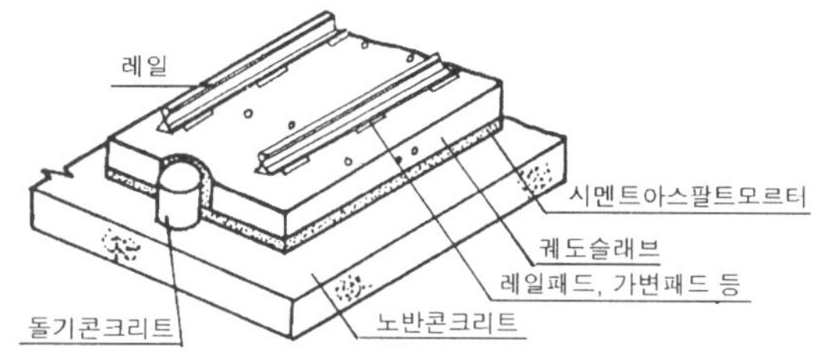

그림 XIV.1 슬래브궤도

슬래브궤도에 사용되는 슬래브를 궤도슬래브라고 하며, 그 길이가 5 m인 것을 표준 슬래브(standard slab)라고 한다. 일본에서는 그 이외에도 비표준 슬래브, 사각(斜角) 슬래브 및 장대레일 신축이음매(expansion joint)에 쓰이는 신축 이음매용 슬래브를 사용하는 경우가 있다. 궤도슬래브를 분류하면 다음과 같다.

① 일반형 슬래브(보통 슬래브, 방진 슬래브)

② 중공형(中空型) 슬래브(frame track slab)

③ 특수형 슬래브

경부고속철도 기본설계 시에는 일반형 궤도슬래브를 검토하였으며, 궤도슬래브는 RC(reinforced concrete) 구조의 온난지용과 균열 방지의 관점에서 PPC(partial prestressed concrete) 구조로 되어 있는 한냉지용[*]이 있다. 또한, 소음 대책으로서 궤도슬래브 하면에 홈이 있는 슬래브 매트를 삽입하는 방진슬래브가 있다. 궤도슬래브의 구조형식과 적용구분은 **표 XIV.1**과 같다. 이하에서는 이를 중심으로하여 설명한다.

표 XIV.1 궤도슬래브의 적용구분(5 m 표준 슬래브)

부설 장소			구조 형식	형상 치수(mm)					돌기치수(mm)		비고
				길이	폭	두께	돌기 접촉부 반지름	철근 피복 두께	반지름	높이	
보통 슬래브	일반구간	온난지	RC	4,930	2,340	190	280	20	200	250	(주1)
		한냉지	PPC								
	터널구간	직선	RC	4,950		160	250	30	220	200	
방진슬래브	한냉지		PPC	4,930		190	280		200	250	(주2)

(주1) 일반구간과 터널 갱구에서 200 m까지의 궤도슬래브 돌기 접촉부에는 슬래브매트를 접착한다.

(주2) 방진 슬래브의 홈이 있는 슬래브 매트는 슬래브 하면과 돌기 접촉부에 접착한다.

한편, 전라선 서도−신성간에는 이와는 별도로 설계된 PST(precast slab Track)− frame 궤도(중공형 슬래브)와 프리캐스트 슬래브 궤도(약 143 m)를 2006년도에 시험부설하였다.

XIV.2 설계 조건

XIV.2.1 설계 하중

설계 하중으로서는 윤하중, 횡압 및 기타 하중이 고려된다.

(1) 윤하중(輪荷重, 輪重)

윤하중은 설계 윤하중, 피로검토 윤하중, 이상 윤하중 등을 고려한다. 설계(設計) 윤하중은 차륜 플랫(wheel flat)으로 생기는 윤하중 변동 분을 고려한 것으로 허용 최대 플랫길이가 70 mm인 경우에 윤하중의 최대치는 정지 윤하중의 3 배로 고려한다. 따라서 설계 윤하중 = 축중 × 1/2 × 3이다. 피로검토(疲勞檢討) 윤하중은 열

---

[*] 온난지용과 한냉지용의 적용 구분에 있어 연간 동결융해 횟수가 80 회를 밑도는 지역에서는 온난지용을, 그보다 넘는 지역에서는 한냉지용을 적용한다.

차주행 중에 발생되는 윤하중 변동 α 를 고려한 것으로 피로검토 윤하중 = 축중 × 1/2 × (1 + α)로 구한다. 윤하중 변동은 일본의 실측 예에서 표준편차 σ에 대하여 0.15 %이므로 3σ까지 고려하여 α = 0.45로 한다. 이상(異常) 윤하중은 극대(極大) 윤하중으로서 정지 윤하중의 4 배를 고려하여 이상 윤하중 = 축중 × 1/2 × 4로 한다. 경부고속철도 기본설계에서는 설계 축중(軸重)을 17 tf를 표준으로 하였으며, 이에 의하여 상기의 각 윤하중을 계산하면, 각각 25.5, 12.4, 34 tf로 된다.

(2) 횡압(橫壓)

횡압은 설계 횡압, 피로검토 횡압을 고려한다. 설계 횡압은 궤도에 작용하는 횡압의 최대치로서 차량의 횡압은 탈선계수(횡압/윤하중, 최대치 = 0.8)를 고려하여 윤하중의 0.8 배 이상이 되지 않도록 설계하고 있으므로 설계 횡압 = 축중 × 1/2 × 0.8로 한다. 피로검토 횡압은 궤도에 반복하여 작용하는 횡압으로서 설계 횡압의 1/2로 한다. 상기의 축중 17 tf에 대하여 계산하면 각각 6.8, 3.4 tf로 된다.

(3) 기타 하중

기타 하중으로서는 제동(制動)·시동(始動)하중과 장대레일 종 하중(縱荷重)을 고려하며, 다음에 따른다.

제동하중(tf) ; $(0.20 + (0.80/M) \cdot L) \cdot T$

시동하중(tf) ; $(0.19 + (0.76/M) \cdot L) \cdot T$

장대레일 종 하중(온도 하중) ; 1.0 (tf/m)

여기서, M : 차량길이(1 차량) (m)

      L : 부재에 최대의 영향을 주는 열차하중의 재하길이 (m)

      T : 열차하중의 특성 값을 주는 축중 (tf)

XIV.2.2 재료의 허용응력

(1) 콘크리트

궤도슬래브 콘크리트의 허용응력(단위; kgf/cm^2)은 다음과 같으며, 그 이외에 노반 콘크리트와 돌기 콘크리트의 설계기준 강도(f_{ck})는 각각 210 kgf/cm^2, 280 kgf/cm^{2}로 한다.

- 설계기준 강도 $f_{ck} = 400$
- 거푸집을 뗄 때의 강도 및 프리스트레스 도입 시의 압축강도 f_c =300 이상
- 허용 휨 압축 응력
  - 프리스트레스 도입 시 $f_{cpa} = 180$ (PPC)
  - 설계 윤하중 작용 시 $f_{ca} = 160$
- 허용 휨 인장 응력(피로검토 윤하중 작용 시) $f_{ta} = 0$ (PPC)
- 허용 휨 전단 응력 $\tau_a = 5$
- 허용 지압 응력(삽입구 부분) $f_{ca} = 100$
- 허용 부착 응력(삽입구 부분) $\tau_{oa} = 18$
- 허용 인발 전단 응력(고정볼트 부분) $\tau_{ap} = 14$

- 허용 전단 응력
  - 체결 장치부위(철근계산을 하지 않는 경우) $\tau_{a1} = 3$
  - 체결 장치부위(철근계산을 하는 경우) $\tau_{a2} = 7$
  - 삽입구 부분 $\tau_{a3} = 6.7$
- 허용 연응력
  - 제작 시(인장 측) $f_{ta} = 10$
  - 제작 시(압축 측) $f_{ca} = 110$
  - 수송 및 시공 시(인장 측) $f_{ta} = 30$
  - 수송 및 시공 시(압축 측) $f_{ca} = 160$

(2) 철근

철근은 궤도슬래브, 노반 콘크리트 및 돌기 콘크리트 모두 SD35를 사용하며, 궤도슬래브용 철근의 허용응력(단위; kgf/cm²)은 다음과 같다.

- 피로검토 윤하중 재하 시
  - 완전편진 시의 허용 피로 응력 : 830
  - 레일 방향 : 아래 식으로 구한다.

$$\sigma_{sa} = \sigma_{min} + (1 - \sigma_{min} / \sigma_B) \times \sigma_{rao}$$

여기서, σ_{sa} : 철근의 허용 인장응력 (kgf/cm²)

         σ_{min} : 철근에 발생되는 최소 인장응력 (kgf/cm²)

         σ_B : 철근의 인장강도 (SD 35에서는 5,000 kgf/cm²)

         σ_{rao} : 철근의 완전편진 시의 허용 피로응력 (kgf/cm²)

            $\sigma_{rao} = 10^{a} / N^{k}$

         N : 응력의 반복횟수

재료 특성치 k와 a의 값은 $N < 2 \times 10^6$일 때 각각 0.18, 4.32, $N \geq 2 \times 10^6$일 때 0.13, 4.00이다.

  - 레일 직각방향   : 830
- 설계 윤하중 재하 시
  - RC 궤도슬래브   : 1,750
  - PPC 궤도슬래브   : 1,000
- 이상 윤하중 재하 시
  - RC 궤도슬래브   : 2,625
  - PPC 궤도슬래브   : 1,500

(3) PC 강봉

PC 강봉은 D종 1호(KS D 3505) 규격을 준용한 원형강봉을 사용한다. 허용응력(단위; kgf/cm²)은 다음과 같다.

- 인장강도   : $\sigma_{pu} = 145$

– 항복점 응력　　　　　　　　　： $\sigma_{py} = 130$

– 허용 인장응력

　• 긴장 작업 시　　　　　　　： $\sigma_{pa} = 116$

　• 도입 작업 시　　　　　　　： $\sigma_{pa} = 102$

　• 설계 윤하중 작용 시　　　　： $\sigma_{pa} = 87$

(4) CA 모르터의 소요 강도

CA 모르터의 압축강도(kgf/cm^2)는 아래의 값 이상이어야 한다.

– 슬래브 하면의 경우　　　　　： 4

– 돌기부의 경우　　　　　　　： 18

XIV.3 궤도슬래브의 설계

XIV.3.1 설계의 고려방법

궤도슬래브의 단면력은 일본에서 개발 당초에 탄성기초 위의 보 이론으로 구하였으며, 이것을 기초로 설계되하여 왔다. 그러나 이 계산법에 모순이 있으므로 山陽신칸센의 도중부터는 유한 요소법(有限 要素法, finite element method)을 이용하게 되었다.

(1) RC 슬래브의 경우

윤하중 재하 시에 궤도슬래브에 발생되는 휨모멘트를 구하여 레일방향, 레일 직각방향의 각 단면에 대하여 단철근 직사각형 단면으로 하여 허용 응력 설계법으로 필요한 철근량을 구한다.

(2) PPC 슬래브의 경우

피로검토 윤하중 작용 시에 콘크리트에 인장이 없도록 필요한 PC 강봉의 개수를 구한다. 설계 윤하중 작용 시에 발생되는 균열 폭이 0.1 mm 이하로 되도록 철근의 허용 응력도를 $\sigma_{sa} = 1,000 \ kgf/cm^2$로 하여, 필요한 이형철근 단면적을 계산한다.

XIV.3.2 탄성기초 위의 보 이론에 의한 궤도슬래브의 해석법

상기에 언급한 것처럼, 山陽신칸센까지의 슬래브궤도의 설계는 주로 탄성기초 위의 보(beam)이론(이하에서는 '보이론' 으로 약칭한다)에 의거한 해석결과를 기초로 행하였다.

레일방향에 대하여는 **그림 XIV.2**에 나타낸 역학모델을 고려하여 레일과 궤도슬래브를 2중 보, 레일패드와 CA 모르터를 선형 스프링으로 가정한다. 여기서, 임의의 위치 x에 있어서 레일과 궤도슬래브의 변위를 y_1과 y_2

로 하면, 레일방향의 균형 방정식은 다음 식으로 나타낸다.

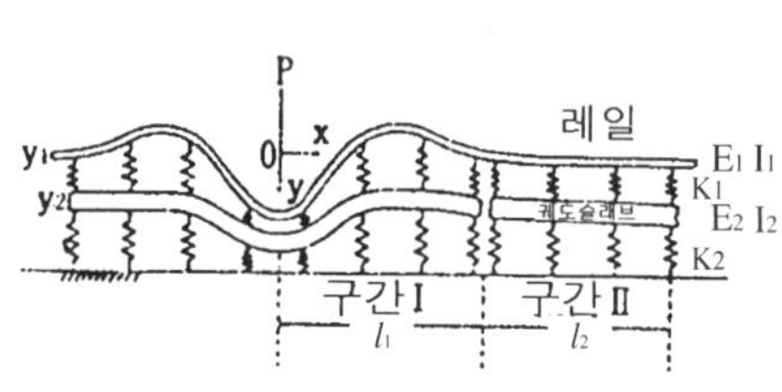
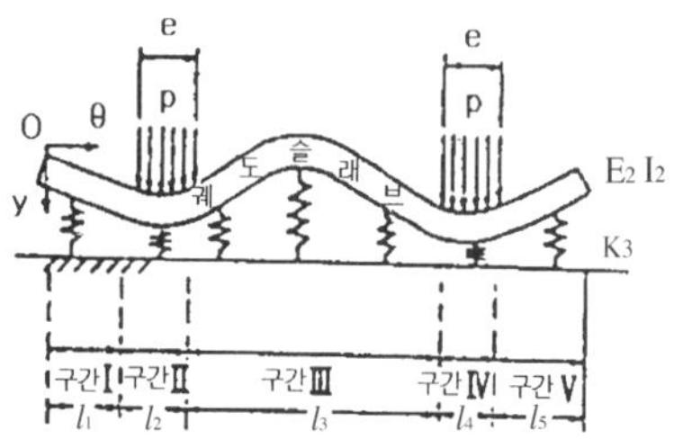

그림 XIV.2 보 이론에 의한 역학 모델
(레일 방향)

그림 XIV.3 보 이론에 의한 역학 모델
(레일 직각방향)

$$E_1 I_1 (d^4 y_1 / dx^4) = - k_1 (y_1 - y_2)$$
$$E_2 I_2 (d^4 y_2 / dx^4) = - k_1 (y_1 - y_2) - k_2 y_2 \tag{1}$$

여기서, E_1 : 레일의 탄성계수

I_1 : 레일의 단면2차 모멘트

E_2 : 궤도슬래브의 탄성계수

I_2 : 궤도슬래브의 단면2차 모멘트

k_1 : 단위 길이당의 레일지지 탄성

k_2 : 단위 길이당의 슬래브지지 탄성

이 중에서 k_1 및 k_2에 대하여는 레일 아래 또는 슬래브 아래에 한결같은 모양으로 연속적으로 분포되어 있는 것으로 가정한다. 지금

$$\alpha = k_1 / E_1 I_1, \quad \beta = k_1 / E_2 I_2, \quad \gamma = k_2 / E_2 I_2$$
$$F = (\beta + \gamma - 4 \lambda_1^2) / \beta, \quad G = (\beta + \gamma - 4 \lambda_2^2) / \beta$$

$$\lambda_1 = [\{(\alpha + \beta + \gamma) + \sqrt{(\alpha + \beta + \gamma)^2 - 4 \alpha \gamma}\} / 8]^{1/4}$$
$$\lambda_2 = [\{(\alpha + \beta + \gamma) - \sqrt{(\alpha + \beta + \gamma)^2 - 4 \alpha \gamma}\} / 8]^{1/4}$$

로 하고, 더욱이 $A_1, A_2, \cdots, A_8$을 적분정수로 하면 다음과 같은 일반해가 구해진다.

$$y_1 = F \cdot y_{21} + G \cdot y_{22}$$
$$y_2 = y_{21} + y_{22} \tag{2}$$

$$y_{21} = A_1 e^{\lambda_1 x} \sin \lambda_1 X + A_2 e^{\lambda_1 x} \cos \lambda_1 X + A_3 e^{-\lambda_1 x} \sin \lambda_1 X + A_4 e^{-\lambda_1 x} \cos \lambda_1 X$$
$$y_{22} = A_5 e^{\lambda_2 x} \sin \lambda_2 X + A_6 e^{\lambda_2 x} \cos \lambda_2 X + A_7 e^{-\lambda_2 x} \sin \lambda_2 X + A_8 e^{-\lambda_2 x} \cos \lambda_2 X$$

일반해에 경계조건을 적용하면 적분정수 $A_1 \sim A_8$이 정해지며, 다음 식으로 궤도슬래브의 레일방향 단면력을 구한다.

휨 모멘트 ; $M = - E_2 I_2 (d^2 y_2 / dx^2)$

단면력 : $S = - E_2 I_2 (d^3 y_2 / dx^3)$ (3)

레일 직각방향에 대하여는 슬래브를 레일체결장치 폭의 보로 고려하고, 하중은 레일 위치에서의 변위가 식 (2)에서 구한 최대치와 같게 되는 값을 채용한다. 레일압력은 어떤 폭으로 분포되어 궤도슬래브에 작용하므로 **그림 XIV.3**에 나타낸 역학모델을 고려하여 각 구간마다 다음 식과 같은 균형 방정식이 얻어진다.

$$E_2 I_3 (d^4 y_i / dx_i^4) = - k_3 y_i \qquad (\text{I, III, V 구간})$$
$$E_2 I_3 (d^4 y_i / dx_i^4) = - k_3 y_i + P_c / e \qquad (\text{II, IV 구간}) \qquad (4)$$

여기서, I_3 : 직각방향의 궤도슬래브의 단면2차 모멘트

k_3 : 단위 길이당의 슬래브지지 탄성

P_c : 레일방향의 최대변위에 상당하는 하중

e : 하중분포 폭

일반해에 경계조건을 적용함으로써 궤도슬래브의 레일 직각방향 단면력이 구해진다.

레일방향의 해석 예를 **그림 XIV.4**에 나타낸다. 이 결과, 레일과 슬래브의 상하변위는 각각 0.9 mm, 0.5 mm, 궤도슬래브 하측의 휨 인장 연응력은 2.8 kgf/cm²로 된다. 이 값은 실측치에 비하여 작다고 알려져 있다.

보 이론에서는 레일패드의 탄성을 연속으로 한결같이 분산시키기 때문에 레일체결 간격이 크게 되면 레일지지 탄성 k_1 (= 레일패드의 스프링정수 / 레일체결 간격)이 작게 되며, 그 결과로써 궤도슬래브의 휨 응력은 작게 된다. 그러나 실제로는 레일체결 간격이 크게 되면 각 체결부에서의 윤하중의 집중률이 높게 되기 때문에 궤도슬래브의 휨 응력이 증가된다. 또한, 슬래브궤도는 평판구조(平板構造)이므로 돌기부 주변의 취급 등, 레일 식각방향의 성노가 높은 해를 구하는 것이 곤란하나.

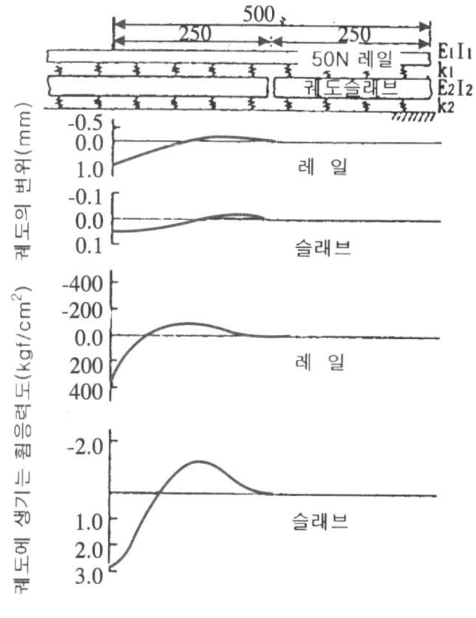

그림 XIV.4 보 이론에 의한 해석 예

이상과 같이 보 이론에는 몇 개인가의 모순점이 있으므로 東北·上越 신칸센 이후는 다음에 기술하는 유한요소법의 해석방법을 이용하여 궤도슬래브를 설계하였다. 기본설계 시에 검토한 경부고속철도용 궤도슬래브도 이 방법으로 해석하였다.

XIV.3.3 유한 요소법에 의한 해석법

유한 요소법에 의한 해석모델을 **그림 XIV.5**에 나타낸다. 여기서 레일은 세장(細長)의 부재이므로 보로 가정하고 있다. 레일의 지지탄성은 레일패드에 의하여 주어지므로 레일체결부마다 1개의 선형 스프링이 있는 것으로 하고 있다. 다음에, 궤도슬래브가 평판이므로 그대로 평판으로 하여 모델화하고 있다. 이 지지탄성은 단위 길이만큼 압축하는데 요하는 압력, 이른바 슬래브지지 스프링계수 k_p로 나타내는 선형 스프링으로 하여 모델화하고 있다. 슬래브궤도의 응력 해석에서는 먼저 궤도슬래브를 3각형 요소로 분할한다. 4각형 요소로 하지 않고, 3각형 요소를 채용한 이유는 응력이 심한 돌기 주변을 정도가 좋게 해석하기 위하여 이다. 궤도슬래브는 1매의 평

판이며, 연속체로 고려한다. 이 연속체를 작은 3각형 요소로 분할하여도 여전히 1매의 평판으로서 역학적으로 등가(等價)이기 위해서는 각 요소가 힘의 균형조건, 응력~변형률 관계, 적합조건을 만족시키는 것이 필요하다.

실제의 응력해석에서는 먼저 레일과 궤도슬래브의 형상함수(形狀函數)를 이하와 같이 정하고 있다. 레일은 레일요소의 변위 U를 3차식으로 가정하고 선 좌표(線 座標) ϕ_1, ϕ_2를 이용하여 다음의 식으로 나타낸다.

$$U(x, y) = \{f_r\}^T \{\alpha_r\} \tag{5}$$

여기서, $\{f_r\}^T$는 $\{f_r\}$의 전치(轉置) 매트릭스로서

$$\{f_r\}^T = [\phi_1{}^3, \; \phi_2{}^3, \; \phi_1{}^2\,\phi_2, \; \phi_1\,\phi_2{}^2]$$

$$\{\alpha_r\}^T = [\alpha_1, \alpha_2, \alpha_3, \alpha_4] \qquad (\alpha_{1\sim4} : \text{미지계수})$$

이다. 다음에, 요소 양단의 변위와 처짐 각을 $\{q_r\}^T = [U_1, \; U_2, \; \theta_1, \; \theta_2]$로 하면 $\{q_r\}$와 $\{\alpha_r\}$의 사이에는 다음의 관계가 성립한다.

$$\{q_r\} = [C_r] \{\alpha_r\} \tag{6}$$

따라서, 식 (5)와 식 (6)에서 U는 다음의 식으로 나타내어진다.

$$U = \{f_r\}^T [C_r]^{-1} \{q_r\} \equiv [N_r] \{q_r\} \tag{7}$$

($[C_r]^{-1}$은 $[C_r]$의 역 매트릭스이다. 이하 동일.)

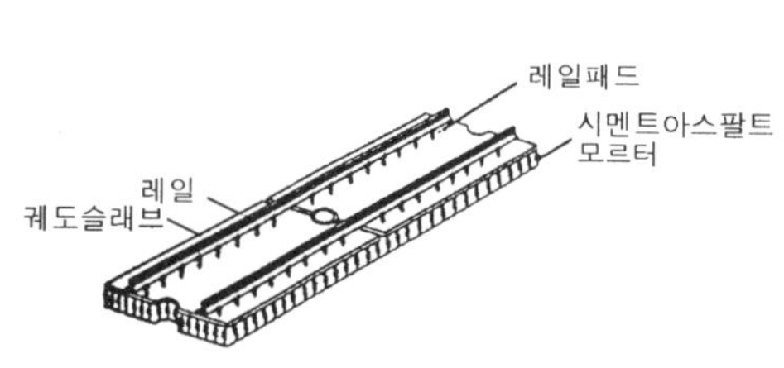

그림 XIV.5 유한 요소법에 의한 해석 모델

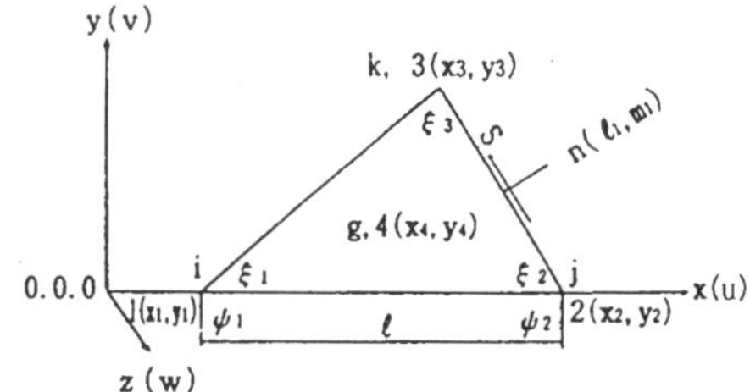

그림 XIV.6 3각형 요소

궤도슬래브에 대하여는 **그림 XIV.6**에 나타내는 3각형 요소내의 변위를 3차식으로 가정한다. 그림에서 3 개의 꼭지 점 i, j, k 및 중심점 g의 좌표를 면적좌표 ζ_1, ζ_2, ζ_3로 나타내면 3각형 요소의 변위 W는 다음과 같이 나타내어진다.

$$W(x, y) = \{f_p\}^T \{\alpha_p\} \tag{8}$$

여기서, $\{f_p\}^T = [\zeta_1{}^3, \; \zeta_2{}^3, \; \zeta_3{}^3, \; \zeta_1{}^2\zeta_2, \; \zeta_2{}^2\zeta_3, \; \zeta_3{}^2\zeta_1, \; \zeta_1{}^2\zeta_3, \; \zeta_2{}^2\zeta_1, \; \zeta_3{}^2\zeta_2, \; \zeta_1\zeta_2\zeta_3]$

$$\{\alpha_p\}^T = [\alpha_1{}', \; \alpha_2{}', \; \alpha_3{}', \; \alpha_4{}', \; \alpha_5{}', \; \alpha_6{}', \; \alpha_7{}', \; \alpha_8{}', \; \alpha_9{}']$$

다음에, 3각형 요소 3 정점의 변위와 처짐 각을 W_1, W_{x1}, W_{y1}, W_2, W_{x2}, W_{y2}, W_3, W_{x3}, W_{y3}, 중심점에서의 변위를 W_4로 하고 이것을 $\{q_p\}^T = [W_1, \; W_2, \; W_3, \; W_{x1}, \; W_{x2}, \; W_{x3}, \; W_{y1}, \; W_{y2}, \; W_{y3}, \; W_4]$로 쓰면, $\{q_p\}$와 $\{\alpha_p\}$의 사이에는 다음의 관계가 성립된다.

$$\{q_p\} = [C_p] \{\alpha_p\} \tag{9}$$

따라서 식 (8)과 식 (9)에서 W는 다음의 식으로 나타내어진다.

$$W = \{f_p\}^T [C_p]^{-1} \{q_p\} \equiv [N_p] \{q_p\} \tag{10}$$

이상에 대하여 각 요소의 임의 점에서의 변위는 식 (7) 및 (10)에 나타낸 절점변위의 관계(형상함수 $[N_r]$, $[N_p]$)

로서 나타낸다.

다음에 레일 보 요소의 퍼텐셜 에너지 $\Pi_{r^e_1}$ 및 레일지지 스프링의 퍼텐셜 에너지 $\Pi_{r^e_2}$는 다음과 같이 나타낸다.

$$\Pi_r{}^e_1 = (1/2)\int_L E_1 I_1 (d^2U/dx^2) - \int_L P_r U \ dx$$

$$\Pi_r{}^e_2 = (1/2) \{ k_{r1}(U_1 - W_1)^2 + k_{r1}(U_1 - W_1)^2 \} \tag{11}$$

여기서, L : 레일요소의 영역

       $E_1 I_1$: 레일의 휨 강성

       P_r : 레일에 작용하는 분포 하중

       k_{r1} : 요소 좌측 레일패드의 탄성

       k_{r2} : 요소 우측 레일패드의 탄성

       U_1, U_2 : 각 레일요소의 절점 1 및 2의 변위

       W_1, W_2 : 각 레일요소의 절점 1 및 2에 대응하는 슬래브의 변위

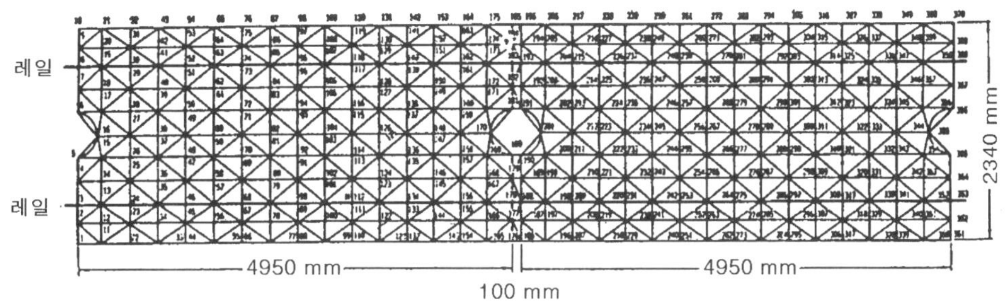

그림 XIV.7 궤도슬래브의 분할 예

궤도슬래브를 **그림 XIV.7**와 같이 분할하여 좌표를 설정한다. **그림 XIV.6**은 그 하나의 요소이며, 그 요소에 대한 최소 퍼텐셜 에너지의 함수 $\Pi_p{}^e$ 및 변형 에너지 ΠU^e는 다음의 식으로 나타낸다.

$$\Pi_p{}^e = \int_s [U^e(W) - P_s \cdot W \ ]ds + (1/2)k_p \int_s W^2 ds \tag{12}$$

$$U^e = (D/2)\int\int_s [\ (\partial^2 W / \partial x^2 + \partial^2 W / \partial y^2)^2 + 2(1-\nu)$$

$$\times \{(\partial^2 W / \partial x \partial y)^2 - (\partial^2 W / \partial x^2)(\partial^2 W / \partial y^2)\} \ ] \ dxdy \tag{13}$$

여기서, S : 슬래브 3각 요소의 영역

       P_s : 하중강도

       k_p : 궤도슬래브의 지지 스프링계수

       D : 판 강성도 $= E_2 h^3 / \{12(1-\nu^2)\}$, ($h$: 판 두께, ν : 포아슨 비)

식 (10)과 (13)을 식 (12)에 대입하면, 궤도슬래브의 퍼텐셜 에너지는 다음의 식으로 나타내어진다.

$$\Pi_p{}^e = (1/2)\ \{q_p\}^T\ [K_1 + K_2]\ \{q_p\} - \{P_p\}^T\ \{q_p\} \tag{14}$$

여기서, K_1 : 궤도슬래브의 강성 매트릭스

        K_2 : 슬래브지지 스프링의 강성 매트릭스

        $\{P_p\}^T$: 분포 하중에 의한 벡터

이상으로, 각 요소의 퍼텐셜 에너지를 절점 변위의 함수로서 나타내었다.

   다음에 슬래브궤도를 해석하기 위해서는 구조 전체의 강성 매트릭스를 만들 필요가 있다. 전체의 퍼텐셜 에너지 Π 는 각각의 Π^e를 전(全)요소에 대하여 합계를 취하여

$$\Pi = \Sigma\,\Pi^e \tag{15}$$

로 구한다. 위의 식에 퍼텐셜 에너지 최소의 원리를 적용하여 다음의 식을 얻는다.

$$\partial\,\Pi\,/\,\partial\,\{q\}\ =\ [K]\ \{q\}\ -\ \{P\}\ =\ 0 \tag{16}$$

$$\therefore\ \{q\}\ =\ [K]^{-1}\ \{P\} \tag{17}$$

여기서, $\{q\}$: 구조 전체의 변위

        $\{P\}$: 구조 전체에 작용하는 하중

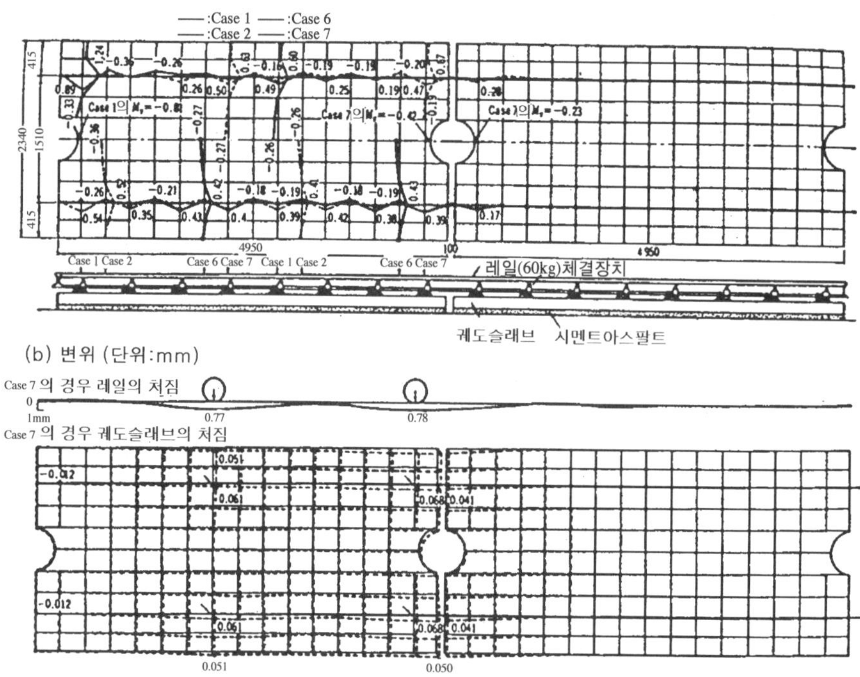

그림 XIV.8 유한 요소법에 의한 해석결과의 예

   미분 방정식은 식 (17)로 변위와 외력에 관한 연립방정식을 푸는 문제로 귀착될 수 있다. $\{q\}$가 구하여지면 슬래브의 휨 모멘트 M_x, M_y 및 비틀림 모멘트 M_{xy}를 계산할 수 있다.

$$W = \{ N_p \} \{ q \}$$
$$M_x = D \cdot (\partial^2 W / \partial x^2 + \partial^2 W / \partial y^2)$$
$$M_y = D \cdot (\nu \cdot \partial^2 W / \partial x^2 + \partial^2 W / \partial y^2) \tag{18}$$
$$M_{xy} = D \cdot (1 - \nu) \cdot \partial^2 W / \partial x \, \partial y$$

해석의 예를 **그림 XIV.8**에 나타낸다. 일본에서는 계산치와 신칸센에서의 실측치를 대비하여 변위와 응력 모두 양호하게 일치함을 확인하였다.

XIV.4 돌기부의 설계

XIV.4.1 돌기(突起, projection) 콘크리트에 작용하는 힘

(1) 보통 슬래브궤도

슬래브궤도에 작용하는 수평 힘(종 하중과 횡 하중)은 궤도슬래브와 채움 층(塡充層)의 마찰력과 돌기 콘크리트에 의하여 하부 노반으로 전달되는 구조로 되어 있다. 궤도슬래브와 채움 층의 마찰계수는 실험으로부터 적어도 0.35 이상인 것이 밝혀져 있으며, 이하와 같은 하중의 조합에 대하여 돌기에 작용하는 하중 F가 구해진다.

1) 열차하중이 없는 경우(온도하중과 궤도 횡 하중의 조합)

돌기에 작용하는 하중 F_1은 다음의 식으로 계산한다.

$$F_1 = \sqrt{(F_r + F_p)^2} - W \cdot \mu$$

여기서, F_r : 장대레일 종 하중 (1 궤도당 1 tf/m)

       F_c : 궤도 횡 하중 (좌굴에 대한 저항력으로 1 궤도당 1 tf/m)

       F_p : 궤도슬래브 온도 종 하중 ($F_p = (1/2) \cdot L \cdot \eta \cdot t \cdot k_a$)

       L : 궤도슬래브 길이

       η : 궤도슬래브의 선팽창계수 ($1 \times 10^{-5}\ ℃^{-1}$)

       t : 궤도슬래브와 고가교 슬래브의 온도차 (10 ℃)

       k_a : 돌기 주위의 CA 모르터의 스프링계수 (고무 붙임에 대하여 41 tf/cm)

       W : 궤도슬래브의 중량

       μ : 궤도슬래브와 CA 모르터의 마찰계수 (0.35)

2) 열차하중이 있는 경우

  • 온도하중, 시·제동하중 및 궤도 횡 하중의 조합

$$F_2 = \sqrt{(F_r + F_p + F_b)^2 + F_c^2} - (W \cdot \mu + n \cdot W_a \cdot \mu')$$

여기서, F_b : 시·제동하중 $= n \cdot W_a \cdot \mu'$

n : 축수(軸數)

W_a : 축중(軸重)

μ' : 레일과 차륜의 마찰계수(시동 시 0.35, 제동 시 0.2)

• 온도하중, 최대횡압 및 궤도 횡 하중의 조합

$$F_3 = \sqrt{(F_r + F_p)^2 + (F_c + Q_{max})^2} - (W \cdot \mu + n \cdot W_a \cdot \mu')$$

여기서, Q_{max} : 최대 횡압(橫壓) $= 0.8 \cdot n \cdot P$

P : 축중

이상에서 보통 슬래브궤도의 경우에는 열차하중이 없는 경우의 쪽이 크게 된다.

(2) 방진 슬래브궤도

방진 슬래브궤도의 경우에는 유연한 슬래브 매트가 있기 때문에 수평 하중이 궤도슬래브에 작용하면 전단 변형이 생긴다. 그 결과, 돌기 주변에 고무매트를 넣으며, 돌기에 수평하중이 작용한다. 여기에서는 안전을 위하여 장대레일 종 하중(F_r), 궤도 횡 하중(F_c), 궤도슬래브 온도 종 하중(F_p)이 직접 작용하고 급격한 시·제동하중 또는 최대하중이 작용하는 경우에 돌기 주변 스프링과 슬래브 매트의 전단변형 스프링의 비로 분담되는 수평하중이 돌기에 작용한다고 고려한다. **그림 XIV.9**는 시·제동하중 F_s가 작용한 경우의 정역학 (statics) 모델을 나타낸다. 그림에서는 슬래브 매트의 전단 스프링계수를 k_r로 나타낸다. 궤도슬래브 위에 차륜이 올라탄 경우에는 슬래브 매트와 CA 모르터가 맞물려 있다고 고려하여 슬래브 매트의 전단 스프링과 돌기 주변의 스프링이 병렬이라고 고려한다. 따라서 $F_s = W_a \cdot \mu'$로 되는 시·제동하중이 작용할 때에 궤도슬래브에는 $k_a \cdot W_a \cdot \mu' / (k_r + k_a)$라고 하는 분력이 작용한다. 이하에 계산 예를 나타낸다.

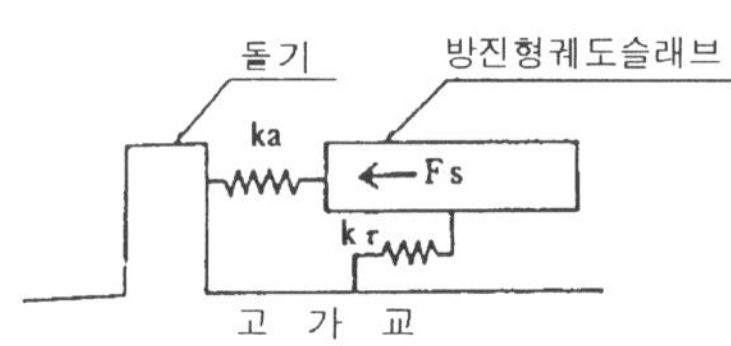

그림 XIV.9 시동하중이 작용한 경우의 정역학 모델

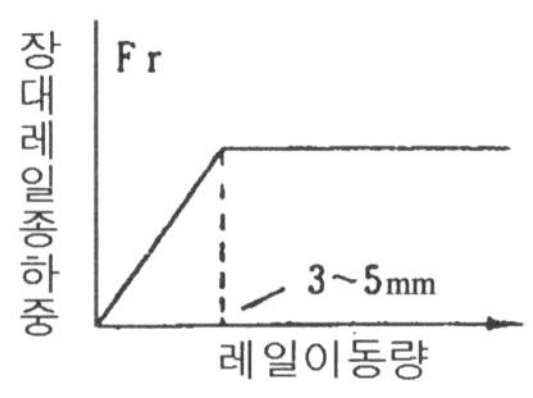

그림 XIV.10 Fr과 레일 이동량의 관계

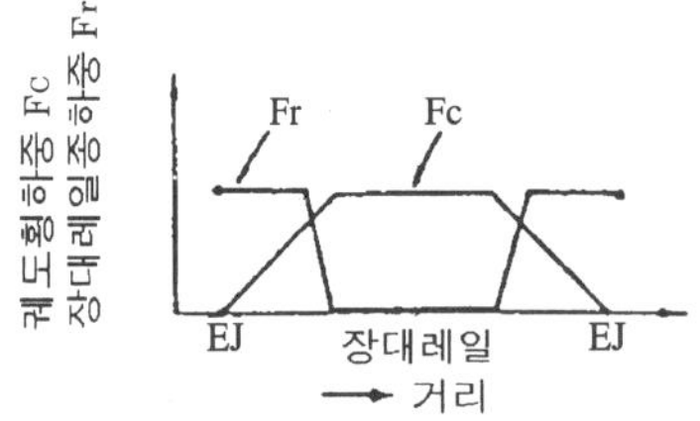

그림 XIV.11 Fr과 Fc의 관계

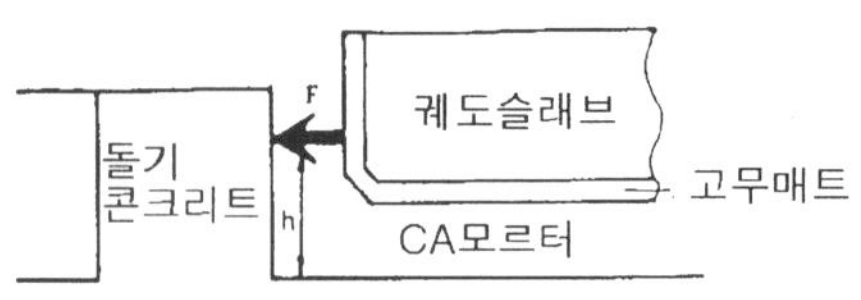

그림 XIV.12 돌기 콘크리트에 작용하는 힘

1) 열차하중이 없는 경우(온도하중과 궤도 횡 하중의 조합)

$$F_1 = \sqrt{(F_r + F_p)^2 + F_c{}^2}$$

2) 열차하중이 있는 경우

• 온도하중, 시 · 제동하중 및 궤도 횡 하중의 조합

$$F_2 = \sqrt{(F_r + F_p + F_s)^2 + F_c{}^2}$$

여기서, F_s : 시 · 제동하중 = $k_a \cdot W_a \cdot\ / (k + k_a)$

k_γ : 슬래브 매트의 전단 스프링계수 (수평방향 스프링으로 일본의 실측치는 240 tf/cm)

• 온도하중, 최대 횡압 및 궤도 횡 하중의 조합

$$F_3 = \sqrt{(F_r + F_p)^2 + \{ F_c + Q_{\max} \cdot k_a / (k_\tau + k_a) \}^2}$$

여기서, $Q_{\max}$: 최대 횡압 = $0.8 \cdot n \cdot P$

P : 축중

이상에서, 방진 슬래브궤도의 경우에는 열차하중이 있는 경우의 쪽이 크게 된다.

장대레일 종 하중 F_r은 레일 이동량과의 관계가 **그림 XIV.10**과 같이 되며, 궤도 횡 하중 F_c는 레일 축력에 비례한다고 가정하면, 2 개의 하중은 **그림 XIV.11**과 같은 분포로 되며, 실제로는 최대치의 동시성이 없다.

XIV.4.2 돌기 콘크리트의 설계

돌기는 일반적으로 원형(圓形)단면이지만, 교량이나 고가교 상의 이음부에서는 반원형(半圓形)의 단면이 이용된다. 돌기부의 설계는 내민보의 휨으로 계산하여 전단을 검토한다. **그림 XIV.12**에서 하중 점의 작용위치 h는 CA 모르터가 가장 두꺼운 경우를 고려하여 결정하고, 휨 모멘트는 $M = F \cdot h$로 구한다.

철근은 원형난변에서 D 16 - 8 개, 반원형 난변은 D 19 - 6 개를 배치하고, D 13 mm의 스터럽 철근 4 개로 보강한다.

XIV.5 채움재(塡充材)

XIV.5.1 시멘트 아스팔트 모르터(CA 모르터, cement asphalt mortar, CAM)

(1) 개발 경위

궤도슬래브와 노반 콘크리트 사이의 공극에 주입되는 채움재에는 시공시의 높이를 조정하는 것 외에 적절한 탄성이 부가되는 기능이 요구된다. 이 채움재에는 충분한 강도와 내구성, 간극으로의 전충성, 시공관리의 용이도 및 대량 시공에 적합한 저렴성 등이 요구된다. 이들의 조건을 만족하는 채움재로서 고무계 고분

자 재료는 고가이고, 간극두께에 따라 탄성이 분산된다. 시멘트 모르터는 강도와 내구성이 우수하지만, 탄성이 부족하다. 또한, 아스팔트 모르터는 가소성(可燒性), 점성 및 완충성이 우수하지만, 내구성이 뒤떨어진다. 이 때문에 시멘트와 아스팔트를 혼합하여 양자의 장점을 살린 시멘트 아스팔트 모르터가 개발되어 슬래브궤도의 표준 채움재로서 사용되고 있다. 지금까지 일본에서 개발된 CA 모르터에는 온난지용, 한냉지용, 보수용 및 염해대책용 등이 있다.

(2) CA 모르터에 요구되는 강도

CA 모르터의 압축강도는 슬래브 하면의 경우에 4 kgf/cm^2, 돌기부의 경우에 18 kgf/cm^2 이상이어야 한다.

(3) CA 모르터의 재료 및 배합

CA 모르터의 구성재료는 시멘트, 아스팔트 유제(乳劑), 골재, 각종 혼화제 등이다. 시멘트는 조기 강도를 기대하여 조강(早强) 포틀랜드 시멘트를 사용하고 있다. 아스팔트 유제는 계면 활성제(界面 活性劑)를 주제로 한 특수 유화제를 포함한 수용액(水溶液)이며, 아스팔트를 현탁액화한 것을 이용하고 있다. 이것을 A유제(乳劑)라 부르고 있으며, 비중은 1.07 ± 0.005 (20 ℃), 단위용적 중량은 1.3 kgf/l(**표 XIV.2**)이다. 잔골재는 2.5 mm 체를 95 % 이상 통과하는 모래이고, 조립률은 1.4~2.2의 것이 좋다. 혼화제 CAA는 CA 모르터의 재료분리를 막고, 유동성을 향상시키기 위하여 사용하며, 광물을 주체로 하여 미량의 고분자계 분산제와 무기염류를 함유하고 있다. 알루미늄 분말은 팽창제로서 이용한다. 각종 CA 모르터의 표준 배합을 **표 XIV.3**에 나타낸다.

(4) CA 모르터의 품질

아스팔트 A유제와 시멘트를 혼합하면 반응이 시작되어 유동성을 잃는다. CA 모르터의 전충 가능한 시간은 30 분 이상인 쪽이 시공이 용이하다. CA 모르터의 유동성은 J로드를 이용하여 유동시간(후로 타임이라 한다)으로 평가하며, 일반적으로는 16~26 초가 적당하다. 16 초 미만에서는 재료분리의 가능성이 있으며, 26 초를 넘으면 주입성이 나쁘다. 아직 굳지 않은 CA 모르터의 팽창률은 1~3 %가 적당하다. 알루미늄 분말의 혼합 량이 많으면 정정된 궤도슬래브를 들어올리며, 혼합시기가 빠르면 발포(發泡) 반응이 빨리 끝나 팽창재로서의 기능을 하지 않게 될 우려가 있다.

또한, 블리이딩(아직 굳지 않은 모르터 등에서 물이 상승하는 것)은 0 %로 하고 있다. 이것은 블리이딩이 있으면 재료분리로 인하여 불균질한 CA 모르터 층으로 되기 때문이다. 이와 같이 CA 모르터에 대하여는 소정의 품질을 확보하기 위하여 각종 품질관리 시험(**표 XIV.4**)을 하고 있다.

XIV.5.2 합성수지(合成樹脂)

합성수지는 CA 모르터에 비하여 품질관리가 용이하고, 시공설비가 소규모이며, 좁은 장소에서도 주입이 가능하고, 경화시간이 짧으며, 강도가 크고, 내구성이 우수한 점 등의 장점을 갖고 있지만, 고가이다. 이 때문에 슬래브궤도에의 적용에 대하여는 특수한 용도로 한정되고 있다.

사각도 85 ° 미만의 사각(斜角) 슬래브에서는 채움 층에 일반 슬래브보다 큰 힘이 작용하므로 보통 슬래브, 방진 슬래브 모두 강도가 큰 합성수지를 사용한다(**표 XIV.5**). 합성수지 채움재는 폴리우레탄계 또는 에폭시 합성

표 XIV.2 A유제의 규격

시험항목		규격	비고
입자의 전하(電荷) 앵글라 도(25 ℃) 체 잔류율(1,190) 저장(貯藏) 안정도(5일) % 저온(低溫) 안정도(-5 ℃) 시멘트 혼합시험		규정 않음 5∼15 0.3 이하 5 이하 합격 합격	
잔류물	잔류물 % 침입도 (20 ℃) 신장도(15 ℃) cm 4염화 탄소 가용분	58∼63 60∼120 100 이상 90 이상	

표 XIV.3 CA 모르터의 표준 배합 (모르터 1 m³당, 단위 : kg)

적용 구분	조강 시멘트	혼화재	아스팔트 A유제	잔골재	물	알루미늄 분말	소포제 (消泡劑)	AE제
온난지용	250	44	470	590	125 이하	40	–	–
한냉지용 및 돌기부	255	45	480	600	105 이하	40	0.15	7.5

표 XIV.4 한냉지용 CA 모르터의 품질 및 품질관리

항목	단위	범위	시험 방법	측정 시간
CAM의 온도 유하 시간 공기량	℃ 초 %	5∼30 18∼26 9∼16	알콜 봉상 온도계 J 로드법 1,150 cc 3각 플라스크	주입 직전 비비기 배치마다
블리이딩률 팽창률	% %	0 1∼3	폴리에칠렌 자루 용적법 250 cc 메스실린더 · 노기스	1일 1회 샘플링 후 0.24 hr
압축강도	kgf/cm²	재령 1일 = 1 이상 재령 7일 = 7 이상 재령 28일 = 18 이상	Ø 5 5 cm 재하 속도 = 0.5∼1 mm/min	1일 1회 재령 1, 7, 28일

표 XIV.5 사각 슬래브에 사용하는 합성수지

슬래브 종별	합성수지	스프링정수	채움 층 두께	비고
보통 슬래브	폴리우레탄계 또는 에폭시	10 tf/cm	25 ± 10 mm	
방진 슬래브		2.4 tf/cm		슬래브매트는 사용 않음

수지를 사용한다. 또한, 시공 상 생긴 간격이 좁은 돌기 콘크리트 주위에는 합성수지를 주입한다.

슬래브 매트를 사용하여야 할 개소이지만, 매트를 삽입하면, 틈이 5 mm 이하로 되는 경우에는 슬래브 매트를

사용하지 않고 수지를 전충하며, 이 경우에 스프링정수의 기준치는 4.3 tf/cm로 한다. 수지의 스프링정수는 돌기 주위에 슬래브 매트를 사용하지 않는 경우에 10 tf/cm를 기준치로 한다.

XIV.6 슬래브궤도와 구조물

슬래브궤도는 기본적으로 침하가 작고 보수를 요하지 않는 것을 상정하고 있는 점에서 구조물에 대하여 몇 개의 조건이 부가되고 있다. 즉, 교각 등의 침하에 따라 고가교 등의 이음부분에 연직방향과 수평방향의 각 꺾임{bent, 여기서는 구조물 등이 어느 지점에서 절곡되는 현상을 각 꺾임이라 부르고, 이 각 꺾임의 크기를 꺾임 각(bent angle)이라 부르기로 한다} 혹은 이음부분에 단차{상기와 같은 모양으로 구조물 등의 이음부에서 단차(step between structure)가 생기는 현상}가 생기면, 이것이 궤도의 변상(變狀)을 초래한다. 이것에 대하여 주행안전 혹은 승차감 등, 차량의 주행특성으로부터의 입장에서와 궤도강도 혹은 보수상의 견지에서 이것을 허용치 이하로 유지하는 입장에서 구조물의 허용 변위 량을 정하고 있다.

경부고속철도의 경우에 교량의 설계기준을 보면, 상부구조의 동적해석에서 구조상 필요조건은 교량바닥 진동 가속도가 0.35 g 이하, 지점부에서의 회전각이 0.5×10^{-3} rad 이하이어야 하며, 횡 방향의 비틀림 한도는 0.4 mm/3 m이다. 승차감을 위한 필요조건은 최대 처짐 량의 제한이 1/1,700 (단순보 기준)이며, 단순보가 연속하여 설치되는 경우에 차량의 수직 진동가속도 한도가 0.05 g이다. 이에 대하여 차량의 파라미터를 차체중량 25,576 kgf, 2차 스프링계수 2,550 kgf/cm, 2차 댐핑 계수 40.76 kgf · s/cm(TGV)로 하고, 승차감의 한도를 0.05 g로 하여 거더 단부 회전각을 계산하여 보면, 열차속도가 310 km/h일 때 0.4×10^{-3} rad, 350 km/h일 때 0.3×10^{-3} rad으로 되며, 승차감 한도를 동일하게 하고 차량의 파라미터를 각각 26,791 kgf, 1,766 kgf/cm, 45 kgf · s/cm(ICE)로 하여 계산하면, 각각 0.5×10^{-3} rad, 0.4×10^{-3} rad으로 된다. 또한, 전자의 차량 파라미터에 대하여 승차감 한도를 일본의 0.20 g로 하여 계산하면 각각 1.5×10^{-3} rad, 1.3×10^{-3} rad으로 된다. 이하에서는 일본 슬래브궤도의 경우를 예로 들어 설명한다.

XIV.6.1 차량의 주행안전 및 승차감에 의거하여 정하는 꺾임 각 한도

선로 구조물(railway structure)의 꺾임 각 한도를 **그림 XIV.13**에 나타낸 차량 모델을 이용하여 구한 결과를 **표 XIV.6**에 나타낸다. 여기서, 구조물 변형의 형상은 **그림 XIV.14**에 나타낸 평행 이동(parallel displacement)과 접힘(dent)의 2 형상에 대하여 고려하고 있다. 차량의 특성 값에 대하여는 고유 진동주기 = 1.0초, 진동 감쇠 비(반주기 당) = 0.6, 차체중량/전 중량 = 2/3, 스프링 하 중량(1 대차 당) = 6 tf, 윤하중 8 tf을 이용하였다. 또한, 차량의 주행특성 치에 관한 한도 치에 대하여 종래의 경험에서 다음의 값을 취하였다.

– 승차감 : 차체 상하 진동(편 진폭) 0.20 g
　　　　　　차체 좌우 진동(편 진폭) 0.16 g

– 주행안전 :

	윤하중 변동	횡압
A한도 (Q/P = 0.8에 상당)	28 %	4.8 tf

B한도 (*Q/P* = 1.2에 상당) 37.5 % 6.4 tf

C한도 (*Q/P* = 1.2로 상하, 좌우 공존하지 않음) 67 % 7.8 tf

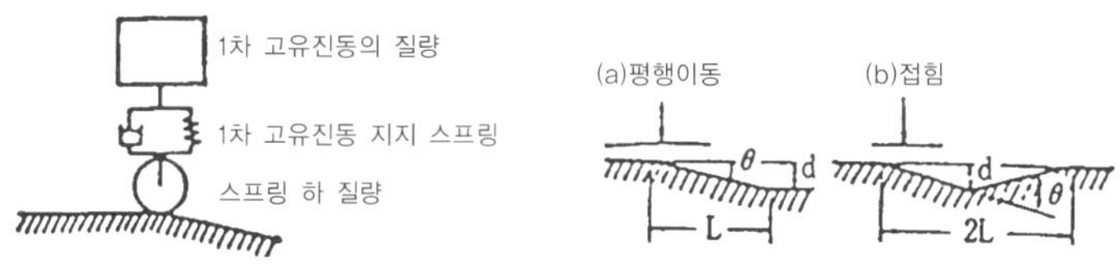

그림 XIV.13 차량의 모델   그림 XIV.14 구조물의 변형 모델

표 XIV.6 주행안전, 승차감으로부터 정한 꺾임 각 한도의 예 [θ : ‰]

(1) 평행 이동의 경우   (*V*) : 열차 속도, *L* : 교량 길이

구분	방향별 *V* [km/h]	상하방향				좌우방향			
		120	160	200	250	120	160	200	250
승차감 한도	30 m 〉 *L*	7	5	4.5	4	3.5	3	2.5	2
	30 m ≦ *L*	9	6	4	3.5	5	3	2	2
주행안전 한도 A	30 m 〉 *L*	9.5	7.5	5.5	3.5	5	4	3.5	3
	30 m ≦ *L*	13	6.5	4.5	3	7	4.5	3	2.5
주행안전 한도 B	30 m 〉 *L*	13	10	7.5	5	7	5	4.5	4
	30 m ≦ *L*	17	9	6	4	9	6	4	3.5
주행안전 한도 C	30 m 〉 *L*	23	18	13	9	8.5	6.5	5.5	5
	30 m ≦ *L*	30	16	11	7.5	11	7.5	5	4

(2) 접힘의 경우

구분	방향별 *V* [km/h]	상하방향				좌우방향			
		120	160	200	250	120	160	200	250
승차감 한도	30 m 〉 *L*	6.5	6.5	5.5	5	4.5	3.5	3	2.5
	30 m ≦ *L*	10	7	5	4	5.5	4	2.5	2
주행안전 한도 A	30 m 〉 *L*	12	8.5	6.5	4.5	6.5	5	4	3.5
	30 m ≦ *L*	14	7.5	5	3.5	7.5	6	4	2.5
주행안전 한도 B	30 m 〉 *L*	16	12	8.5	6	8.5	6.5	5.5	4.5
	30 m ≦ *L*	18	10	7.5	4.5	10	7	5	3.5
주행안전 한도 C	30 m 〉 *L*	28	21	15	10	10	8	6.5	5.5
	30 m ≦ *L*	33	18	12	8	12	9.5	6.5	4.5

　주행안전 한도치의 관계를 도시한 것이 **그림 XIV.15**이다. 여기서 A한도는 꺾임 각으로 인한 윤하중변동과 횡압의 저대치가 공존하는 것을 고려하고 있으며 주행안전상 통상적으로 이 값 이하를 목표로 하여야 하는 값이다. B한도는 같은 모양의 조건으로 고려하고 있으며, 주행안전상 주의한도에 상당한다. C한도는 꺾임 각으로

인한 윤하중 변동과 횡압의 저대치가 공존하지 않는 것으로 하여 각각의 한도를 구한 것이며, 독립한도로도 칭하여야 하는 것이다.

선로구조물의 설계 시에는 차량주행 상에서 정해지는 통상의 한도로서는 승차감의 한도와 주행안전 A한도를, 지진 등 특별한 경우에 대하여는 예상되는 변형의 형태도 고려하여 C한도를 사용하는 것이 적당하다고 생각된다. 주행안전에 대하여는 원칙적으로 이상의 값에 의거하지만, 종래의 경험을 정리한 식에 의거하여 차체 가속도에도 이것에 상당하는 일정한 한도를 두었다.

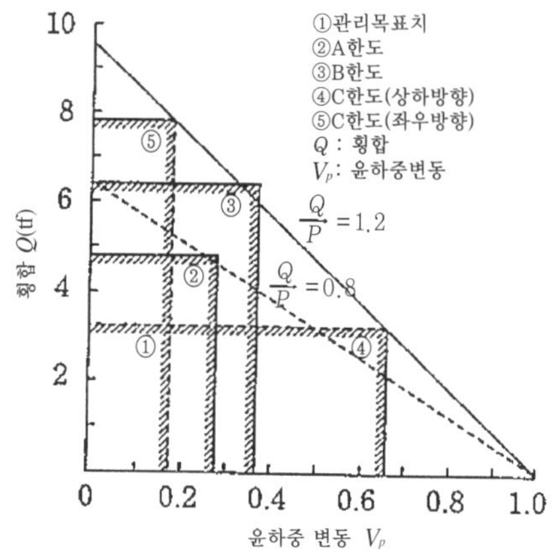

그림 XIV.15 주행안전을 고려한 윤하중 변동과 횡압한도

XIV.6.2 궤도의 강도에 의거하여 정하는 궤도의 변형(track deformation) 한도

고가교의 접속부분에 대하여는 연직이나 수평방향의 각 꺾임, 단차가 생기면 레일에 큰 휨 응력이 발생됨과 함께 레일체결장치에 반력이 발생된다. 그 결과, 레일이나 레일체결장치에 강도상의 문제가 생김과 함께 레일압력의 저하로 인하여 레일패드가 이동하는 등, 보수상의 문제가 생길 가능성이 있다. 그 때문에 상기의 입장에서 구조물의 허용 변형 량에 대하여 이하의 검토를 한다.

각 꺾임부 및 단차부에서는 각각 **그림 XIV.16**과 **그림 XIV.17**에 나타낸 슬래브궤도의 모델을 이용한다. 궤도 강도 상 혹은 보수상의 한도에는 다음의 3 단계가 고려되고 있다.

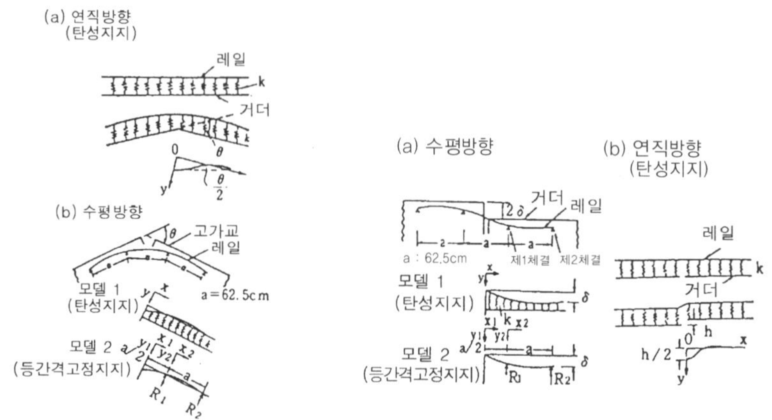

그림 XIV.16 각 꺾임부의 역학 모델   그림 XIV.17 단차의 역학 모델

제1 한도 : 작용 하중과 소요 강도에서 보아 특히 문제가 없는 값

제2 한도 : 주의를 요하는 값

제3 한도 : 허용되지 않는 값

이들에 상당하는 한도치는 레일응력 σ, 레일변위 y, 제1, 2, 3 레일체결장치 각각의 레일압력 P_1, P_2, P_3, 같은 모양으로 레일 횡압력 R_1, R_2, R_3에 대하여 별도로 정하여져 있다. 이 가운데 레일압력(rail pressure)에 대하여는 통상의 레일응력 한도치 및 장대레일 온도하중과 열차하중에 의한 응력부담을 고려하여 결정한 것이며, 레일변위와 레일압력에 대하여는 레일압력의 감소가 레일체결장치의 초기 체결력을 상회함에 따른 레일패드의 이동을 최소한으로 멈추도록 고려하여 정한 것이다. 또한, 레일 횡압력은 레일체결장치의 설계하중을 고려하여 결정하고 있다. 이상의 조건에 따라 각 한도에 대한 각 꺾임, 단차의 한도를 구한 것이 **표 XIV.7**이다.

표 XIV.7 궤도의 강도에 의거하여 정하는 각 꺾임, 단차의 한도의 예 (상하의 탄성지지 : 60 tf/cm)

항목	방향	지지	종류	조건	60kg 연직 꺾임 탄성 (‰)	60kg 연직 단차 탄성 (mm)	60kg 수평 꺾임 탄성 (‰)	60kg 수평 꺾임 고정 (‰)	60kg 수평 단차 탄성 (mm)	60kg 수평 단차 고정 (mm)	50N 연직 꺾임 탄성 (‰)	50N 연직 단차 탄성 (mm)	50N 수평 꺾임 탄성 (‰)	50N 수평 꺾임 고정 (‰)	50N 수평 단차 탄성 (mm)	50N 수평 단차 고정 (mm)
레일응력				(1) σ = 5 kgf/mm²	4.4	5	4	3	3.7	1.5	4.3	4.3	4	3.5	3.5	1.6
				(2) σ = 10 kgf/mm²	8.8	10	8	6	7.5	2.1	8.5	8.6	8	7.0	6.9	2.2
				(3) σ = 15 kgf/mm²	13.2	15	15	9	11	2.6	13	12.9	12	11	10	2.8
레일압력 및 지점반력	연직방향	탄성지지	꺾임	(1) y_0 = 0.5 mm	2.8						3.1					
				(2) P_2 = 600 kgf	3.3						4.3					
				(3) P_3 = 600 kgf	3.5						4.9					
			단차	(1) y_0 = 0.5 mm		1.0						1.0				
				(2) P_2 or P_3 = 600 kgf		2.2						3.2				
				(3) P_2 or P_3 = 600 kgf		3.4						4.6				
	수평방향	탄성지지	꺾임	(1) R_1 = 800 kgf			9						12			
				(2) R_1 = 1,600 kgf			16						24			
				(3) R_1 = 3,200 kgf			36						48			
			단차	(1) R_1 = 800 kgf					1.5						1.6	
				(2) R_1 = 1,600 kgf					2.9						3.3	
				(3) R_1 = 3,200 kgf					5.9						6.7	
		등간격고정지지	꺾임	(1) R_1 = 1,600 kgf				5.8						9.3		
				(2) R_1 = 3,200 kgf				12						19		
				(3) R_1 = 6,400 kgf				23						37		
			단차	(1) R_1 = 1,600 kgf						1.4						1.7
				(2) R_1 = 3,200 kgf						1.9						2.4
				(3) R_1 = 6,400 kgf						2.7						3.8

XIV.6.3 축상 가속도(acceleration of axial box)에 의거하여 정하는 단차 한도

상기 제 XIV.6.1항의 윤하중 변동과 횡압의 각 한도 및 차량의 스프링 하 질량으로부터 윤축 가속도가 정하여지지만, 윤축이 **그림 XIV.17**에 나타낸 궤도의 단차를 통과할 때의 축상(軸床) 가속도로부터 상기의 한도 치에 대한 단차의 한도 치는 **표 XIV.8**과 같이 된다.

표 XIV.8 축상 가속도로부터 정하여지는 단차의 한도의 예 (60kg 레일)

항목			연직		수평	
			각 꺾임	단차	단차	
			탄성		탄성	고정
			‰	mm	‰	mm
V = 250 km/h	A한도	연직(1.49 g) 수평(1.60 g)	4.3	5.0	3.7	1.5
	B한도	연직(2.00 g) 수평(2.13 g)	5.8	6.5	4.9	1.7
V = 200 km/h	A한도	연직(1.49 g) 수평(1.60 g)	7.0	7.8	5.8	1.8
	B한도	연직(2.00 g) 수평(2.13 g)	9.3	10.2	7.6	2.1
V = 150 km/h	A한도	연직(1.49 g) 수평(1.60 g)	12.3	13.7	10.2	2.5
	B한도	연직(2.00 g) 수평(2.13 g)	16.0	18.0	13.4	2.9

XIV.6.4 슬래브궤도의 보수 한도

제 XIV.6.1~ XIV.6.3항에 기술한 차량 주행특성의 입장과 궤도강도 혹은 보수상의 견지에서 슬래브궤도의 보수한도를 정리하면, **표 XIV.9**와 같이 된다. 이 표는 열차속도 250 km/h, 60 kg/m 레일을 상정한 것이며, 궤도강도에 대하여는 제1 한도를, 차량주행 특성에 대하여는 승차감 또는 주행 안정성 중에서 엄한 쪽의 값을 취하고 있다.

표 XIV.9 슬래브궤도의 보수 한도의 예 (60kg 레일)

항목		연직				수평			
		각 꺾임[‰]	단차 [mm]			각 꺾임[‰]		단차 [mm]	
		탄성	탄성	고정		탄성	고정	탄성	고정
궤도강도	레일응력	4.5	5	4	3	4		1.5	
	레일압력	3	1	9	6	1.5		1.5	
차량주행	승차감 또는 A한도	3	5	2	2	4		1.5	
	B한도	14	6.5	3.5	3.5	5		2	

XIV.6.5 구조물의 변위에 대한 규제

이상은 슬래브궤도의 기능을 유지하기 위한 관리목표치를 나타낸 것이다. 구조물을 설계할 경우의 변위(變位,

displacement) 규제에 대하여는 일반적으로 구조물을 건조하기 위한 경비가 궤도의 것과 비교하여 크므로 너무 엄한 규제를 제정하는 것이 득책은 아니지만, 슬래브궤도를 채용하여 보다 장기에 걸쳐 안정된 생력화 기능을 확보하기 위해서는 어느 정도 부득이 하다. 그 때문에, 기본적으로는 상기의 한도 치에 기초하여 **표 XIV.10**을 구조물의 변위 규제에 대한 일반의 설계 목표치로 하고 있다.

표 XIV.10 구조물의 허용 부등 변위 목표차(일반)의 예

변위의 방향	열차속도 (km/h)	단차 (mm)	꺾임 (θ) (1/1,000)			
			평행이동		접힘	
			$l < 30\,m$	$l < 30\,m$	$l < 30\,m$	$30\,m \leqq l$
연직	70	2	9	9	9	9
	110		7.5	9	9	9
	160		5	6	6.5	7
	210		4.5	4	5.5	4.5
	260		3.5	3	4	3
수평	70	2	6	6	6	6
	110		4	5.5	5	6
	160		3	3	3.5	4
	210		2.5	2	3	2.5
	260	1.5	2	1.5	2.5	2

XV. 콘크리트궤도 구조계산의 예

XV.1 일반사항

XV.1.1 개론

경부고속철도 2단계 구간(대구~부산 간)의 궤도구조는 독일에서 개발된 Rheda 2000 콘크리트궤도로 설계되었으며, 궤도구조의 기준은 독일철도(DB Network AG)에서 적용하는 "콘크리트궤도의 건설요건"과 Rheda 2000 궤도시스템 개발사의 제안사항 및 한국철도시설공단의 레일체결장치 성능시방서가 적용되었다. 이 장에서는 이의 구조검토에 관한사항을 개설한다.

콘크리트궤도를 설계할 때에 선행되어야 할 사항은 이러한 궤도구조의 채용에 따른 타 분야와의 인터페이스 조정이며, 궤도시설의 측면에서는 교량 위의 장대레일 콘크리트궤도에 대하여 교량과 궤도간의 상호작용 등을 검토하여 궤도의 안전성과 사용성을 기술적으로 해결하여야 한다. 이와 관련하여 검토하여야 하는 기술사항은 아래와 같다.

- 교량 위 콘크리트궤도의 장대레일을 해석하여 장대레일의 과대 축력개소($\geq$92 N/mm^2)에 대해 축력의 분산과 저감
- 교량의 전 구간에 걸쳐 교각, 교대 지점상부의 장대레일에서 발생되는 상향력을 레일체결장치의 허용 상향력 범위 이내로 수용
- 동절기의 레일파단을 가정할 경우에 이를 최소화할 수 있는 기술적인 방안과 대기온도의 변화에 따라 발생되는 상판의 신축량이 궤도구조(장대레일과 레일체결장치 등)에 미치는 영향에 대하여 사용성의 측면에서 검토

콘크리트궤도는 자갈궤도와는 다르게 도상 횡 저항력이 크므로 자갈궤도에서 발생될 수 있는 레일의 좌굴현상에 대해 안전한 반면에, 특히 교량구간에서는 도상콘크리트와 하부지지체인 교량상판이 강결되어 있으므로 온도변화에 따른 구조물의 신축력이 장대레일에 부가하여 작용하게 된다. 그러므로 콘크리트궤도를 교량 위에 부설하는 경우에는 레일의 좌굴보다는 파단에 유의하여야 한다. 이와 관련하여 다음과 같은 사항이 조사되었다.

- 대구 ~ 부산 간의 연평균 기온 : 14.4 ℃(기상청 자료)

- 레일온도 변화의 범위 : −20 ℃~60 ℃
- 대구 부산 간 교량구조물의 중위온도 : 11~18 ℃

교량 위의 콘크리트궤도에서 궤도~교량구조물간 상호작용의 영향을 줄이고 레일파단 시의 벌어짐(開口) 량을 최소화하기 위해서는 적정한 레일체결장치를 사용함과 함께 장대레일 부설 시에 레일과 교량간의 온도차를 줄이는 것이 효과적이며, 이는 시공성의 측면에서도 유리하다. 그러므로 교량 위에서는 구조물의 온도범위를 감안하여 장대레일의 설정온도 범위를 20±3 ℃로 변경하여 적용(자갈궤도의 경우는 25±3 ℃)하였다.

XV.1.2 콘크리트궤도 구조의 기준

(1) 선로(일반 본선과 분기기 포함) 부설조건

- 콘크리트궤도의 궤도강성(탄성)이 적정하고 충분하여야 한다. 예를 들어, 침목간격 650 mm, UIC60 레일(I = 3,055×10⁴ mm⁴, E = 21×10⁴ N/mm²)에 대하여 정적(靜的) 궤도강성(Static track rigidity)을 시산한 결과, 레일체결장치의 지지점 강성이 26.2, 45.4 kN/mm일 경우에 정적 궤도강성은 각각 72, 109 kN/mm이다(참

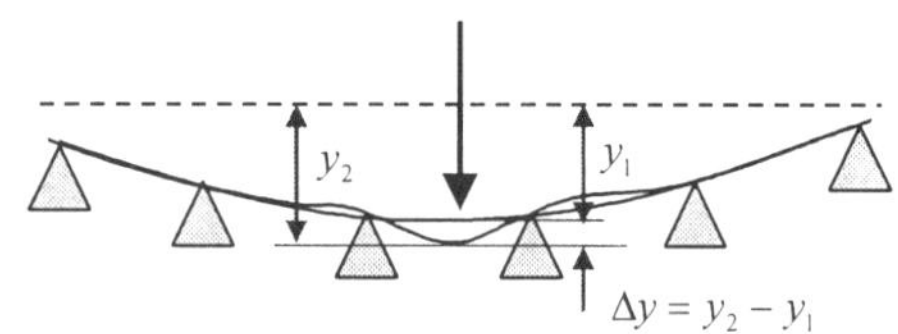

그림 XV.1 레일의 2차 처짐(Δy)

고적으로, 침목간격이 600 mm인 자갈궤도의 정적 궤도강성 127 kN/mm).
- 침목지지간격 : ≤ 65 cm. 침목간격이 이보다 큰 경우에는 레일의 2차 처짐(**그림 XV.1** 참조)의 영향을 고려하고 레일의 허용응력을 검토하여야 한다.
- 궤간 : 1,435±2 mm
- 정격 구성부품의 사용 : 콘크리트궤도에서 레일체결장치 등의 구성부품은 원칙적으로 정격부품만을 사용하여 그 성능을 보장하여야 한다. 또한, 수직과 수평조정 부품의 사용은 예외적인 경우만으로 제한된다.

(2) 레일의 체결

레일의 체결은 일반적으로 각 지지점(support point)의 지지로 이루어지며, 레일지지는 다음의 사항들이 준수되도록 선택한다.
- 레일좌면의 기울기; 1 : 20 (± 10 %)
- 종 저항력(slip resistance)
    - 일반적으로 ≥ 7 kN/m/레일 (공단 성능시방조건 ≥ 9 kN/체결/레일)
    - 교량 위의 콘크리트궤도에서 ≤ 14 kN/m/레일
    - 레일신축이음매(expansion joint)가 설치된 교량에서는 별도의 기능검토가 필요
- 절연저항 : ≥ 3 Ω · km(예를 들어, 침목간격이 0.6 m인 경우에 ≥ 5 kΩ /침목)
- 교량에서의 상향력(lifting force) : 교량의 지점(support point)에서 일어날 수 있는 상향력은 별도로 검토한다.
- 레일체결장치에 대한 일반적인 구조적 필요조건
    - 레일체결장치는 제작 허용오차 이내이고 탄성의 조건(탄성계수 기준치 20~50 kN/mm)을 보장하여야

한다.
- 수평과 수직방향의 조정이 가능하여야 한다.
- 분기기구간에서도 일반 본선구간과 동일한 지지점의 강성이 확보되어야 하며, 궤도의 저항모멘트 변화
  에도 동일한 침하가 일어날 수 있도록 지지점의 강성이 조정되어야 한다.

(3) 도상콘크리트 층(TCL, track concrete layer)

• 콘크리트 강도 및 철근보강
  - 콘크리트 강도 : 실린더 압축강도 f_{ck} = 30.0 MPa, 입방체 압축강도 f_{ck} = 35 MPa
  - 철근비 : 토공구간은 도상콘크리트 단면적의 0.8~0.9 %, 터널구간은 토공구간의 약 50 %, 교량구간은
    별도의 구조계산에 의함
• 균열 폭의 한계치 : ≤ 0.5 mm (상면에서의 자유균열)
  - 침목을 사용한 경우는 자유균열 형성
  - 직결식은 제어된 균열형성

(4) 수경안정화 기층(HSB, Hydraulically Stabilized Base)

• HSB는 흙 노반(강화노반) 위의 콘크리트 층(두께 : 300 mm)으로 구성된다.
• HSB의 콘크리트 강도는 f_{ck} = 12 MPa (실린더 압축강도) 또는 f_{ck} = 15 MPa (입방체 압축강도) 이상으로
  하며, 소요 폭, 허용오차 등은 별도의 기준으로 정한다.
• 교량 위에는 HSB 대신에 별도의 보호콘크리트 층(PCL, protection concrete layer)을 설치(콘크리트 강
  도 : 30 MPa)한다.

(5) 해석에 적용하는 활하중

콘크리트궤도의 해석에서는 레일체결장치의 상향력을 해석하기 위한 레일체결장치 간격에 따른 윤하중의 검토
(새 XV.8.5(6)항)를 제외하고 HL-25(**그림 XV.2**)를 적용한다.

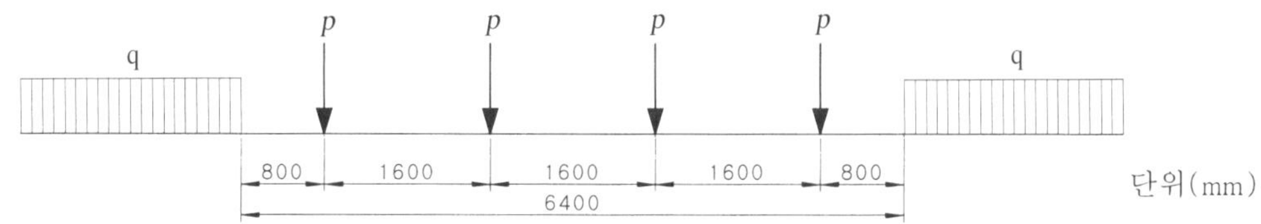

P = 250 kN(차축하중), q = 80 kN/m(등분포하중)

그림 XV.2 고속열차의 표준 열차하중(HL-25)

(6) 시공기면의 조건

콘크리트궤도용 노반의 인계인수 시에 각 구조물별 시공기면의 허용오차는 **표 XV.1**과 같다.

표 XV.1 콘크리트궤도 시공기면의 허용오차

구간	구분	인계인수 기준	비고
토공구간 강화노반	두께	60 cm 이상(동결심도 이상)	동상방지층
	고저	- 20 mm ~ +20 mm	
	편평도	15 mm 미만/4 m	
	연변 횡단 기울기	3±1 %	
교량 상판슬래브	고저	- 20 mm ~ +20 mm	
	횡단 기울기	2±1 %	
터널구간 레벨 층	고저	- 15 mm ~ +5 mm	
	편평도	15 mm 미만/4 m	
	횡단 기울기	레벨±1 %	

XV.2 토공구간과 터널구간 궤도구조의 검토

XV.2.1 토공 위와 터널 내 콘크리트궤도의 요건

(1) 토공구간의 요건

- 콘크리트궤도의 장기적인 내구성(예상수명 60년 이상)이 확보되도록 노반시설(흙 쌓기, 땅깎기)과 부대시설(배수시설 등)을 견고하게 구축하여야 한다.
- 콘크리트궤도를 토공 위에 부설하는 경우에는 콘크리트궤도의 부설요건이 충족될 수 있도록 노반을 계획하여야 하며, 상호간의 인터페이스 등을 사전에 협의하여야 한다.
- 토공구간의 노반은 축조 후에 나타날 수 있는 자연 침하(압밀 또는 원 지반 침하)의 영향을 최대한 수용하기 위하여 노반축조 후 궤도부설 전까지 소정의 방치기간(최소 6개월)을 확보하여야 한다.
- 개통 후 열차운행 중에 일어날 수 있는 노반의 허용 부등침하량은 ≤ 15 mm이며, 궤도(레일체결장치)에서 이를 정정할 수 있어야 한다.
- 노반공사 완료 후(요구되는 방치기간과 노반이력 포함)에 노반과 궤도공사 주체는 정해진 절차에 따라 현장을 인계인수하여 콘크리트궤도 부설요건을 상호 파악하고 확인하여야 한다.
- 노반(현장)의 인계인수전에 노반침하가 빠르게 진행되고 있음이 확인되거나 추가로 예측되는 경우에 노반시공주체는 지반(지질) 전문가의 자문 등을 거쳐 이에 대한 대책을 수립하여 시행한 후에 현장을 인도하여야 한다.
- 콘크리트궤도 부설의 전제조건으로 노반의 배수시설을 설치(복선의 경우에 중앙배수 포함)하여야 한다. 다만, 적절한 조치를 통해 궤도상부에서 원활한 배수가 이루어진다면 중앙배수시설을 생략할 수 있다.

(2) 터널구간의 요건

- 터널 내는 토공 위와 비교하여 안정된 노반구조, 대기온도 영향의 감소 등과 같은 효과 때문에 콘크리트궤

도의 부설에 대해 특별한 제약이 없이 유리한 조건이 제공된다.

- 터널구간에서도 외부 유입수 또는 터널내부에서 생성될 수 있는 물(물청소 등의 시행 시)은 반드시 별도의 배수로로 유도하여 처리하여야 하며, 노반공사가 완료된 후에는 어떠한 경우에도 노반표면이 물의 유도로로 이용되어서는 안 된다.

XV.2.2 해석의 일반사항

Rheda 2000 궤도시스템은 기본적으로 격자철근 침목과 연속 타설한 콘크리트도상 층(TCL)으로 이루어져있다. 바이블록(Bi-block) 침목과 TCL이 완전히 결합된 형태이며, 침목의 역할은 궤간을 유지시키고 궤도의 부설을 용이하게 하는 것이다. 콘크리트궤도의 설계방법은 Munich 대학교의 Eisenmann 교수와 Leykauf 교수가 제안한 설계개념(제XIII.2절 참조)을 기본으로 한다. 이 방법은 독일철도(DB, German railway)가 오랜 기간에 걸쳐 입증하였으며, 독일연방철도청(German Federal Office for Railway Transport)이 승인하였다. 토공구간과 터널구간의 일반적인 콘크리트궤도 설계절차는 **그림 XV.3**과 같다(이 그림과 제XII 장의 HBL층 및 제XIII 장의 HGT층은 모두 이 장의 HSB와 같은 층이다).

토공 위 콘크리트궤도 시스템의 하부구조는 기본적으로 TCL과 수경안정화 기층(HSB)으로 구성되며, 이들의 공칭두께는 각각 240 mm와 300 mm(선택된 레일체결장치에 따라 증감)를 기본으로 한다**(그림 XV.4.a)**. 이때 TCL 내에 배치하는 철근은 침목의 격자철근(lattice girder) 위에 위치시키는 것을 기본으로 한다.

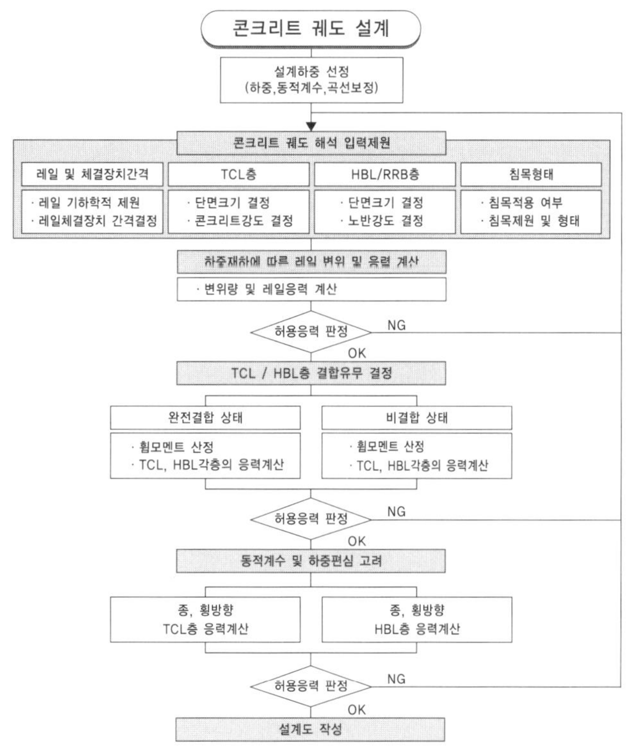

그림 XV.3 일반적인 콘크리트궤도의 설계절차

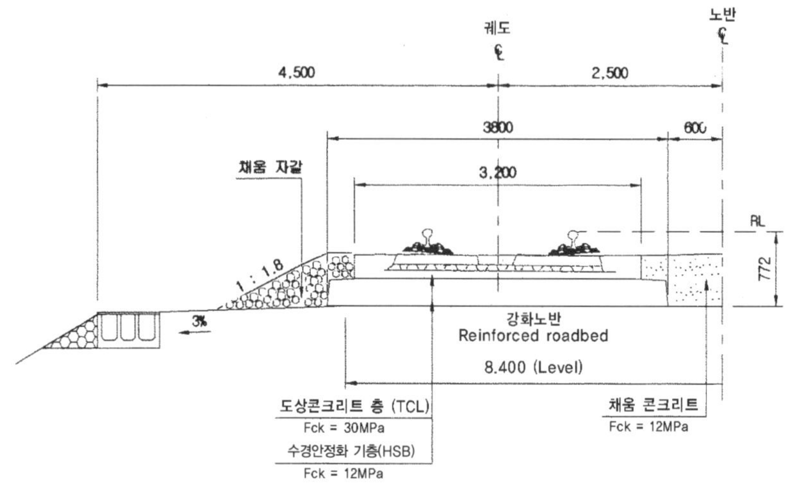

- 수경안정화 기층(HSB) : 강도 12 MPa, 폭 3.8 m, 높이 284 mm
- 도상콘크리트 층(TCL) : 강도 30 MPa, 폭 3.2 m, 높이 240 mm
- 종철근량 : 0.8~0.9 %(콘크리트 단위 면적당)
- 궤도높이(R.L~E.L) : 772 mm
- 중앙부 채움 콘크리트 : 강도 12 MPa

그림 XV.4.(a) 토공구간의 선로 표준단면

터널 내 콘크리트궤도 시스템의 하부구조는 기본적으로 TCL로 이루어진다(그림 XV.4.b).

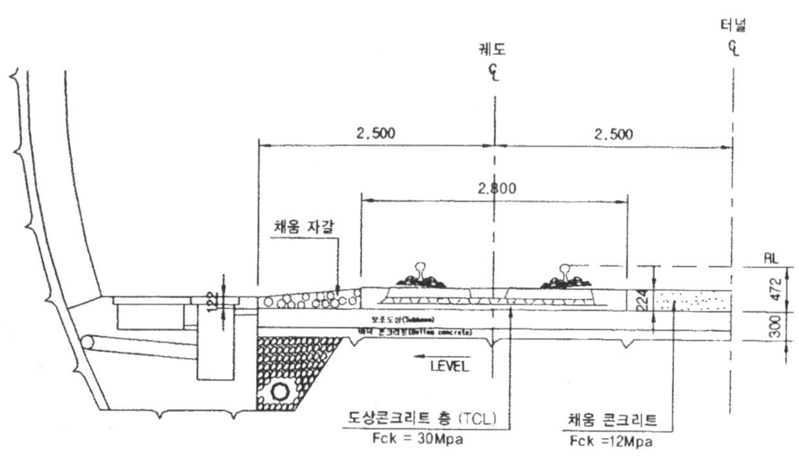

- 도상콘크리트 층(TCL) : 강도 30 MPa, 폭 2.8 m, 높이 224 mm
- 종철근량 : 토공구간의 50 % 적용
- 궤도높이(R.L~E.L) : 472 mm
- 중앙부 채움 콘크리트 : 강도 12 MPa

그림 XV.4.(b) 터널구간의 선로 표준단면

각 층의 강도는 다음과 같다.

▶토공구간

- 도상콘크리트 층(TCL) : 30 MPa(C30/B37) (탄성계수 : 34,000 N/mm^2)
- 수경안정화 기층(HSB) : 12 MPa(C12/B15) (탄성계수 : 12,900 N/mm^2~25,800 N/mm^2)
- 강화노반(RRB)의 탄성계수 : 120 N/mm^2

▶터널구간

- 도상콘크리트 층(TCL) : 30 MPa(C30/B37) (탄성계수 : 34,000 N/mm^2)
- 보조도상 콘크리트 : 25 MPa(C25/B30) (탄성계수 : 15,250 N/mm^2~30,500 N/mm^2)
- 바닥콘크리트 : 12 MPa(C12/B15) (탄성계수 : 12,900 N/mm^2~25,800 N/mm^2)
- 인버트 하면 층의 탄성계수 : 120 N/mm^2

XV.2.3 토공 위 콘크리트궤도의 구조계산 원리

콘크리트궤도를 해석하기 위한 기본 요구조건으로서 노반 위에 타설하는 HSB와 TCL의 콘크리트에 요구되는 휨 인장응력을 만족시키기 위한 단면크기와 재료특성에 대해 검토한다. 하부구조의 2층(TCL과 HSB)에서 콘크리트의 허용 인장강도 용량(능력)은 콘크리트궤도 시스템의 설계원리상 가장 핵심이 되는 사항이며, 열차하중이 레일과 탄성패드의 강성을 통해 각각의 레일 지지점으로 분포되는 해석모델로서 Zimmer-maan이 제안한 "탄성지반 위의 무한 보{Infinitebeam on elastic foundation model, **그림 XV.5(a)**}"로 이상화하여 TCL과 HSB가 완전히 결합된 경우와 결합되지 않은 경우에 대해 해석을 수행한다.

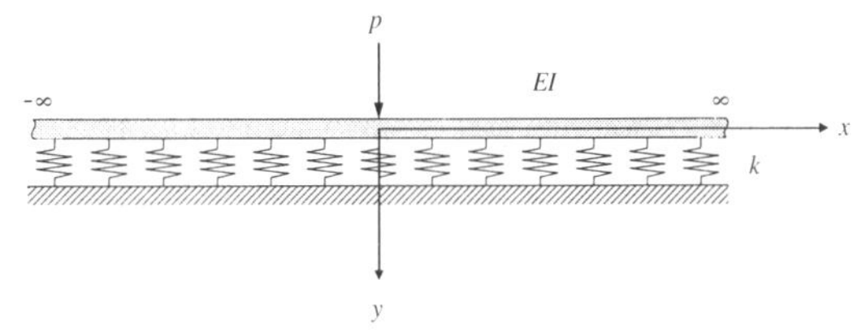

(a) 보이론(탄성지반 위의 무한 보 모델)

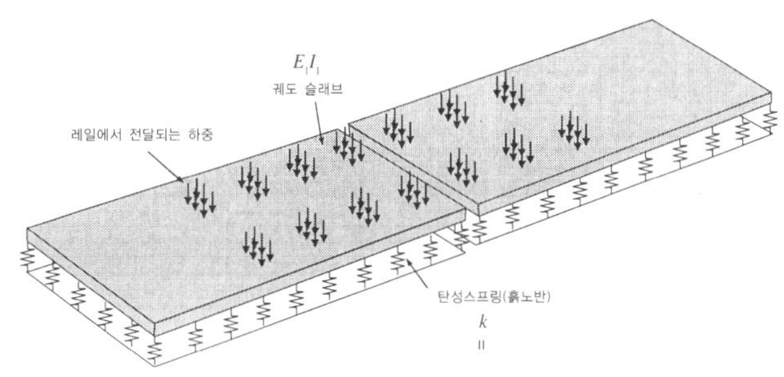

(b) 판 모형(탄성지반 위의 연속판 모델)

그림 XV.5 콘크리트궤도 해석을 위한 구조해석 모형

콘크리트궤도를 탄성지반 위의 무한 보로 적용함에 있어 TCL과 HSB는 제**XIII**.2절의 **표 XIII**.4와 같이 2층의 특성을 등가화한 탄성기초 위의 1층 슬래브로 적용할 수 있다. TCL과 HSB의 결합여부에 따른 휨 변형의 계산은 **표 XIII**.4의 Eisenmann 계산식을 이용한다. 온도변화에 따른 콘크리트의 신축과 크리프 등에 따른 균열을 방지하기 위해 TCL의 중앙부에 철근을 배치한다. 철근비는 콘크리트 단면적의 0.8~0.9 %를 적용한다.

XV.2.4 토공 위 콘크리트궤도의 하중전달 원리

콘크리트궤도는 레일에 작용하는 하중이 침목과 완전히 결합된 TCL과 HSB를 통해 노반으로 전달되는 구조로서, 깨끗하게 청소되고 젖어있는 HSB 위에 TCL의 콘크리트를 직접 타설하여 2층을 완전하게 결합시켜야 한다. 이 결합은 TCL에서 횡 변위가 발생되는 것을 방지하는데, 이 결합을 더욱 확실하게 하기 위해 다우엘(dowel)을 설치할 수 있다. 콘크리트궤도 시스템의 내구성에 필요한 사항은 다음과 같다.

– TCL과 침목의 완전한 결합
– 횡 방향 움직임에 대한 안전성을 확보하기 위해 TCL과 HSB의 완전한 결합
– 들림(uplift)에 대한 안전성을 확보하기 위해 TCL과 HSB의 완전한 결합

XV.2.5 토공 위 콘크리트궤도의 해석

(1) 토공 위 선로 표준단면의 예{그림 XV.6(a)}

그림 XV.6(a) 토공구간 선로의 설계계산 입력단면의 예

(2) 기초입력제원의 예

1) 레일(UIC 60)	단면2차모멘트	I = 30,550,000 mm^4
	단면계수	W = 377,000 mm^3
	탄성계수	E = 210,000 N/mm^2
2) 레일체결장치/침목	배치간격	a = 650 mm
3) 레일체결장치(SFC)	저면 폭	b_s = 146 mm
	저면길이	l_s = 150 mm
	동적강성	c_{dyn} = 71,000 N/mm
4) 도상구성		
– 도상콘크리트 층(TCL) (C30/B37)		E_1 = 34,000 N/mm^2
		h_1 = 240 mm

b_1 = 3,200 mm

- 횡축변형계수(**콘크리트**)　　　　　　　μ = 0.15
- 수경안정화기층(HSB) (C12/B15)　　　　E_{21} = 12,900 N/mm^2

E_{22} = 25,800 N/mm^2

h_2 = 284 mm

b_2 = 3,800 mm

- 강화노반(RRB : Reinforced Road Base)　　E_3 = 120 N/mm^2

h_3 = 300 mm

- 결합방식(**수밀식 결합**)　　　　　　　　c = 0.83

5) 활하중(UIC71)　　　　차축하중　　　　　　250 kN

차축간격　　　　　　1,600 mm

등분포하중　　　　　80 N/mm

차축과 등분포하중 이격거리　　800 mm

(3) 지점 힘의 계산

1) 레일의 탄성거리(Elastic length of the rail)

$$b \cdot C = c_{dyn}/a \ \ [\mathrm{N/mm}^2]$$

$b \times C$ = 71,000 / 650 = 109.23 N/mm^2

$$L = \left[\frac{4 \cdot E \cdot I}{b \cdot C} \right]^{0.25} \ \ [\mathrm{mm}]$$

L = (4 × 210,000 × 30,550,000 / 109.23) ^ 0.25 = 696.2 mm

2) 지점 힘(Calculation of support forces)

$$\xi(x) = \frac{x}{L}$$

$$\eta_l(x) = \frac{\sin\left\{ \left| \xi\left(x - \frac{La}{2}\right) \right| \right\} + \cos\left\{ \left| \xi\left(x - \frac{La}{2}\right) \right| \right\}}{e^{\left| \xi\left(x - \frac{La}{2}\right) \right|}}$$

$$y_{\max} = \frac{Q}{2 \cdot b \cdot C \cdot L} \ \ [\mathrm{mm}], \ \ s = b \cdot C \cdot a \cdot y \ \ [\mathrm{N}]$$

3) 계산결과{그림 XV.6(b), 그림 XV.6(c)}

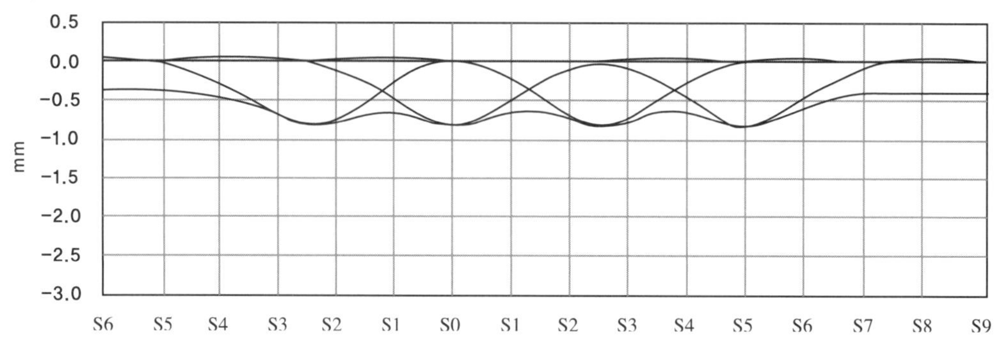

그림 XV.6(b) 레일 변위(deflection of rail)

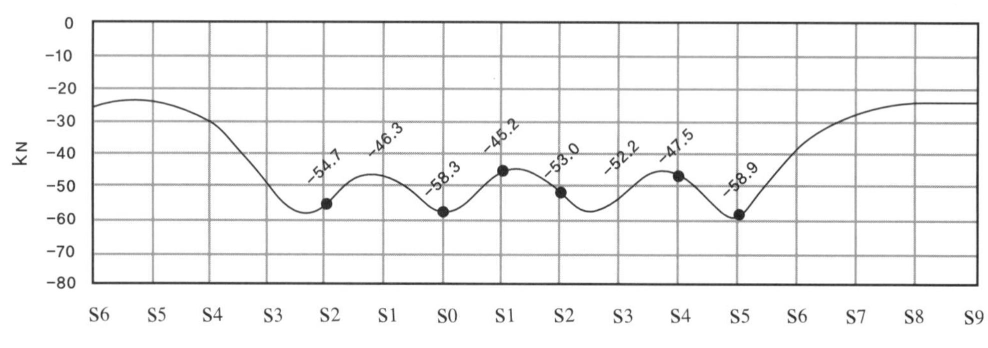

그림 XV.6(c) 지점 힘(force of support)

(4) TCL과 HSB의 결합에 대한 휨 인장응력 결정을 위한 압력의 계산{그림 XV.6(d), 그림 XV.6(e)}

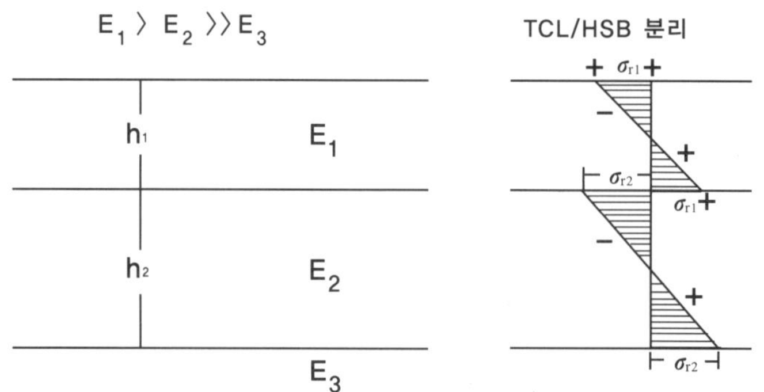

그림 XV.6(d) 시스템 Ⅰ : {도상콘크리트층(TCL)과 수경안정화기층(HSB)이 분리됨}

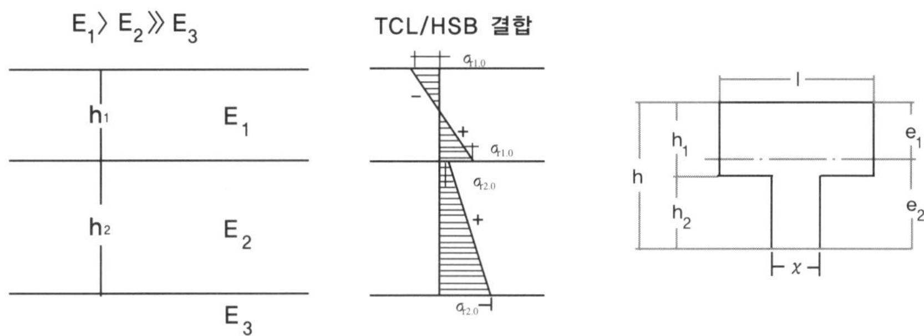

그림 XV.6(e) 시스템 Ⅱ : {도상콘크리트층(TCL)과 수경안정화기층(HSB)이 결합됨}

1) 레일체결장치 저면의 면적(Support point area)

$$F = b_s \cdot l_s \ \ [\mathrm{mm}^2] = 146 \times 150 = 21{,}900 \ \mathrm{mm}^2$$

2) 등가 체결장치저면 반경(Support point radius)

$$a = \sqrt{F/\pi} \ \ [\mathrm{mm}] = 83 \ \mathrm{mm}$$

3) 기초계수(Foundation Modulus)

$$k = E_3 \Big/ \left(0.83 \cdot h_1 \cdot \sqrt[3]{\frac{E_1}{E_3}} + 0.83 \cdot h_2 \cdot \sqrt[3]{\frac{E_2}{E_3}} \right) \ [\mathrm{N}/\mathrm{mm}^3]$$

4) 등가치환 두께(Substitute thickness)

$$h_{\mathrm{I}} = \sqrt[3]{\frac{E_1 \cdot h_1^3 + E_2 \cdot h_2^3}{E_1}} \ \ [\mathrm{mm}], \qquad h_{\mathrm{II}} = h_1 + 0.9 \cdot h_2 \cdot \sqrt[3]{\frac{E_2}{E_1}} \ \ [\mathrm{mm}]$$

5) 등가치환 폭(Substitute width)

$$b = \sqrt{1.6 \cdot a^2 + h^2} - 0.675 \cdot h \ [\mathrm{mm}] \ : a < 1.724 \cdot h$$
$$b = a \ [\mathrm{mm}] \qquad\qquad\qquad\qquad : a > 1.724 \cdot h$$

6) TCL/HSB를 등가 T형 보로 이상화(Idealized T-beam) : System Ⅱ

$$I_{\mathrm{II}} = \frac{h_1^3}{12} + h_1 \cdot \left(e_o - \frac{h_1}{2} \right)^2 + \frac{h_2^3 \cdot \dfrac{E_2}{E_1}}{12} + \frac{E_2}{E_1} \cdot h_2 \cdot \left(h_1 + \frac{h_2}{2} - e_o \right)^2 \ [\mathrm{mm}^4]$$

$$e_o = \frac{h_1 \cdot \dfrac{h_1}{2} + \dfrac{E_2}{E_1} \cdot h_2 \cdot \left(h_1 + \dfrac{h_2}{2} \right)}{h_1 + \dfrac{E_2}{E_1} \cdot h_2} \ [\mathrm{mm}]$$

$$e_u = h_1 + h_2 - e_o \quad [\mathrm{mm}]$$

7) 등가 T형 보의 탄성길이(Elastic length of the corresponding beam)

$$l_{\mathrm{I}} = \sqrt[4]{\dfrac{E_1 \cdot h_1^3}{12 \cdot (1 - \mu^2) \cdot k}} \quad [\mathrm{mm}], \qquad l_{\mathrm{II}} = \sqrt[4]{\dfrac{E_1 \cdot h_{\mathrm{II}}^3}{12 \cdot (1 - \mu^2) \cdot k}} \quad [\mathrm{mm}]$$

8) Westergaard 식에 따른 윤하중 작용 시의 인장응력

$$\sigma = \dfrac{0.275 \cdot Q}{h^2} \cdot (1 + \mu) \cdot \left\{ \log\!\left(\dfrac{E \cdot h^3}{k \cdot b^4} \right) - 0.436 \right\} \quad [\mathrm{N/mm^2}]$$

9) Westergaard 식에 따른 $M_{\mathrm{I,II}}$

$$M_{\mathrm{I,II}} = \dfrac{\sigma \cdot h_{\mathrm{I,II}}^2}{6} \quad [\mathrm{N \cdot mm/mm}]$$

10) TCL과 HSB가 결합되지 않은 경우의 응력(Stress of the system without any bonding)

$$M_1 = M_{\mathrm{I}} \cdot \left(\dfrac{E_1 \cdot h_1^3}{E_1 \cdot h_1^3 + E_2 \cdot h_2^3} \right) \quad [\mathrm{N \cdot mm}], \qquad M_2 = M_{\mathrm{I}} \cdot \left(\dfrac{E_2 \cdot h_2^3}{E_1 \cdot h_1^3 + E_2 \cdot h_2^3} \right) \quad [\mathrm{N \cdot mm}]$$

$$\sigma_{r1} = 6 \cdot \dfrac{M_1}{h_1^2} \quad [\mathrm{N/mm^2}], \qquad \sigma_{r2} = 6 \cdot \dfrac{M_2}{h_2^2} \quad [\mathrm{N/mm^2}]$$

11) TCL과 HSB가 결합된 경우의 응력(Stress of the system with full bonding)

$$\sigma_{r1,u} = \dfrac{M_{\mathrm{II}}}{I} \cdot (h_1 - e_o) \quad [\mathrm{N/mm^2}], \qquad \sigma_{r2,u} = k \cdot \dfrac{M_{\mathrm{II}}}{I} \cdot e_u \quad [\mathrm{N/mm^2}]$$

12) 계산결과{표 XV.A(a)}

표 XV.A(a) TCL과 HSB 결합에 대한 휨 인장응력 결정을 위한 입력의 계산결과

계산항목		시스템 I		시스템 II	
E_2	N/mm²	12,900	25,800	12,900	25,800
k	N/mm²	0.049	0.044	0.049	0.044
$h_{\mathrm{I,II}}$	mm	282	315	425	473
β_1	N/mm²	0.61	0.44	-	-
b	mm	111	120	151	165
l_{II}	mm⁴/mm	-	-	6.981E+06	1.039E+07
e_o	mm	-	-	201	244
e_u	mm	-	-	323	280
$L_{\mathrm{I,II}}$	mm	1,072	1,197	1,457	1,624
$\sigma_{\mathrm{I,II}}$	N/mm²	1.058	0.863	0.467	0.379

{표 XV.A(a)의 계속}

$M_{\text{I,II}}$	Nm/mm	14,066	14,251	14,053	14,148
$\sigma_{1,0}$	N/mm²	0.900	0.658	0.078	-0.005
$\sigma_{2,0}$	N/mm²	0.404	0.590	0.247	0.289

(5) 휨 인장응력의 계산{그림 XV.6(f), 표 XV.A(b), 표 XV.A(c), 표 XV.A(d)}

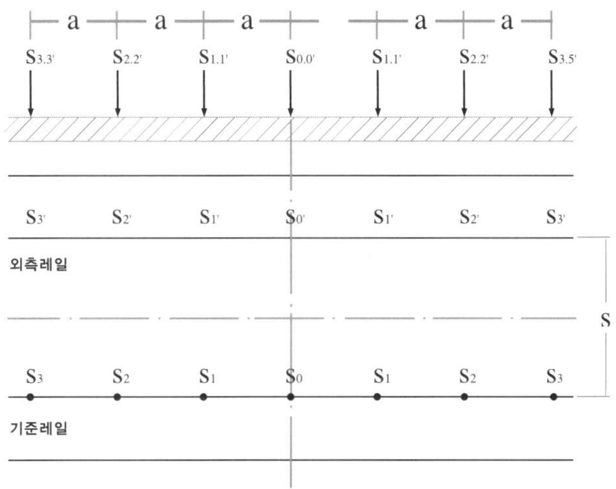

그림 XV.6(f) 레일 지점(支點)의 번호

표 XV.A(b) 기준레일 지점 힘

항목		구분	시스템 I		시스템 II	
		E_2 [N/mm²]	12,900	25,800	12,900	25,800
① S_0 지점	선로 횡 방향	$\sigma_{1,0\,trans}$	0.900	0.658	0.078	-0.005
		$\sigma_{2,0\,trans}$	0.404	0.590	0.247	0.289
	선로 종 방향	$\sigma_{1,0\,long}$	0.900	0.658	0.078	-0.005
		$\sigma_{2,0\,long}$	0.404	0.590	0.247	0.289
① S_1 지점		x/L	0.61	0.54	0.45	0.40
	선로 횡 방향	λ_t	0.100	0.111	0.128	0.137
		$\Delta\sigma_{1,1\,trans}$	0.587	0.467	0.065	-0.005
		$\Delta\sigma_{2,1\,trans}$	0.264	0.419	0.206	0.257
	선로 종 방향	λ_r	0.038	0.047	0.061	0.069
		$\Delta\sigma_{1,1\,long}$	0.222	0.197	0.031	-0.002
		$\Delta\sigma_{2,1\,long}$	0.100	0.176	0.099	0.130
③ S_2 지점		x/L	1.21	1.09	0.89	0.80
	선로 횡 방향	λ_t	0.041	0.049	0.065	0.074
		$\Delta\sigma_{1,2\,trans}$	0.282	0.241	0.039	-0.003
		$\Delta\sigma_{2,2\,trans}$	0.126	0.217	0.122	0.164
	선로 종 방향	λ_r	-0.011	-0.005	0.008	0.016
		$\Delta\sigma_{1,2\,long}$	-0.077	-0.026	0.005	-0.001
		$\Delta\sigma_{2,2\,long}$	-0.035	-0.023	0.015	0.035

{표 XV.A(b)의 계속}

④ S_3 지점	x/L	1.82	1.63	1.34	1.20
선로 횡 방향	λ_t	0.026	0.028	0.035	0.042
선로 횡 방향	$\varDelta \sigma_{1,3\,trans}$	0.166	0.128	0.020	-0.002
선로 횡 방향	$\varDelta \sigma_{2,3\,trans}$	0.075	0.115	0.062	0.085
선로 종 방향	λ	-0.021	-0.021	-0.016	-0.011
선로 종 방향	$\varDelta \sigma_{1,3\,long}$	-0.135	-0.095	-0.009	0.000
선로 종 방향	$\varDelta \sigma_{2,3\,long}$	-0.060	-0.085	-0.027	-0.022

표 XV.A(c) 외측 레일 지점 힘

항목	구분	시스템 I		시스템 II	
	E_2 [N/mm]	12,900	25,800	12,900	25,800
① S_0' 지점	x/L	1.40	1.25	1.03	0.92
선로 횡 방향	λ_r	-0.017	-0.013	-0.002	0.005
선로 횡 방향	$\varDelta \sigma_{1,0'\,trans}$	-0.064	-0.034	-0.001	0.000
선로 횡 방향	$\varDelta \sigma_{2,0'\,trans}$	-0.029	-0.031	-0.002	0.007
선로 종 방향	λ_t	0.033	0.039	0.053	0.062
선로 종 방향	$\varDelta \sigma_{1,0'\,long}$	0.123	0.105	0.017	-0.001
선로 종 방향	$\varDelta \sigma_{2,0'\,long}$	0.055	0.094	0.054	0.074
② S_1' 지점	x/L	1.52	1.37	1.12	1.01
기준점방향	λ_r	-0.019	-0.016	-0.007	0.000
기준점방향	$\varDelta \sigma_{1,1'\,trans}$	-0.114	-0.069	-0.004	0.000
기준점방향	$\varDelta \sigma_{2,1'\,trans}$	-0.051	-0.062	-0.011	-0.001
직각방향	λ_t	0.029	0.034	0.046	0.054
직각방향	$\varDelta \sigma_{1,1'\,long}$	0.173	0.144	0.023	-0.002
직각방향	$\varDelta \sigma_{2,1'\,long}$	0.077	0.129	0.074	0.102
선로 횡 방향	$\varDelta \sigma_{1,1'\,quer}$	-0.068	-0.035	0.001	0.000
선로 횡 방향	$\varDelta \sigma_{2,1'\,quer}$	-0.031	-0.032	0.002	0.015
선로 종 방향	$\varDelta \sigma_{1,1'\,langs}$	0.127	0.110	0.019	-0.002
선로 종 방향	$\varDelta \sigma_{2,1'\,langs}$	0.057	0.099	0.061	0.086
③ S_2' 지점	x/L	1.85	1.66	1.36	1.22
기준점방향	λ_r	-0.021	-0.021	-0.016	-0.012
기준점방향	$\varDelta \sigma_{1,2'\,trans}$	-0.144	-0.103	-0.010	0.000
기준점방향	$\varDelta \sigma_{2,2'\,trans}$	-0.064	-0.092	-0.031	-0.026
직각방향	λ_t	0.026	0.027	0.034	0.040
직각방향	$\varDelta \sigma_{1,2'\,long}$	0.177	0.135	0.020	-0.002
직각방향	$\varDelta \sigma_{2,2'\,long}$	0.080	0.121	0.065	0.089
선로 횡 방향	$\varDelta \sigma_{1,2'\,quer}$	-0.006	-0.001	0.003	0.000
선로 횡 방향	$\varDelta \sigma_{2,2'\,quer}$	-0.003	-0.001	0.010	0.024
선로 종 방향	$\varDelta \sigma_{1,2'\,langs}$	0.040	0.033	0.008	-0.001
선로 종 방향	$\varDelta \sigma_{2,2'\,langs}$	0.018	0.029	0.024	0.040

표 XV.A(d) 레일응력 합계

항목	구분	시스템 I		시스템 II	
	E[N/mm²]	12,900	25,800	12,900	25,800
정적 선로 횡 방향	$\Sigma\,\sigma_{1,quer}$	1.80	1.42	0.20	-0.02
	$\Sigma\,\sigma_{2,quer}$	0.81	1.28	0.65	0.84
정적 선로 종 방향	$\Sigma\,\sigma_{1,langs}$	1.20	0.98	0.15	-0.01
	$\Sigma\,\sigma_{2,langs}$	0.54	0.88	0.47	0.63

(6) 곡선구간 충격계수 및 동적 충격계수

열차 최고속도(Maximum speed of the trains)		v = 350 km/h
궤도상태(Track quality); 매우 좋음		n = 0.1
속도계수(Speed coefficient) (여객전용차)		ϕ = 1.76
변화계수(Variation coefficient) ($P = 99.7$)		s = 0.18
통계적 안전율(Statistic security)		t = 3.00
동적계수 (Dynamic factor)		1.53
곡선구간 충격계수(impact factor for shifted wheel load in curve)		ΔQ = 20.0 %
외측레일 총 충격계수(Total impact factor of outer rail)		I_o = 1.83
내측레일 총 충격계수(Total impact factor of inner rail)		I_i = 1.22

(7) TCL과 HSB층의 최대 휨 인장응력{표 XV.A(e), 표 XV.A(f)}

표 XV.A(e) TCL과 HSB층의 최대 휨 인장응력 계산결과

항목	구분	시스템 I		시스템 II	
	E_2 [N/mm²]	12,900	25,800	12,900	25,800
선로 횡 방향 (곡선구간)	max σ_1	3.38	2.65	0.37	-0.03
	max σ_2	1.52	2.38	1.18	1.51
선로 종 방향 (곡선구간)	max σ_1	2.02	1.65	0.25	-0.02
	max σ_2	0.91	1.48	0.78	1.04

허용응력 (Allowable stresses)			
	$\sigma_{1,선로종방향}$ =	0.87	N/mm²
	$\sigma_{1,선로횡방향}$ =	2.10	N/mm²
	σ_2 =	1.60	N/mm² (HSB층에 조인트(5 m) 설치하여 종·횡 방향 구분 없음)

표 XV.A(e) TCL과 HSB층의 최대 휨 인장응력 계산결과

$\sigma_{w,선로횡방향}$ =	1.03	N/mm²	(종 방향 온도 및 수축에 의한 응력)
$\sigma_{w,선로종방향}$ =	3.00	N/mm²	(횡 방향 온도 및 수축에 의한 응력)
n =	2,000,000	회	(콘크리트 수명기간 열차운행 횟수)
β_{BZ} = (B35)	5.5	N/mm²	(콘크리트의 휨 응력)

표 XV.A(f) TCL과 HSB층의 최대 휨 인장응력 계산결과 판단

항목	구분	시스템 Ⅰ		시스템 Ⅱ	
	E_2 (N/mm²)	12,900	25,800	12,900	25,800
곡선에서 횡 방향	max σ_1	NG	NG	OK	OK
	max σ_2	OK	NG	OK	OK
곡선에서 종 방향	max σ_1	NG	NG	OK	OK
	max σ_2	OK	OK	OK	OK

* 시스템 Ⅰ(TCL과 HSB의 결합이 완전하지 않은 경우) 및 시스템 Ⅱ(TCL과 HSB의 결합이 완전한 경우)의 해석결과 TCL 과 HSB의 완전한 결합이 중요함

XV.2.6 터널 내 콘크리트궤도의 해석

(1) 터널 내 선로 표준단면의 예{그림 XV.7(a)}

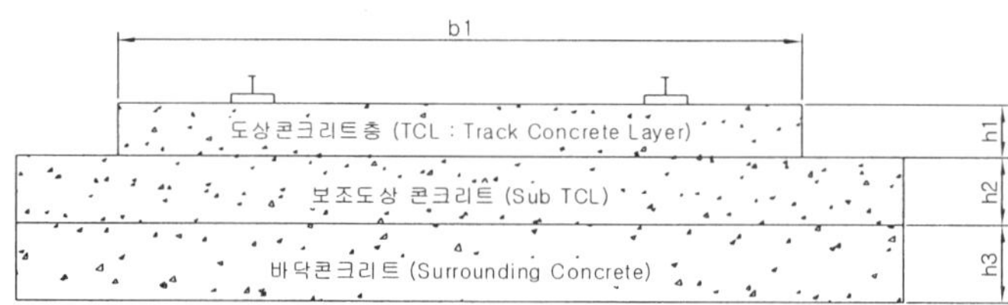

그림 XV.7(a) 터널구간 선로의 설계계산 입력단면의 예

(2) 기초입력제원의 예

1) 레일(UIC 60)　　　　　　　　　토공구간과 동일{상기의 제XV.2.5항 참조}

2) 레일체결장치/침목 배치간격　　토공구간과 동일{상기의 제XV.2.5항 참조}

3) 레일체결장치(SFC)　　　　　　토공구간과 동일{상기의 제XV.2.5항 참조}

4) 도상구성

　－ 도상콘크리트 층(TCL) (C30/B37)

$$E_1 = 34,000 \text{ N/mm}^2$$
$$h_1 = 224 \text{ mm}$$
$$b_1 = 2,800 \text{ mm}$$

- 횡축변형계수(콘크리트) μ = 0.15
- 보조도상콘크리트(C25/B30) E_{21} = 15,250 N/mm^2
                                              E_{22} = 30,500 N/mm^2
                                              h_2 = 200 mm
                                              b_2 = 3,600 mm
- 바닥콘크리트(C12/B15) E_{31} = 12,900 N/mm^2
                                              E_{32} = 25,800 N/mm^2
                                              h_3 = 100 mm
                                              b_3 = 3,600 mm
- 인버트 하면 층 E_{v3} = 120 N/mm^2
                                              h_{v2} = 600 mm
- 결합방식(수밀식 결합) c = 0.83

5) 활하중(UIC71)   토공구간과 동일{상기의 제(XV.2.5)항 참조}

(3) 지점 힘의 계산

1) 계산수식 : 제 XV.2.5(3)항 참조

2) 계산결과{표 XV.B(a), 그림 XV.7(b), 그림 XV.7(c)}

표 XV.B(a) UIC 71 하중 작용 시 각 체결장치 위치 지점 힘

S6L	S5L	S4L	S3L	S2L	S1L	S0	S1R	S2R	S3R	S4R	S5R	S6R
25.2	24.3	30.9	50.3	54.7	46.3	58.3	45.2	53.0	52.2	47.5	58.9	37.7

(4) TCL과 서브 TCL의 결합에 대한 휨 인장응력 결정을 위한 입력의 계산

1) 레일체결장치 저면의 면적(Support point area)

계산수식 : 제 XV.2.5(4) 1)항 참조

2) 등가 체결장치저면 반경(Support point radius)

계산수식 : 제 XV.2.5(4) 2)항 참조

3) 기초계수(Foundation Modulus)

$$k = E_{v2} / \left(0.83 \cdot h_1 \cdot \sqrt[3]{\frac{E_1}{E_{v2}}} + 0.83 \cdot h_2 \cdot \sqrt[3]{\frac{E_2}{E_{v2}}} + 0.83 \cdot h_3 \cdot \sqrt[3]{\frac{E_3}{E_{v2}}} \right) \ [\text{N}/\text{mm}^3]$$

4) 등가치환 두께(Substitute thickness)

$$h_{ll} = h_1 + 0.9 \cdot h_2 \cdot \sqrt[3]{\frac{E_2}{E_1}} + 0.9 \cdot h_3 \cdot \sqrt[3]{\frac{E_3}{E_1}} \ [\text{mm}]$$

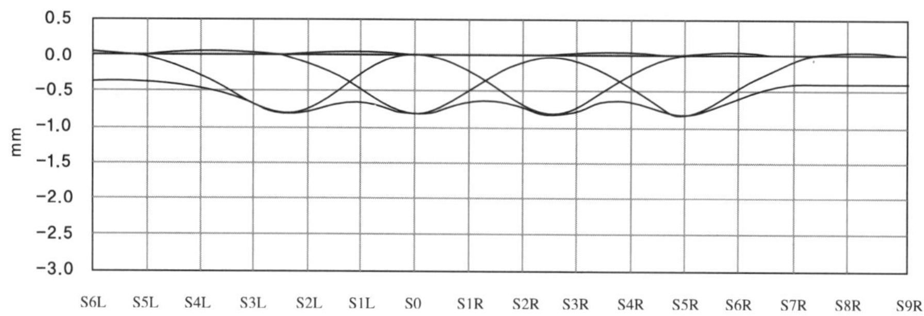

그림 XV.7(b) 레일 변위(deflection of rail)

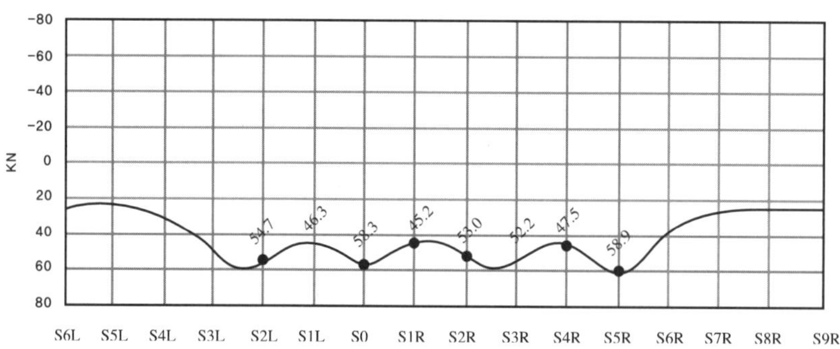

그림 XV.7(c) 지점 힘(force of support)

5) 등가치환 폭(Substitute width)

$$b = \sqrt{1.6 \cdot a^2 + h_{\text{II}}^2} - 0.675 \cdot h_{\text{II}} \ [\text{mm}] \quad : a < 1.724 \cdot h$$
$$b = a \ [\text{mm}] \quad\quad\quad\quad\quad : a > 1.724 \cdot h$$

6) TCL과 sub TCL을 등가 T형 보로 이상화(Idealized T-beam) : System II

$$I_{\text{II}} = \frac{h_1^3}{12} + h_1 \cdot \left(e_o - \frac{h_1}{2}\right)^2 + \frac{h_2^3 \cdot \frac{E_2}{E_1}}{12} + \frac{E_2}{E_1} \cdot h_2 \cdot \left(h_1 + \frac{h_2}{2} - e_o\right)^2$$
$$+ \frac{h_3^3 \cdot \frac{E_3}{E_1}}{12} + \frac{E_3}{E_1} \cdot h_3 \left(h_1 + h_2 + \frac{h_3}{2} - e_o\right)^2 \ [\text{mm}^4]$$

$$e_o = \frac{h_1 \cdot \frac{h_1}{2} + \frac{E_2}{E_1} \cdot h_2 \cdot \left(h_1 + \frac{h_2}{2}\right) + \frac{E_3}{E_1} \cdot h_3 \cdot \left(h_1 + h_2 + \frac{h_3}{2}\right)}{h_1 + \frac{E_2}{E_1} \cdot h_2 + \frac{E_3}{E_1} \cdot h_3} \ [\text{mm}]$$

$$e_u = h_1 + h_2 + h_3 - e_o \ [\text{mm}]$$

7) 등가 T형 보의 탄성길이(Elastic length of the corresponding beam)

$$l_{\mathrm{II}} = \sqrt[4]{\dfrac{E_1 \cdot h_{\mathrm{II}}^3}{12 \cdot (1 - \mu^2) \cdot k}} \quad [\mathrm{mm}]$$

8) Westergaard 식에 따른 윤하중 작용 시의 인장응력

$$\sigma_{\mathrm{II}} = \dfrac{0.275 \cdot Q}{h_{\mathrm{II}}^2} \cdot (1 + \mu) \cdot \left\{ \log\left(\dfrac{E_1 \cdot h_{\mathrm{II}}^3}{k \cdot b^4}\right) - 0.436 \right\} \ [\mathrm{N/mm^2}]$$

9) Westergaard 식에 따른 M_{II}

$$M_{\mathrm{II}} = \dfrac{\sigma_{\mathrm{II}} \cdot h_{\mathrm{II}}^2}{6} \ [\mathrm{N \cdot mm/mm}]$$

10) TCL과 HSB가 결합된 경우의 응력(Stress of the system with full bonding)

$$\sigma_{r1.u} = \dfrac{M_{\mathrm{II}}}{I} \cdot (h_1 - e_o) \ [\mathrm{N/mm^2}]$$

$$\sigma_{r2.u} = \dfrac{M_{\mathrm{II}}}{I_{\mathrm{II}}} \cdot (h_1 + h_2 - e_o) \cdot \dfrac{E_3}{E_1} \ [\mathrm{N/mm^2}]$$

$$\sigma_{r3.u} = \dfrac{M_{\mathrm{II}}}{I_{\mathrm{II}}} \cdot e_u \cdot \dfrac{E_3}{E_1} \ [\mathrm{N/mm^2}]$$

11) 계산결과(표 XV.B(b))

제 (5)항의 값과 다소의 차이 있음

표 XV.B(b) TCL과 HSB 결합에 대한 휨 인장응력 결정을 위한 입력 계산결과

계산항목		시스템 II		
E_2	N/mm²	15,250	30,500	30,500
E_3	N/mm²	12,900	12,900	25,800
k	N/mm²	0.049	0.045	0.044
h_{II}	mm	431.30	467.88	485.18
b	mm	152.91	163.83	169.04
l_{II}	mm⁴/mm	7,500,916	8,819,550	11,008,836
e_o	mm	209	233	253
e_u	mm	315	291	271
L_{II}	mm	1,449	1,574	1,633
σ_{II}	N/mm²	0.4502	0.3846	0.3584
M_{II}	Nmm/mm	13,958	14,031	14,060
$\sigma_{1,0}$	N/mm²	0.0280	-0.0145	-0.0367
$\sigma_{2,0}$	N/mm²	0.1913	0.2904	0.2091
$\sigma_{3,0}$	N/mm²	0.2371	0.1871	0.2802

(5) 휨 인장응력의 계산{그림 XV.6(f), 표 XV.B(c), 표 XV.B(d), 표 XV.B(e)}

표 XV.B(c) 기준레일 지점 힘

항목		구분	시스템 II		
		$E_2\,[\text{N/mm}^2]$	15,250	30,500	30,500
		$E_3\,[\text{N/mm}^2]$	12,900	12,900	25,800
① S_0 지점	선로 횡 방향	$\sigma_{1,0\,trans}$	0.03	-0.01	-0.04
		$\sigma_{2,0\,trans}$	0.18	0.28	0.20
		$\sigma_{3,0\,trans}$	0.23	0.18	0.27
	선로 종 방향	$\sigma_{1,0\,long}$	0.03	-0.01	-0.04
		$\sigma_{2,0\,long}$	0.18	0.28	0.20
		$\sigma_{3,0\,long}$	0.23	0.18	0.27
② $S_1{'}$ 지점		x/L	0.45	0.41	0.40
		λ_r	0.13	0.13	0.14
	선로 횡 방향	$\Delta\sigma_{1,1\,trans}$	0.02	-0.01	-0.03
		$\Delta\sigma_{2,1\,trans}$	0.16	0.25	0.19
		$\Delta\sigma_{3,1\,trans}$	0.20	0.16	0.25
		λ_r	0.06	0.07	0.07
	선로 종 방향	$\Delta\sigma_{1,1\,long}$	0.01	-0.01	-0.02
		$\Delta\sigma_{2,1\,long}$	0.08	0.13	0.09
		$\Delta\sigma_{3,1\,trans}$	0.09	0.08	0.13
③ S_2 지점		x/L	0.90	0.83	0.80
		λ_r	0.06	0.07	0.07
	선로 횡 방향	$\Delta\sigma_{1,2\,trans}$	0.01	-0.01	-0.02
		$\Delta\sigma_{2,2\,trans}$	0.08	0.14	0.10
		$\Delta\sigma_{3,2\,trans}$	0.10	0.09	0.14
		λ_r	0.01	0.01	0.02
	선로 종 방향	$\Delta\sigma_{1,2\,long}$	0.00	0.00	0.00
		$\Delta\sigma_{2,2\,long}$	0.01	0.03	0.02
		$\Delta\sigma_{3,2\,long}$	0.01	0.02	0.03
④ S_3 지점		x/L	1.35	1.24	1.19
		λ_r	0.035	0.040	0.042
	선로 횡 방향	$\Delta\sigma_{1,3\,trans}$	0.01	0.00	-0.01
		$\Delta\sigma_{2,3\,trans}$	0.04	0.07	0.06
		$\Delta\sigma_{3,3\,trans}$	0.05	0.05	0.08
		λ_r	-0.016	-0.012	-0.010
	선로 종 방향	$\Delta\sigma_{1,3\,long}$	0.00	0.00	0.00
		$\Delta\sigma_{2,3\,long}$	-0.02	-0.02	-0.01
		$\Delta\sigma_{3,3\,long}$	-0.02	-0.01	-0.02

표 XV.B(d) 외측 레일 지점 힘

항목	구분	시스템 II		
	E_2[N/mm]	15,250	30,500	30,500
	E_3[N/mm]	12,900	12,900	25,800
① $S_0{}'$ 지점	x/L	1.04	0.95	0.92
선로 횡 방향	λ_r	0.00	0.00	0.01
	$\Delta\sigma_{1,0' \text{trans}}$	0.00	0.00	0.00
	$\Delta\sigma_{2,0' \text{trans}}$	0.00	0.00	0.01
	$\Delta\sigma_{3,0' \text{trans}}$	0.00	0.00	0.01
선로 종 방향	λ_t	0.05	0.06	0.06
	$\Delta\sigma_{1,0' \text{long}}$	0.01	0.00	-0.01
	$\Delta\sigma_{2,0' \text{long}}$	0.04	0.09	0.08
	$\Delta\sigma_{3,0' \text{long}}$	0.03	0.04	0.07
② $S_1{}'$ 지점	x/L	1.13	1.04	1.00
기준점방향	λ_r	-0.01	0.00	0.00
	$\Delta\sigma_{1,1' \text{trans}}$	0.00	0.00	0.00
	$\Delta\sigma_{2,1' \text{trans}}$	-0.01	0.00	0.00
	$\Delta\sigma_{3,1' \text{trans}}$	0.00	0.00	0.00
직각방향	λ_t	0.05	0.05	0.05
	$\Delta\sigma_{1,1' \text{long}}$	0.01	-0.01	-0.01
	$\Delta\sigma_{2,1' \text{long}}$	0.06	0.11	0.08
	$\Delta\sigma_{3,1' \text{long}}$	0.08	0.07	0.11
선로 횡 방향	$\Delta\sigma_{1,1' \text{quer}}$	0.00	0.00	0.00
	$\Delta\sigma_{2,1' \text{quer}}$	0.01	0.01	0.01
	$\Delta\sigma_{3,1' \text{quer}}$	0.01	0.01	0.02
선로 종 방향	$\Delta\sigma_{1,1' \text{langs}}$	0.01	0.00	-0.01
	$\Delta\sigma_{2,1' \text{langs}}$	0.05	0.09	0.07
	$\Delta\sigma_{3,1' \text{langs}}$	0.07	0.06	0.10
③ $S_2{}'$ 지점	x/L	1.37	1.26	1.22
기준점방향	λ_r	-0.02	-0.01	-0.01
	$\Delta\sigma_{1,2' \text{trans}}$	0.00	0.00	0.00
	$\Delta\sigma_{2,2' \text{trans}}$	0.00	0.00	0.00
	$\Delta\sigma_{3,2' \text{trans}}$	-0.03	-0.02	-0.02
직각방향	λ_t	0.03	0.04	0.04
	$\Delta\sigma_{1,2' \text{long}}$	0.01	0.00	-0.01
	$\Delta\sigma_{2,2' \text{long}}$	0.05	0.09	0.07
	$\Delta\sigma_{3,2' \text{long}}$	0.04	0.04	0.08
선로 횡 방향	$\Delta\sigma_{1,2' \text{quer}}$	0.00	0.00	0.00
	$\Delta\sigma_{2,2' \text{quer}}$	0.02	0.04	0.03
	$\Delta\sigma_{3,2' \text{quer}}$	0.00	0.01	0.02
선로 종 방향	$\Delta\sigma_{1,2' \text{langs}}$	0.00	0.00	-0.01
	$\Delta\sigma_{2,2' \text{langs}}$	0.03	0.05	0.04
	$\Delta\sigma_{3,2' \text{langs}}$	0.01	0.02	0.04

표 XV.B(e) 레일응력 합계

항목	구분	시스템 II		
	E_2 [N/mm²]	15,250	30,500	30,500
	E_3 [N/mm²]	12,900	12,900	25,800
정적 선로 횡 방향	$\Sigma \sigma_{1,quer}$	0.07	-0.04	-0.10
	$\Sigma \sigma_{2,quer}$	0.49	0.80	0.60
	$\Sigma \sigma_{3,quer}$	0.59	0.50	0.78
정적 선로 종 방향	$\Sigma \sigma_{1,quer}$	0.05	-0.03	-0.08
	$\Sigma \sigma_{2,langs}$	0.37	0.64	0.49
	$\Sigma \sigma_{3,quer}$	0.42	0.38	0.61

(6) 곡선구간 충격계수 및 동적 충격계수

제 XV.2.5 (6)항 참조

(7) TCL과 HSB층의 최대 휨 인장응력{표 XV.B(f), 표 XV.B(g)}

표 XV.B(f) TCL과 HSB층의 최대 휨 인장응력 계산결과

항목	구분	시스템 II		
	E_2 [N/mm²]	15,250	30,500	30,500
	E_3 [N/mm²]	12,900	12,900	25,800
선로 횡 방향 (곡선구간)	max σ_1	0.13	-0.07	-0.18
	max σ_2	0.89	1.44	1.07
	max σ_3	1.07	0.91	1.40
선로 종 방향 (곡선구간)	max σ_1	0.09	-0.05	-0.13
	max σ_2	0.61	1.03	0.79
	max σ_3	0.71	0.62	0.99

허용응력 (Allowable stresses)				
		$\sigma_{1,선로종방향}$ =	0.87	N/mm²
		$\sigma_{1,선로횡방향}$ =	2.10	N/mm²
	σ_2 = (C25/B30)	2.60	N/mm²	
	σ_3 = (C12/B15)	1.60	N/mm²	(HSB층에 조인트(5 m) 설치하여 종·횡 방향 구분 않음)

$\sigma_{w,선로횡방향}$ =	1.03	N/mm²	(종 방향 온도 및 수축에 의한 응력)
$\sigma_{w,선로종방향}$ =	3.00	N/mm²	(횡 방향 온도 및 수축에 의한 응력)
n=	2,000,000	회	(콘크리트 수명기간 열차운행 횟수)
β_{BZ} = (C30/B37)	5.5	N/mm²	(콘크리트의 휨 응력)

표 XV.B(g) TCL과 HSB층의 최대 휨 인장응력 계산결과 판단

항목	구분	시스템 II		
		15,250	30,500	30,500
	E_2 (N/mm²)	12,900	12,900	25,800
곡선에서 횡 방향	max σ_1	OK	OK	OK
	max σ_2	OK	OK	OK
	max σ_3	OK	OK	OK
곡선에서 종 방향	max σ_1	OK	OK	OK
	max σ_2	OK	OK	OK
	max σ_3	OK	OK	OK

XV.3 교량구간 궤도구조의 검토

XV.3.1 교량구간 콘크리트궤도의 요건

(1) 콘크리트궤도를 교량 위에 부설하기 위한 요건

- 교량 위에 부설된 장대레일 콘크리트궤도는 선로길이 방향(종 방향)으로 고정되어 있지만 교량상부 구조물(상판)은 운행하중과 온도변화로 인하여 종 방향으로 변위를 일으킨다.
- 콘크리트궤도를 교량 위에 부설하기 위해서는 교량상판의 길이를 가능한 한 작게 하여야 하며, 복선교량의 경우에 상판단부(상판과 상판 연결부)의 회전각 변위는 1×10^{-3} rad 이내로 제한하여야 한다(구조적 안정성과 승차감 고려).
- 종 방향 기울기를 가진 교량의 경우에 이동단에서의 상판단부의 구조적 이동은 레일면의 수직단차를 초래할 수 있다. 이 경우에 상판단부에 서로 마주한 레일 지지짐간의 단차가 1 mm를 초과해시는 인 된다.
- 교량구조물은 열차운행시의 안정성과 승차감 등을 고려하여 상판단부 회전각 변위를 비롯한 상판의 수직가속도, 평면틀림, 수직 처짐, 연직방향의 상대변위 등의 동적 안정성이 보장되어야 한다.
- 고정지점간 거리가 80 m 이상이거나 교량 위에 콘크리트분기기를 부설하는 경우에는 지점배치, 레일 신축이음매 설치 등을 검토하고 궤도~교량구조물간의 상호작용과 기능에 대한 인터페이스를 확인하여야 한다.
- 교량상부의 우수를 원활히 유도, 처리하여야 하며, 배수계통과 구조물 방수, 연결된 상판 간을 포함한 구조물 신축이음 등에 관하여 노반과 궤도간의 인터페이스를 검토하여야 한다.

(2) 교량 위의 콘크리트궤도 설계에 관한 요건

- 교량 위의 콘크리트궤도 시설은 다음의 구조로 이루어진다(**그림 XV.8**).
    - 보호콘크리트 층(PCL)과 캠 플레이트(cam plate)
    - 콘크리트도상 층(TCL)
    - TCL과 PCL 간(및 TCL과 캠 플레이트 상면 간)의 탄성 분리재

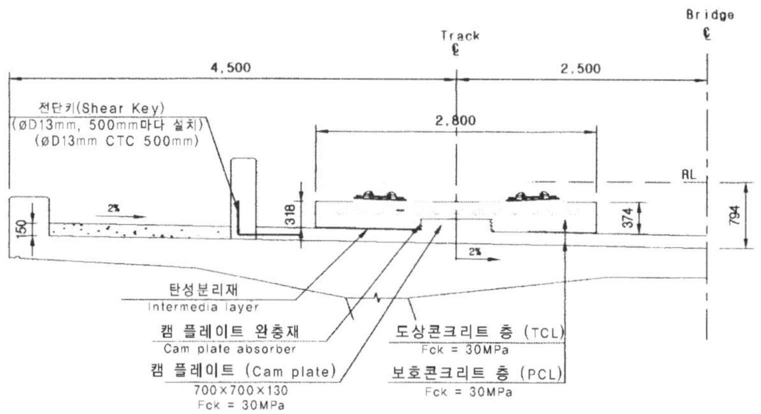

- 보호콘크리트 층(PCL) : 강도 30 MPa, 높이 150 mm, 교량 전폭으로 설치
- 도상콘크리트 층(TCL) : 강도 30 MPa, 폭 2.8 m, 높이 374 mm
- 궤도높이(R.L~E.L) : 794 mm
- 캠 플레이트(Cam Plate) : 강도 30 MPa, 크기 700 × 700 × 130 mm
- 탄성분리재(Intermedia layer) : 재질 EPDM, 두께 = 1.3 mm
- 전단키 : ϕ D13 mm, 설치간격 500 mm

그림 XV.8 교량구간의 선로 표준단면

- PCL은 교량상판과 결합되며, 캠 플레이트를 PCL과 동시에 설치한다.
- 선로로부터 전달되는 횡 하중은 캠 플레이트를 통해 PCL과 교량구조물로 전달되어 분포된다. 여기서, 캠 플레이트는 스토퍼(stoper) 역할을 한다.
- TCL은 부가적인 영향을 피하고 선로의 횡 배수를 위해 교량길이 방향으로 분할하여 설치한다.
- TCL의 길이는 교량상판의 길이와 구조적 요건을 고려하여 정할 수 있으며(독일의 경우에 가능한 한 4.0~5.5 m), 분할된 TCL간 간격은 100 mm 정도로 한다(**그림 XV.9**).

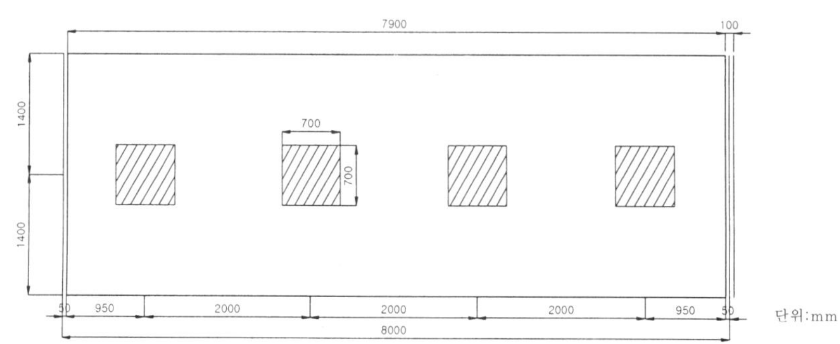

그림 XV.9 공칭길이가 8 m인 TCL과 캠 플레이트의 평면도의 예(빗금 친 부분 : 캠 플레이트)

- TCL은 콘크리트궤도 부설 후의 크리프와 건조수축 등을 고려하여 수직변형 1/5,000 이하로 제한한다.
- TCL과 PCL 사이(및 TCL과 캠 플레이트 상면 사이)에는 탄성 분리재(Foil)를 설치하여 두 층을 분리시키고 TCL이 균일하게 설치되도록 하며 TCL이 파손되는 경우에는 이를 교체할 수 있도록 한다. 캠 플레이트 측

면에는 완충재(Elastomer)를 설치한다.

- 교량상판 위에 TCL을 직결하는 경우에는 TCL의 분리를 방지하기 위해 다우엘 바(dowel bar, 전단 key)를 설치한다.
- 교량상판의 단부에서 레일의 상향력을 감소시켜 일정하게 유지하기 위해서는 단부와 인접한 레일 지지점과의 간격을 감소시킬 수 있다.

XV.3.2 구조검토의 일반사항 및 해석방법

(1) 구조검토의 일반사항

교량 위의 TCL은 공칭길이가 예를 들어 8.0 m(2@40 m 교량의 경우), 혹은 7.50 m(3@25 m 교량의 경우)인 단일 슬래브로 나누어져 있다. 슬래브와 슬래브 간의 공간은 배수설비 기능을 하며 슬래브의 받침기능을 중지시킨다. 예를 들어, 공칭길이가 8.0 m인 슬래브의 경우에 8.0 m의 길이는 10 cm의 배수공간을 포함하며, 따라서 실제의 길이는 7.9 m이다(**그림 XV.9 참조**). 슬래브의 평균높이는 0.37 m, 폭은 2.8 m이다.

캠 플레이트는 TCL의 길이에 걸쳐서 예를 들어 약 2.0 m의 간격으로 4 개를 배치시키며, 크기는 700 × 700 × 130 mm이다. 수평력은 TCL에서 캠 플레이트를 통해 PCL로 전달된다. 캠 플레이트의 측면표면에 설치된 완충재는 TCL 슬래브의 수축이나 신장에 대한 구속력을 제공한다. 즉, 캠 플레이트는 수평 활하중과 구속력으로 구성된 수평력에 대해 설계하며, 이 힘들은 완충재에 의해 전달된다.

TCL 슬래브는 하중과 구속력에 의한 슬래브 상·하부의 인장력에 대해 설계한다. TCL의 최소 철근량 산정은 균열 폭의 제한에 의하여 산정한다. TCL 건설 동안의 콘크리트 균열은 허용 폭 이내로 제한되어야 한다.

(2) 해석방법

교량 위의 콘크리트궤도 시스템(**그림 XV.10**)은 교량상면의 PCL과 TCL 사이에 탄성 분리재(Elastomeric foil)를 설치함에 따라 작용하중에 대한 TCL, PCL 및 캠 플레이트의 안정성에 관한 검토와 설계가 필요하다. TCL에 발생되는 모멘트와 변위량를 산정할 때에는 간략법으로 보 이론을 적용하여 근사치를 얻을 수 있다. 변위량 외에 TCL의 실제 응력분포를 보다 정확하게 계산하기 위해서는 "탄성지반 위의 연속판(continuous plates on elastic foundation, **그림 XV.5(b)**) 이론"을 기본으로 한다. 즉, TCL의 주요 특성인 레일 직각방향의 엄밀 해석을 고려한다.

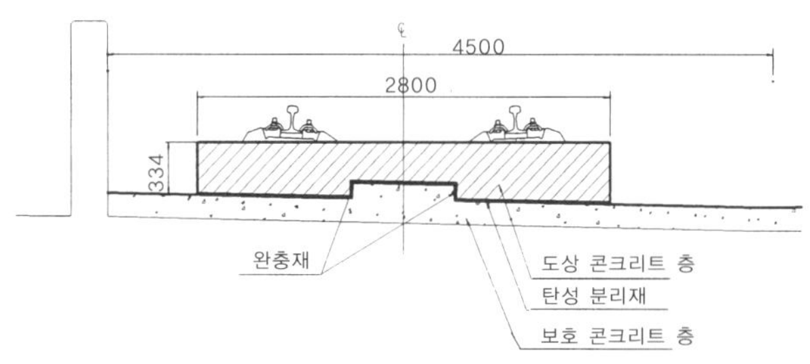

그림 XV.10 TCL, PCL 및 캠 플레이트의 단면도

교량 위에 부설되는 콘크리트궤도의 단면설계 시에는 주요 하중조건으로서 예를 들어 TCL은 휨과 수평방향의 전단{**그림 XV.11(a)**}, PCL은 교량 상부구조의 휨{**그림 XV.11(b)**}, 캠 플레이트(수평방향 지지구조)는 수평방향 하중조건에 의한 전단{**그림 XV.11(c)**}을 고려하여야 한다.

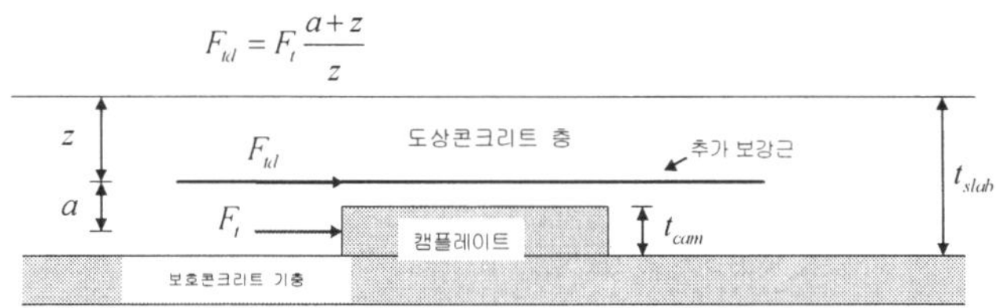

(a) 캠 플레이트 위치에 대한 TCL 층의 전단보강설계

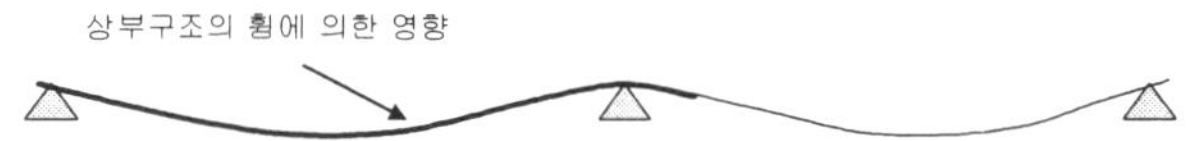

(b) 교량 상부구조의 휨이 PCL 층에 미치는 영향

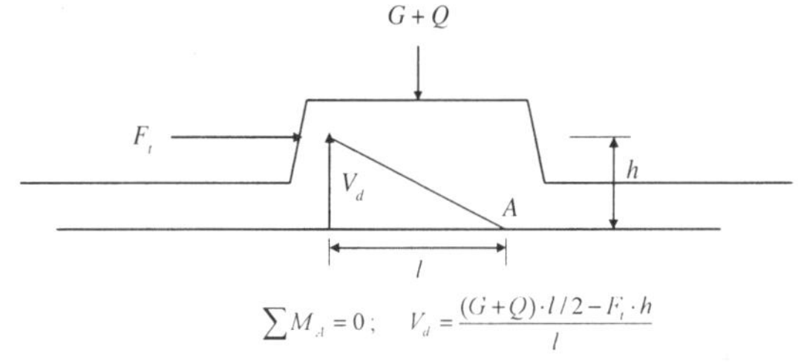

(c) 수평방향 지지구조(캠 플레이트)의 설계개념

그림 XV.11 교량 위 콘크리트궤도 설계 시에 고려하는 주요 하중조건의 예

XV.3.3 설계계산 시 입력제원의 예

캠 플레이트(cam plate)와 예를 들어 8 m TCL의 평면도는 상기의 **그림 XV.9**와 같으며, 설계계산 시에 입력하는 제원과 각 층의 강도는 다음과 같다.

▶도상콘크리트 층(TCL, track concrete layer, 상세는 제**XV**.4절 참조)

• 설계하중

　- 수직하중 : 열차하중, 사하중

　- 온도하중 : 슬래브 상하면 온도차(여름 : +15℃ , 겨울 : −8℃)

• 설계재료

- 콘크리트 : $f_{ck\,cyl}$ = 30 MPa(피복은 제 XV.9.1(1)(가)항 참조)

$$f_{cd} = \alpha \times f_{ck\,cyl} / \gamma_c = 0.85 \times 30 / 1.5 = 17.0 \text{ MN/m}^2$$

- 철근　　 : f_y = 400 MPa

$$f_{yk} = f_{yu} / \gamma_s = 400 / 1.15 = 347.8 \text{ MN/m}^2 = 34.8 \text{kN/cm}^2,\ (\gamma_s = 1.15\text{일 때})$$

• 가정조건

　- 탄성 분리재에 의해 TCL과 PCL(결과적으로 교량상면)이 분리

　- 캠 플레이트 측면에는 캠 플레이트의 보호와 수평응력(종, 횡 방향)의 감소를 위해 캠 플레이트 완충재 설치

▶보호 콘크리트 층(PCL : Protection Concrete Layer, 상세는 제 XV.5절 참조)

• 설계하중

　- 종 방향 수평하중 : 시·제동하중

　- 횡 방향 수평하중 : 열차 횡 하중, 풍하중

• 설계재료 : TCL과 같음

• 가정조건 : 수평하중(종, 횡 방향)이 캠 플레이트 전면에 등분포로 작용

• 캠 플레이트 완충재

　- 스프링계수 : 50 MN/m/m^2

　- 하중조합에 따라 4가지 유형(A, B, C, D형)으로 구분(상세는 제 XV.4절 참조)

▶하중조합(Load combination)

• 하중에 따라 **표 XV.2**와 같이 적용한다.

• 하중은 **표 XV.3**과 같이 조합한다.

표 XV.2 하중의 적용

	직선궤도	곡선궤도
수직하중	사하중	좌동
	활하중	좌동
종 하중	레일 힘	좌동
	경사 힘	좌동
횡 하중	사행하중	좌동
	풍력	좌동
	-	레일온도의 변화에 의한 힘
	-	원심력과 캔트

표 XV.3 하중의 조합

하중결합	수직하중						종 하중		횡 하중				구속	
	G = 사하중		L = 활하중				LF	SL	NF	CF	TR	W	C	
	G_D1	G_D2	Q_V	q_V	Δq_V	V_w	R_{FL}	q_{SL}		C_F		q_W	ΔT	S
	슬래브	레일	차축 하중	분포 하중	하중작용 점 이동	수직 풍하중	레일 힘	기울기	사행동	원심력	온도 하중	풍하중	온도 하중	수축
			6.4 m에 걸쳐		곡선 에서만		재하 시 레일			곡선 에서만	곡선 에서만	활하중과 함께 작용	탄성받침으로 완화된 영향	
부분 안전율 γ	1.35	1.35	1.45	1.45	1.45	1.5	1.5	1.35	1.5	1.45	1.5	1.5	1	1
조합계수 ψ	1	1	1	1	1	0.6	1	1	1	1	0.8	0.6	1	1
직선 궤도 LG 11	1	1	1.13	1.13	1.13	1	1	1	0.5	0	0	1	1	1
직선 궤도 LG 12	1	1	1.13	1.13	1.13	1	0.5	1	1	0	0	1	1	1
직선 궤도 LG 13	1	1	1.13	1.13	1.13	0	1	1	0.5	0	0	0	1	1
직선 궤도 LG 14	1	1	1.13	1.13	1.13	1	0.5	1	1	0	0	1	1	1
곡선 궤도 LG 11	1	1	1.13	1.13	1.13	1	1	1	0.5	1	1	1	1	1
곡선 궤도 LG 12	1	1	1.13	1.13	1.13	1	0.5	1	1	1	1	1	1	1
곡선 궤도 LG 13	1	1	1.13	1.13	1.13	0	1	1	0.5	1	1	0	1	1
곡선 궤도 LG 14	1	1	1.13	1.13	1.13	1	0.5	1	1	1	1	1	1	1

LG : DIN ER 101에 따른 하중그룹(load group)

XV.4 교량구간 TCL의 설계

XV.4.1 설계 일반

도상콘크리트 층(TCL)의 해석과 설계과정은 **그림 XV.12**와 같다.

TCL의 설계는 외부하중과 구속력으로부터의 힘에 의한 극한 한계상태에 대해 설계한다. 사용성 한계상태는 균열 폭 제한의 검토에서 고려된다.

수직하중은 압축력으로 보호콘크리트 층(PCL)에 직접 전달된다. 수평하중은 캠 플레이트를 통하여 PCL에 전달된다. 캠 플레이트 완충재는 캠 플레이트에서 TCL의 수축과 신장에 의한 응력을 감소시켜 주고 종 방향 힘을 캠 플레이트에 균일하게 분포시킨다. 고려된 건조수축의 효과는 장기간에 걸친 콘크리트의 효과이고 이는 캠 플레이트 완충재에서 선재 하중(Pre-loading)을 증가시킨다. 계산된 최대 종 하중은 30년 후에 발생된다.

균열 폭 제한의 설계는 허용된 균열 폭의 범위 내에서 균열이 발생되도록 설계한다. 시공 철근비가 균열 폭 제한 설계의 철근량보다 크더라도 균열 폭이 크게 발생될 수 있다. 또한 콘크리트 균열의 원인은 재료의 취급에 큰 영향을 받는다. 균열 폭의 제한에 대해 설계하지만 이는 계산된 균열 폭의 제한을 위한 철근보강과 예상 균열 폭

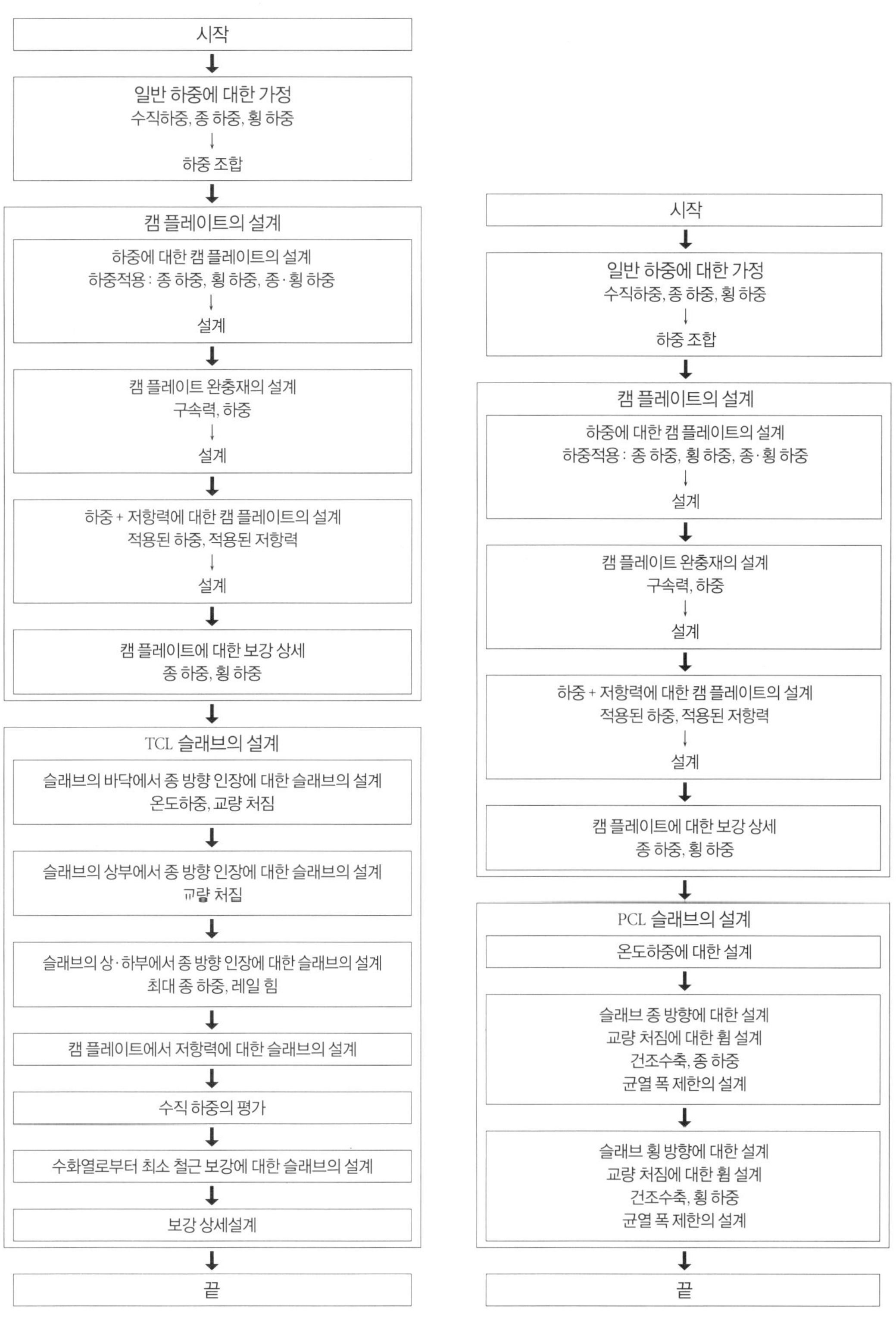

그림 XV.12 TCL의 해석과 설계의 흐름   그림 XV.50 PCL의 해석과 설계의 흐름

에 대한 설계이며, 콘크리트 타설 후의 취급이 균열의 형성과 진행에 영향을 미친다. 따라서 콘크리트 타설 후의 양생에서는 많은 주의가 요구된다.

예상되는 균열 폭은 구속조건만이 아닌 구조적 이유 때문에 철근량의 범위에 대해 0.3 mm보다 작아야 한다. 측면 스트럽들은 토목 시공오차 내에서 단일 스트럽 형태로 된다. 토목 시공오차는 ± 5 cm이다. 철근의 배근은 신호의 관점에서 점검하여야 하고, 신호에서 문제가 발생된다면 철근배근의 조정을 고려해야 한다. 길이가 다른 슬래브는 길이가 8 m인 슬래브의 횡 철근과 스트럽을 조정하여 사용한다.

XV.4.2 수직하중

(1) 사하중

영구하중에 대하여는 부분 안전율 $\varUpsilon$ = 1.35와 조합계수 $\varPsi$ = 1.0을 적용한다.

궤도 슬래브 v_{G1} = 2.8 [m] × 0.37 [m] × 24.5 [kN/m³] × 1.35 × 1.0 = 34.3 kN/m

레일　　　 v_{G2} = 1.5 [kN/m] × 1.35 × 1.0 = 2.0 kN/m

$\qquad\qquad \Sigma v_G$ = 36.3 kN/m

(2) 활하중

HL-25 열차하중은 4개의 차축하중 P = 250 kN(차축간격 1.6 m)과 등분포하중 q = 80 kN/m으로 구성되어 있다(**그림 XV.2**). 활하중에는 부분 안전율 $\varUpsilon$ = 1.45와 조합계수 $\varPsi$ = 1.0을 적용한다.

수직 활하중은 구조물의 길이에 따른 충격계수 $\varPhi$를 적용한다. 여기서, $\varPhi_2$는 본선에 대한 휨 설계에 사용된다.

$$\varPhi_2 = \frac{1.44}{\sqrt{L_\varPhi} - 0.2} + 0.82$$

여기서, $L_\varPhi$ = 경간 길이[m]

▶$L_\varPhi$ = 25 m(3@25 m) : $\varPhi_2$ = 1.13

$\quad Q$ = 250 × 1.13 × 1.45 × 1.0 = 409.6 kN (차축하중)

$\quad q'$ = 409.6 / 1.6 m = 256 kN/m(차축하중을 분포하중으로 환산한 값)

$\quad q$ = 80 × 1.13 × 1.45 × 1.0 = 131.1 kN/m(등분포하중)

▶$L_\varPhi$ = 40 m(2@40 m) : $\varPhi_2$ = 1.06

$\quad Q$ = 250 × 1.06 × 1.45 × 1.0 = 384.3 kN (차축하중)

$\quad q'$ = 384.3 / 1.6 m = 240.2 kN/m(차축하중을 분포하중으로 환산한 값)

$\quad q$ = 80 × 1.06 × 1.45 × 1.0 = 123.0 kN/m(등분포하중)

3@25 m 교량의 충격계수는 2@40 m 교량의 충격계수보다 더 크다. 침목저면에 발생되는 차축하중의 분포하중 q' [kN/m]는 차축하중 P [kN]를 차축간격(축거) 1.6 m로 나누어

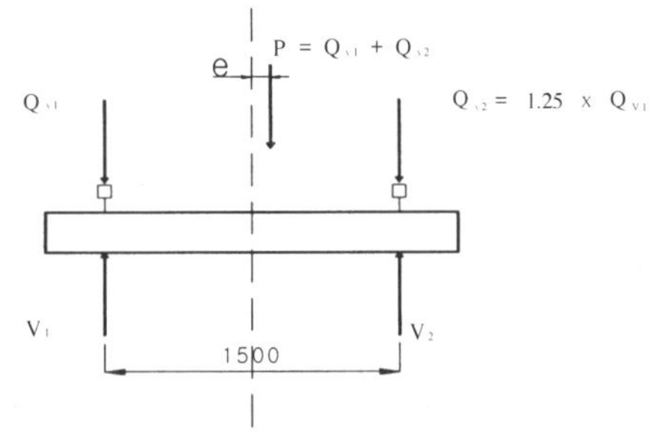

그림 XV.13 활하중 작용점의 이동

구한다.

곡선구간에서는 수직 열차하중의 편심으로 인해 하중작용점의 이동이 발생되며, 이에 따라 외측레일에 작용하는 하중이 내측레일보다 25 % 더 크다(**그림 XV.13**). 따라서 이 경우에 내측레일에 작용하는 하중은 상기에서 구한 값에서 2.25로 나누어 구하며, 그것의 나머지 하중은 이의 1.25 배로서 외측레일에 작용한다.

XV.4.3 종 하중

(1) 가속력(AF)과 정지력(BF)

가속력(Traction force)	$Q_{AF,lak} = 33[\text{kN/m}] \cdot L[\text{m}] \leq 1,000 \text{ kN}$	(제 XV.7.3항 참조)
정지력(Braking force)	$Q_{BF,lak} = 20[\text{kN/m}] \cdot I[\text{m}] \leq 6,000 \text{ kN}$	(제 XV.7.3항 참조)

(2) 레일력(RF)

레일과 침목간의 미끄럼 구속은 다음과 같다(후술의 **그림 XV.56** 참조).

하중 재하 시	$q_{RFL} = 60 \text{ kN/m}$
하중 비재하시	$q_{RFU} = 40 \text{ kN/m}$

레일과 침목간의 마찰력은 차축하중이 레일에 작용할 때에 침목상면과 레일하면에 존재한다. 이는 정지력 혹은 가속력만을 고려하는 것보다 안전 측으로 계산된다. 부분 안전율과 조합계수는 $\Upsilon = 1.5$와 $\Psi = 1.0$을 적용한다.

(3) 슬래브의 확장에 의한 온도하중(TF)

(가) 균일한 온도변화

교량에서는 ±20 ℃(콘크리트교량), 혹은 ±35 ℃(강교)의 온도변화 값을 적용한다. 콘크리트궤도의 슬래브와 교량 간에 온도차가 없는 경우에는 두 구조물간의 온도차에 의한 온도하중이 생기지 않아 슬래브에 구속력이 발생되지 않는다. 그러나 슬래브와 교량 간에 온도차가 없어도 두 개의 서로 상이한 부재(슬래브와 교량)의 열저장능력(thermal capacity)과 노출상태(exposions)에 따른 온도차를 고려해야 한다. 안전측면에서 5 ℃의 온도차를 고려하여야 하며, 건조수축 효과에 의한 구속도 고려하여야 한다. 이 구속력은 캠 플레이트 완충재의 탄성에 의해 일부 감소된다.

온도차에 의한 구속(변위) : $\varepsilon_{DT} = 1.0 \times 10^{-5} \times 5 \text{ ℃} = 0.05 \text{ mm/m}$(슬래브 길이)

(나) 온도증가

콘크리트교량 상판구조의 두께에 따라 콘크리트궤도의 경우에 +10 ℃와 −5 ℃의 온도변화를 적용하며, 자갈궤도에 대해서는 +6 ℃, −5 ℃의 온도변화를 적용한다. 이는 도상구조 바닥의 온도가 상부의 온도보다 더 높을 경우에 적용한다. 도상구조에는 두께에 따라 0.05 ℃/mm의 온도변화를 적용한다. 이는 도상구조 바닥이 도상구조 상부보다 따뜻한 경우처럼 상부가 바닥보다 따뜻한 경우에도 적용한다(**그림 XV.14**).

▶슬래브에서 바닥이 상부보다 따뜻해질 경우에 TCL과 PCL간의 평균 온도차

$0.05 \times 370 / 2 - 0.05 \times (370 + 150 / 2) = 9.25 - 22.25 = -13 \text{ ℃}$

▶슬래브에서 상부가 바닥보다 따듯해질 경우에 TCL과 PCL간의 평균 온도차

$$0.05 \times (150 + 370/2) - 0.05 \times 150 / 2$$
$$= 16.75 - 3.75 = -13\ ℃$$

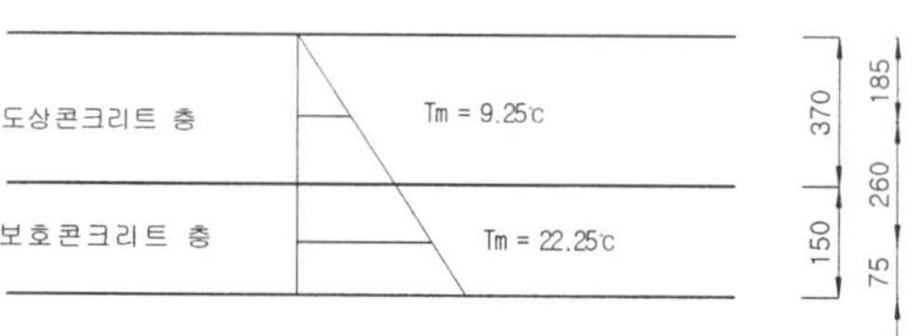

(a) 슬래브바닥이 슬래브상부보다 따듯해질 경우

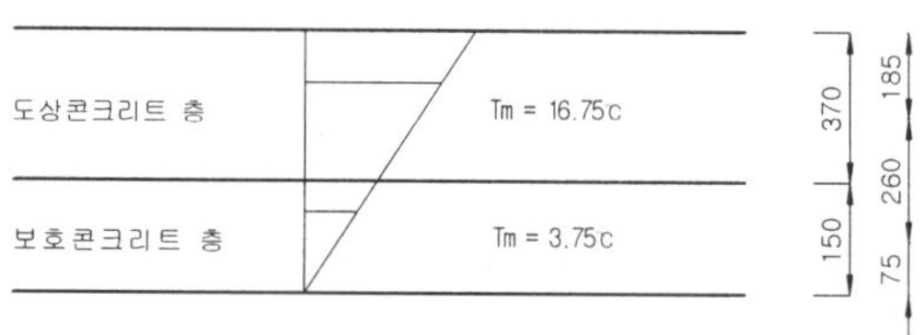

(b) 슬래브상부가 슬래브바닥보다 따듯해질 경우

그림 XV.14 슬래브상부와 바닥의 온도차

(4) 건조수축(SH)

건조수축은 하중이 재하되지 않은 상태의 수축이다. 크리프현상은 특정부재의 압축, 예를 들어 탠던 등에 의해 발생되지만 이것은 교량 위 콘크리트궤도에서는 적용되지 않는다. 건조수축은 여러 원인들에 의해 결정되며 주요 원인은 ① 콘크리트의 수분함유량, ② 구조물의 구조, ③ 습도, ④ 시멘트의 종류(화학적 건조수축) 등이다. 건조수축은 장기간에 걸쳐 발생되며, 건조수축의 진행은 단면두께와 구조가 노출된 경우에 주변 환경의 습도에 좌우된다. DIN 1045-1에 의거하여 검토하면 50 %의 평균습도에서 외부에 노출된 상태에 대한 전체 건조수축 SH는 0.54 mm/m이다. 이 최대 건조수축 량은 70년 이후의 건조수축 결과이고, 이 건조수축 량은 슬래브에 구속력으로 직접적으로 전달되지 않지만, 캠 플레이트의 완충재에는 수축에 의한 반작용으로서 압축력으로 작용한다. 건조수축에는 부분 안전율 $\varUpsilon = 1.0$과 조합계수 $\varPsi = 1.0$이 고려된다.

(5) 기울기(SL)

궤도의 기울기에 따른 종 방향 힘은 다음과 같이 계산한다.

$$q_{SLd} = (\Sigma v_G + \Sigma Q) \times slope\ [kN/m]$$

여기서, ΣQ는 활하중의 분포하중(q')와 q 중에서 큰 값을 선택한다. 경부 고속철도의 기울기는 최대 25 ‰로 설계되었다. 따라서

$$q_{SLd} = (36.3 + 256) \times 0.025 = 7.31\ [kN/m]$$

이 힘에는 부분 안전율($\varUpsilon$)과 조합계수($\varPsi$)가 이미 포함되어 있다.

XV.4.4 횡 하중

(1) 사행동 하중(Nosing force : NF)

사행동 하중으로서 $F = 100$ kN이 작용하거나 이 하중이 4.0 m의 길이에 걸쳐 분포(25 kN/m)된다. 횡 방향에서 일반적인 하중의 경우에 $\varUpsilon = 1.5$와 $\varPsi = 1.0$을 적용하면 37.5 kN/m로 된다.

(2) 원심력(CF)과 캔트효과(CE)

원심력은 **그림 XV.15**의 모델을 이용하여 계산한다.

$$H_{CF} = P \cdot \frac{v^2 \cdot f}{127 \cdot r} \quad [\mathrm{kN}]$$

차축하중에 대해

$$h_{CF} = q \cdot \frac{v^2 \cdot f}{127 \cdot r} \quad [\mathrm{kN/m}]$$

균일 등분포하중에 대해

여기서, v = 열차속도(최고속도 350 km/h)

r = 곡선반경(최소 곡선반경 6,600 m)

f = 계수(0.75)

원심력(CF)에는 부분 안전율 γ = 1.45와 조합계수 Ψ = 1.0을 적용한다. 차축하중에 의한 원심력을 계산하면 H_{CF} = 39.7 kN(축거 1.6 m 간의 분포하중으로 환산하면 h'_{CF} = 24.8 kN/m)이며, 균일 등분포하중에 의한 원심력은 h_{CF} = 12.7 kN/m이다(수평하중).

원심력에 의한 수직하중은 다음과 같이 계산한다.

차축하중에 대해 : v_{CF} = $H_{CF} \cdot 1.8 / (\pm 1.5)$ = $\pm 1.2 \cdot H_{CF}$ [kN](1.5는 레일간격)

v'_{CF} = $V_{CF} / 1.6$ [kN/m](1.6은 축거)

균일 등분포하중에 대해 : v_{CF} = $h_{CF} \cdot 1.8 / (\pm 1.5)$ = $\pm 1.2 \cdot h_{CF}$ [kN/m]

이들을 계산하면, v_{cf} = ±47.7 kN, v'_{CF} = ±29.8 kN/m, v_{cf} = ±15.2 kN/m가 된다.

캔트효과(그림 XV.16)는 원심력을 상쇄시킨다. 경부선에 대한 캔트효과는 130 / 1500 = 1 : 11.5 = 8.7 %가 최대이다. 이는 하중작용점의 이동에 의한 하중증가량 25 %와 비교하면 무시할 수 있으며, 이는 이미 제XV.4.2(2)항에서 고려되었기 때문에 캔트에 의한 하중작용점의 추가적인 이동은 고려하지 않는다.

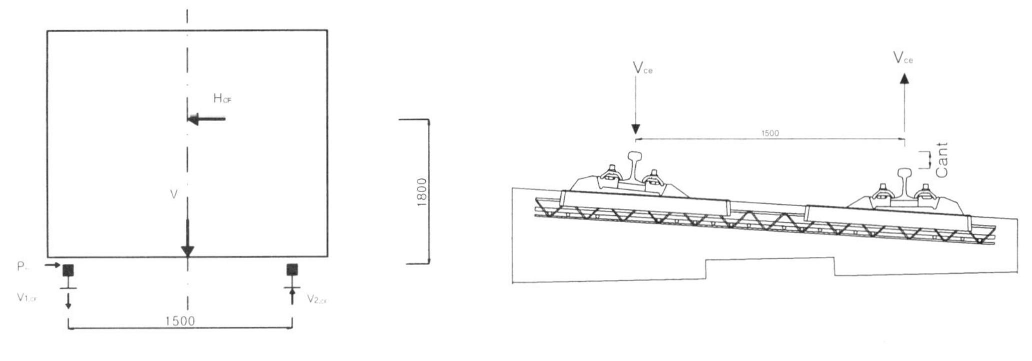

그림 XV.15 원심력   그림 XV.16 캔트효과

(3) 풍하중(W)

풍압의 값은 w = 1.55 kN/m²을 적용하며, 작용높이는 h = 4.1 m(KTX 동력차 제원의 고려)이다. 수평방향의 풍하중은 다음과 같이 계산한다(그림 XV.17).

q_w = 1.55 [kN/m²] × 4.1 [m] = 6.36 kN/m@0.26 m(낮은 쪽 레일 위로 0.26 m부터 작용)

여기에 γ = 1.5와 Ψ = 0.6을 적용한 수평방향의 풍하중은 q_w = 5.72 kN/m이다. 풍하중 작용중심의 높이는

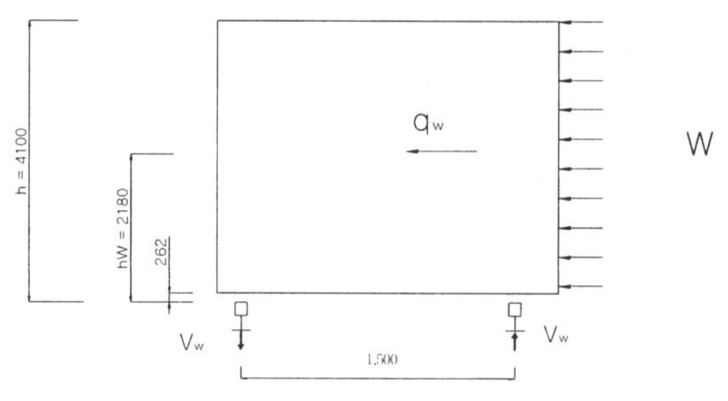

그림 XV.17 풍하중

다음과 같다.

$$h_w = (4.1 - 0.26) / 2 + 0.26 = 2.18\text{m}$$

수직방향의 풍하중은 다음과 같이 계산한다.

$$v_w = 6.36 \,[\text{kN/m}] \times 2.18 \,[\text{m}] / (\pm1.5) \,[\text{m}] = \pm9.24 \,\text{kN/m}$$

여기에 $\varUpsilon = 1.5$와 $\varPsi = 0.6$을 적용한 수직방향의 풍하중은 $v_w = 8.31 \,\text{kN/m}$이다.

(4) 레일온도의 변화에 따른 온도하중(TR)

레일에는 온도변화에 따른 하중이 발생되며, 일반적으로 $\varDelta T = \pm40\ ℃$이다. 곡선반경이 R [m]인 곡선구간에서 장대레일의 전단력은 다음과 같으며, $\varUpsilon = 1.5$와 $\varPsi = 0.8$을 적용한다.

$$q_T = \frac{T}{R} \quad [\text{kN/m}]$$

여기서, $T = A \cdot \sigma$

$\quad\quad A$: 레일 단면적(76.9 cm²)

$\quad\quad \sigma = \varDelta T \cdot \alpha T \cdot E = 40 \times 1.1.7 \times 10^{-5} \times 210,000 = 100.8 \,\text{N/mm}^2$

UIC 60 레일($A = 76.9 \,\text{cm}^2$), 최소 곡선반경 6,600 m에 대하여 계산하면 다음과 같이 된다.

$$T = 2 \times 76.9 \times 100.8 \times 10^2 = 1,550 \,\text{kN}$$

$$q_T = (1,550 / 6,600) \times 1.5 \times 0.8 = 0.282 \,\text{kN/m}$$

XV.4.5 하중조합

하중조합은 제XV.3.3항에 의한다.

XV.4.6 캠 플레이트의 설계

(1) 개요

캠 플레이트의 설치간격은 캠 플레이트와 TCL의 설계에서 교량경간 길이에 따라 결정된다(제XV.3.2~X

V.3.3항 참조). 캠 플레이트는 다음의 오차범위 내에 있도록 시공하여야 한다.

- 높이   : 130 mm +10 / −0 mm
- 측면과 종 방향 편향   : ±10 mm
- 각 편향   : ±5 mm

(2) 완충재의 배치

캠 플레이트 완충재(스프링계수 : 50 MN/m/m²)의 크기는 작용하는 하중에 따라 다르며 캠 플레이트의 측면에 설치한다. **그림 XV.18**은 하나의 TCL에서 각각의 캠 플레이트 측면에 사용하는 각종 완충재의 배치유형을 나타낸다(후술의 (4)항 참조).

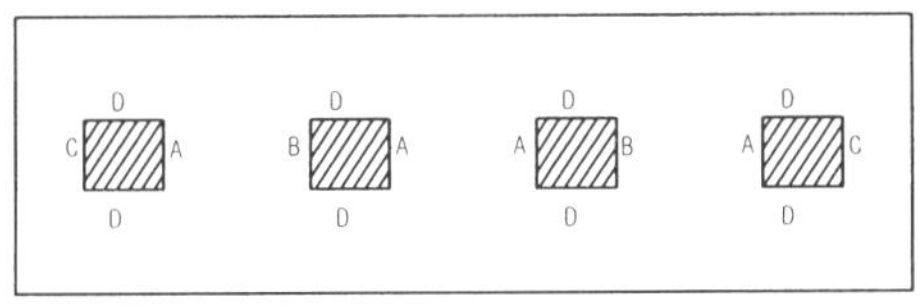

그림 XV.18 하나의 TCL에 대한 캠 플레이트 완충재의 배치 평면도

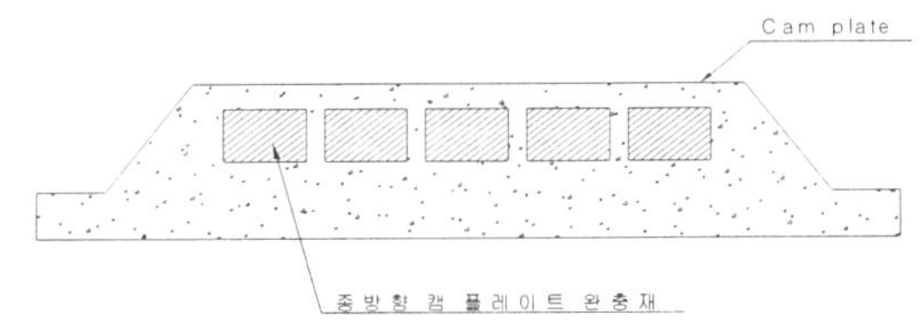

그림 XV.19 캠 플레이트용 종 방향 완충재(A, B, C형)의 설치

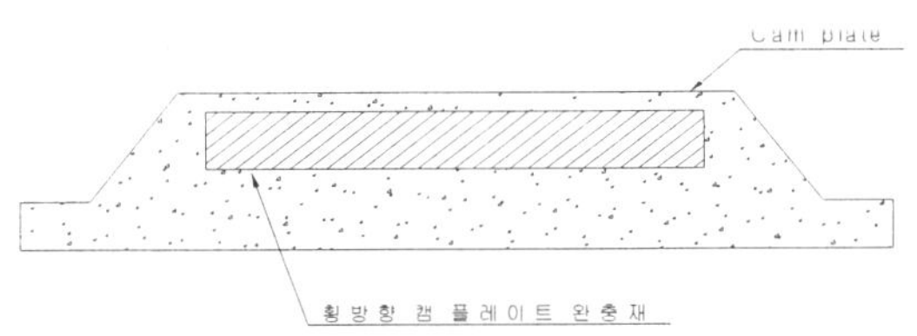

그림 XV.20 캠 플레이트용 횡 방향 완충재(D형)의 설치

TCL의 중앙을 향한 캠 플레이트 종 방향 측면은 ① 수평 활하중과 ② 온도에 의한 팽창의 하중을 받는다. 따라서 이들에 대한 완충재로서는 A형(크기 : 가로 120 × 세로 120 × 두께 10 mm)을 선택한다. TCL의 외측을 향한 캠 플레이트 종 방향 측면에는 ① 수평 활하중, ② 건조수축, ③ 온도에 의한 수축 등의 하중이 작용한다. 그러므로 이들에 대한 완충재로서는 TCL 안쪽의 두 캠 플레이트 외측면에 대해 B형(크기 : 120 × 120 × 12 mm), TCL 바깥쪽의 두 캠 플레이트 외측면에 대해 C형(크기 : 120 × 120 × 15 mm)을 선택한다(**그림 XV.18** 참조). 상기의 종 방향 완충재들은 캠 플레이트의 한 측면 당 5개를 나란히 설치한다(**그림 XV.19**). 다만, 완충재 사이의 틈새는 완충재가 압축될 때에 팽창이 허용되도록 충분한 간격을 남겨둔다.

캠 플레이트의 횡 방향은 단지 수평 활하중만이 고려된다. 따라서 횡 방향 완충재로는 D형(크기 : 680 × 120 × 5 mm)을 선택한다(**그림 XV.20**). 한 개의 횡 방향 완충재를 캠 플레이트 수직표면에 설치한다. 이것은 적어도 횡 응력에 대해 충분해야 한다.

(3) 캠 플레이트에 대한 수평하중의 계산

(가) 캠 플레이트 완충재의 물성치

설계검토는 캠 플레이트 완충재 Calenberg S70의 물성치를 이용하여 수행한다. 완충재의 재료는 Calenberg S70 혹은 이와 동등한 것을 이용하여야 한다.

▶면적 A

A, B, C형 : $A = 5$(개) $\times 120 \times 120 = 72,000$ mm^2

D형　　　 : $A = 120 \times 680 = 81,600$ mm^2

▶압축률 E_d (S : 외형계수)

A형 : $E_d = 50.7$ N/mm^2, ($S = 3.0$)

B형 : $E_d = 38$ N/mm^2, ($S = 2.5$)

C형 : $E_d = 27.3$ N/mm^2, ($S = 2.0$)

D형 : $E_d = 441.4$ N/mm^2, ($S = 10.2$)

압축률 E_d는 Calenberg 제품상세의 캠 플레이트 완충재 재료 상세문서에서 얻을 수 있으며, 이 계수는 캠 플레이트 완충재의 외형계수 S(하기의 (4) 나)항 No. 2 참조)에 의존한다.

(나) 종 하중

종 하중은 캠 플레이트에서 분포되며 캠 플레이트는 **그림 XV.21**에서와 같이 수평방향의 표면에서 고정단이 아닌 스프링처럼 거동한다. 캠 플레이트에서의 반력은 표면에 설치된 캠 플레이트 완충재의 스프링강성으로 결정된다.

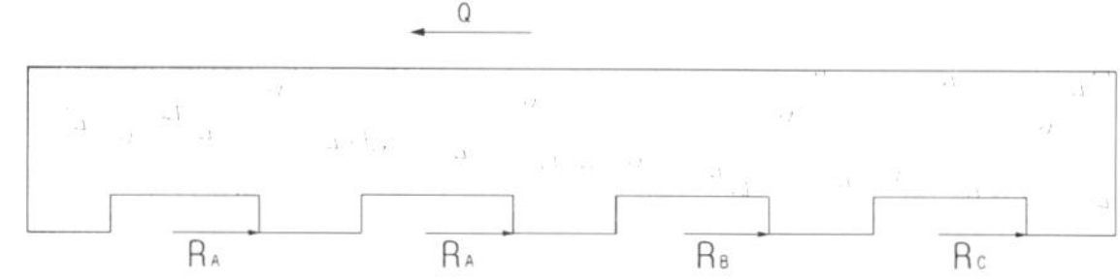

그림 XV.21 캠 플레이트의 종 하중 분포

완충재의 강성은 $k = E_d\,A/t$ [N/mm]로 구한다. 여기서 A는 캠 플레이트 완충재의 면적이고 t는 두께이다.

A형 : $k_A = 73,008$ N/mm

B형 : $k_B = 45,600$ N/mm (따라서 $k_B = 0.62 \cdot k_A$)

C형 : $k_C = 26,208$ N/mm (따라서 $k_C = 0.36 \cdot k_A$)

캠 플레이트 완충재의 강성 k를 기초로 하여 각 캠 플레이트의 반력을 구한다(**그림 XV.21 참조**).

$R_B = 45,600 / 73,008 \times R_A = 0.62 R_A$

$R_C = 26{,}208 / 73{,}008 \times R_A = 0.36R_A$

$\therefore\ Q = 2 \times R_A + 0.62 \times R_A + 0.36 \times R_A = (2 + 0.62 + 0.36) \times R_A = 2.98R_A$

이므로, 각 캠 플레이트의 반력은 다음과 같이 되며, A형 완충재의 반력이 지배적으로 작용한다.

$R_A = Q/2.98$

$R_B = 0.62 \cdot R_A = 0.62 \cdot Q/2.98$

$R_C = 0.36 \cdot R_A = 0.36 \cdot Q/2.98$

반력(R_A)에 대하여 상기 (제 XV.4.3(2)항의 레일력에 의한 캠 플레이트 힘(RF)의 최대치를 구하면 다음과 같으며, TCL의 전 길이(8 m)에 대해서는 각각 720 kN(재하시), 480 kN(비재하시)으로 된다.

$Q_{RFL} = 60 \times 1.5 \times 1.0 \times 8.0/2.98 = 241.6$ kN(하중 재하시의 캠 플레이트에 저항이 없을 때)

$Q_{RFU} = 40 \times 1.5 \times 1.0 \times 8.0/2.98 = 161.1$ kN(비 재하시의 캠 플레이트에서 저항이 없을 때)

궤도의 기울기(SL)에 의한 종 방향 힘{상기의 (제 XV.4.3(5)항에서 7.31 kN/m}에 대한 캠 플레이트 힘(A형 완충재)을 구하면 다음과 같으며, TCL의 전 길이(8 m)에 대해서는 58.5 kN으로 된다.

$Q_{SL} = 7.31 \times 8 / 2.98 = 19.6$ kN

이들을 조합하면, 하중그룹(상기의 **표 XV.3** 참조) LG 11, 13은 재하 시에 다음과 같다.

TCL의 전 길이(8 m)에 대해 $\varSigma Q_{long.TCL} = 58.5 + 720 = 778.5$ kN

캠 플레이트(A형 완충재)에서 $Q_{long.A} = 19.6 + 241.6 = 261.2$ kN

LG 12, 14의 경우는 재하 시에 다음과 같다.

TCL의 전 길이(8 m)에 대해 $\varSigma Q_{long.TCL} = 58.5 + 720/2 = 418.5$ kN

캠 플레이트(A형 완충재)에서 $Q_{long.A} = 19.6 + 241.6/2 = 140.4$ kN

이들을 정리하면, 캠 플레이트에 대한 종 방향 반력의 최대치는 다음과 같다(**표 XV.4**에는 착오로 약간 다른 값 적용).

A형 완충재에서 $Q_{long.A} = 261.2$ kN

B형 완충재에서 $Q_{long.B} = 0.62 \times 261.2 = 162.0$ kN

C형 완충재에시 $Q_{long.B} - 0.36 \times 261.2 - 94.0$ kN

이들의 합은 $2 \times 261.2 + 162.0 + 94.0 = 778.4$ kN으로 TCL의 전체길이에 대한 값과 같다.

(다) 횡 하중(상기의 XV.4.4항 참조)

사행동 하중(Nosing force : NF)은 다음과 같다.

$Q_{NFd} = 100$(kN) $\times 1.5 \times 1.0 = 150$ kN

또는 $Q_{NFd} = 150$(kN) $/ 4$(m) $= 37.5$ kN/m(TCL의 4 m 구간에 적용, **그림 XV.22** 참조)

안전측면에서 캔트효과는 무시되며, 원심력(CF)은 다음과 같다.

차축하중에 대하여 $h_{CF} = 24/8$ kN/m(TCL의 6.4 m 구간에 적용)

균일 등분포하중에 대하여 $h_{CF} = 12.7$ kN/m(TCL의 나머지 구간에 적용)

풍하중(W)은 $q_w = 5.7$ kN/m이며, 레일온도의 변화에 따른 온도하중(TR)은 $q_T = 0.28$ kN/m이다.

최대 횡 하중은 횡 하중조합 LG 12에서 계산된다. TCL의 4 m 구간은 LG 12, 14 하중그룹의 경우에 원심력(24.8 kN/m), 온도하중(0.28 kN/m), 풍하중(5.7 kN/m)을 합산하고 사행동력(37.5 kN/m)을 포함하며, LG 11, 13 하중그룹의 경우에는 온도하중과 풍하중을 더하고 원심력과 사행동력은 각각 1/2만을 합산한다.

TCL의 2×1.2 m 구간은 LG 12, 14 하중그룹의 경우에 원심력, 온도하중, 풍하중을 합산한다. 나머지 구간 (0.8 m, 0.7 m)은 LG 12, 14 하중그룹의 경우에 원심력(12.7 kN/m), 온도하중, 풍하중을 합산한다(**그림 XV.22 참조**).

횡 하중에 의한 캠 플레이트에서의 반력은 **그림 XV.22, 23**과 같이 서로 다른 하중이 TCL에서 분포된다. 대칭의 하중분포(**그림 XV.22**)에서는 LG 12, 14에 대해 다음과 같이 캠 플레이트의 최대 횡 하중이 결정된다.

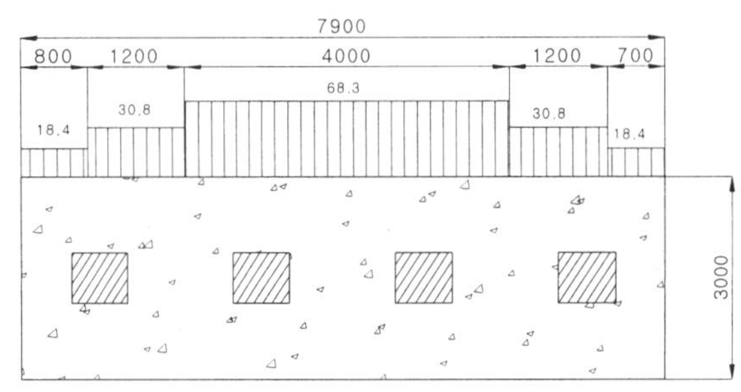

그림 XV.22 캠 플레이트 횡 하중의 대칭 분포

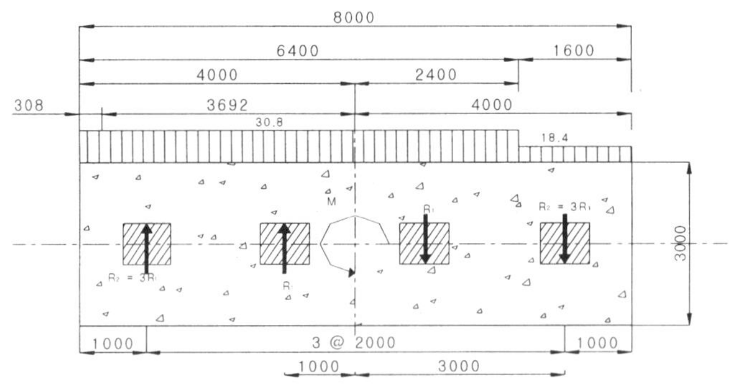

그림 XV.23 캠 플레이트 횡 하중의 비대칭 분포

$$Q_{trans} = (68.3 \times 4.0 + 30.8 \times 1.2 \times 2 + 18.4 \times 0.80 \times 2) \, / \, 4 = 94.1 \text{ kN/camplate}$$

비대칭 하중분포(**그림 XV.23**)에서의 모멘트는 횡 하중의 편심으로 결정된다. 캠 플레이트의 최대반력은 슬래브의 중심으로부터 떨어진 거리로 계산된다. 캠 플레이트에서의 횡 반력은 다음과 같이 계산된다.

$$\frac{R_1}{1,000} = \frac{R_2}{3,000} \quad \rightarrow \quad R_2 = \frac{3,000}{1,000} R_1 = 3R_1$$

여기서, R_1 = 캠 플레이트 번호 1에서 반력

R_2 = 캠 플레이트 번호 2에서 반력

사행동 힘은 집중하중으로서 가장자리 캠 플레이트에 최대편심으로 위치한다. 캠 플레이트의 횡 반력을 구하기 위하여 LG 12, 14에 대한 모멘트를 구하면 다음과 같다.

$M = 150 \times 3.692 + 30.8 \times 4.0 \times 4.0 / 2 - 30.8 \times 2.4 \times 2.4 / 2 - 18.4 \times 1.6 \times (2.4 + 1.6 / 2) =$

$\qquad 553.8 + 246.4 - 88.7 - 94.2 = 617.3 \text{ kNm}$

$M_R = 2 \times (1.0 \times R_1 + 3.0 \times R_2) = 2 \times (1.0 \times R_1 + 3.0 \times 3R_1) = 20.0R_1$

$M = M_R$이므로,

$\qquad R_1 = 617.3 / 20 = 30.9 \text{ kN/cam plate}$

$\qquad R_2 = 3R_1 = 30.9 \times 3 = 92.6 \text{ kN/cam plate}$

최대 횡 하중은 사행동 힘, 편심력, 레일에서의 온도변화 및 풍하중의 조합으로부터 LG12가 된다.

대칭 + 비대칭 하중에 대해

$\qquad Q_{trans} = 94.1 + 92.6 = 186.7 \text{ kN/cam plate}$(캠 플레이트의 최대치)

(4) 캠 플레이트 완충재의 설계

캠 플레이트의 종 방향 완충재에서는 구속(온도차로 인한 수축과 건조수축)에 대한 반력을 구하고 수평하중에 대한 반력과 중첩시켜야 한다. 횡 방향 완충재에서는 구속이 없이 오직 수평하중에 대해서만 고려된다.

(가) 구속력의 계산

TCL의 온도하중(TF)은 다음과 같이 고려한다. TCL의 온도가 PCL보다 낮다면 TCL의 수축으로 인하여 외측 캠 플레이트표면의 완충재가 압축된다(**그림 XV.24**). 이 압축은 건조수축에 의한 압축과 함께 중첩된다. 상기의 제 XV.4.3(3)(나)항에서 TCL과 PCL의 온도차는 다음과 같다.

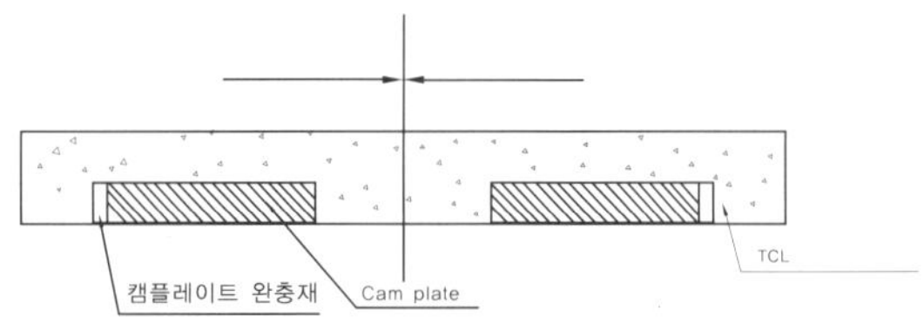

그림 XV.24 TCL의 수축에 따른 캠 플레이트 완충재의 압축

$\Delta T = -13\text{℃}, \quad \alpha = 1.0 \times 10^{-5} / \text{℃}$

$\varepsilon_T = -13.0 \times 1.0 \times 10^{-5} = -13.0 \times 10^{-5} \text{ mm/mm} = -0.13 \text{ mm/m}$

건조수축(SH)이 완전히 진행된 상태에서는 그 크기가 $\varepsilon_{SH} = -54 \times 10^{-5}$ mm/m로 된다.

따라서 구속(온도차로 인한 수축과 건조수축)에 의한 TCL의 변위(**그림 XV.24**의 경우)는 TCL의 중앙고정으로부터의 거리에 의존한다(**그림 XV.26**).

$\qquad \Delta s_1 = (-0.13 - 0.54) \times 1.35 = -0.905 \text{ mm}$

$\qquad \Delta s_2 = (-0.13 - 0.54) \times 3.35 = -2.245 \text{ mm}$

캠 플레이트에서 구속(온도차로 인한 수축과 건조수축)으로 인한 반력은 발생되는 변위에 의해 결정되며, TCL의 변위로부터 캠 플레이트에서 Calenberg의 상세기초에 따라 계산한다.

만약, TCL의 온도가 PCL보다 높다면 TCL의 신장으로 인해 내측 캠 플레이트표면의 완충재가 압축된다(**그림 XV.25**). 상기와 같이 $\Delta T = 13\text{℃}$이며, 따라서 ε_T는 0.13 mm/m이다. TCL의 신장에 따른 내측 캠 플레이트 완충재의 변위(**그림 XV.25**)에 대하여 검토(**그림 XV.26**)하면, $\Delta s_1 = 0.08$ mm, $\Delta s_2 = 0.34$

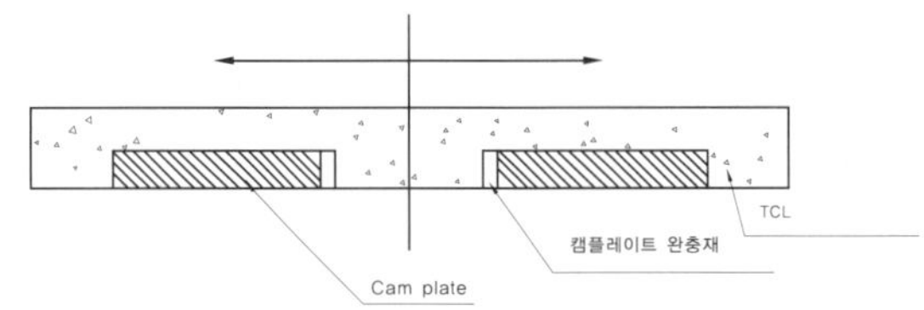

그림 XV.25 TCL의 신장에 따른 캠 플레이트 완충재의 압축

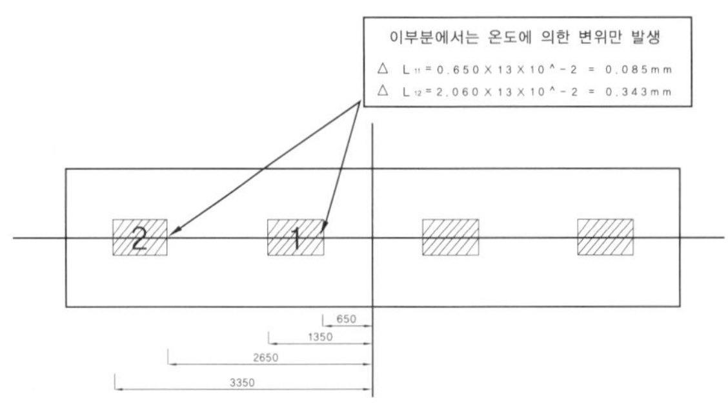

그림 XV.26 TCL 중앙으로부터의 거리에 따른 TCL의 변위

mm로서 각각 $\cong 0$으로 간주한다.

(나) 설계

캠 플레이트 완충재의 크기는 이곳에 작용하는 구속력과 수평하중에 따라 선택한다. 온도차로 인한 수축과 건조수축 완료에 의한 구속력{상기의 (가)항} 및 수평하중{상기의 (3)항}의 작용 하에서 압축에 대한 완충재의 응력은 다음 식으로 계산한다. 여기서, A, B, C형 완충재는 종 하중(B, C형은 구속력 중첩), D형 완충재는 횡 하중을 받는다.

$$\sigma = (Q_{restraint} + Q_{load}) \, / \, A \leq \sigma_{allow} \ [\text{kN/mm}^2]$$

캠 플레이트 완충재의 설계에서는 **표 XV.4**와 같은 표로 구속력 + 수평하중에 의한 총 하중과 응력을 계산하는 것이 편리하다. 여기서, 상기의 (3) (가)항과 같이 완충재 재료를 선택하여 설계한다.

▶표 XV.4의 설명

No. 1 : 압축 = 캠 플레이트 전면에 대해 계산된 변위 [mm]

$\Delta s = E_{cs} \cdot s$, 여기서, $E_{cs} = E_T + E_{SH}$, $s = 1{,}350$ 또는 $3{,}350$ mm

No. 2 : 외형계수 S ; Calenberg 제품 상세에 따른 요소

$S = (l \cdot h) \, / \, \{2 \cdot t \cdot (h + l)\}$: 단수의 완충재일 경우

$S = h \, / \, (4 \cdot t)$: 복수의 완충재일 경우

No. 3 : Calenberg 제품 상세에 따른 압축률 E_d [N/mm²]; 외형계수 S에 의존

No. 4 : 허용응력 [N/mm²] ; $\sigma_{allow} = (S^2 + S + 1) \, / \, 0.85 \leq 15.00$(Calenberg 제품 상세에서)

No. 5 : 구속에 의한 응력 [N/mm²] ; $\sigma_{prov} = (\Delta s/t) \cdot E_d$

No. 6 : 구속에 의한 반력(구속력) [kN] ; $Q_c = \sigma_{prov} \cdot A$, 여기서 A : 완충재의 면적

No. 7 : 수평하중 Q_L [kN] ; 상기의 (3)항으로 부터 종 하중(D형은 횡 하중)의 최대치

No. 8 : 총 하중 [kN] ; ΣQ = 수평하중 Q_L + 구속력 Q_C

No. 9 : 총 응력 [N/mm²] ; σ_{total} = $\Sigma Q/A$, 여기서 A : 완충재의 면적

캠 플레이트 완충재의 압축응력은 **표 XV.4**에서 다음과 같다.

표 XV.4 캠 플레이트 완충재(A~D형) 응력의 계산표

구분					No. 1	No. 2	No. 3	No. 4	No. 5	No. 6	No. 7	No. 8	No. 9
완충재 유형	완충재 제원			측면당 완충재 수량	압축 Δs [mm]	외형계수 S	압축률 E_d [N/mm²]	허용하중 σ_{allow} [N/mm²]	구속력		수평하중	구속력 + 수평하중	
	높이 h [mm]	길이 l [mm]	두께 t [mm]						구속응력 σ_{prov} [N/mm²]	구속력 Q_C [kN]	Q_L [kN]	총 하중 ΣQ [kN]	총 응력 σ_{total} [N/mm²]
A형	120	120	10	5	0	3.0	50.7	15	0	0	266.2	266.2	3.7
B형	120	120	12	5	0.905	2.5	38	11.6	2.86	206.2	149.2	355.4	4.94
C형	120	120	15	5	2.245	2.0	27.3	8.24	4.08	294.1	95.9	390.0	5.42
D형	120	680	5	1	-	10.2	441.4	15	-	-	186.7	186.7	2.29

A형 : σ_{total} = 3.70 N/mm² < σ_{allow} = 15.0 N/mm²

B형 : σ_{total} = 4.94 N/mm² < σ_{allow} = 11.6 N/mm²

C형 : σ_{total} = 5.42 N/mm² < σ_{allow} = 8.24 N/mm²

D형 : σ_{total} = 2.29 N/mm² < σ_{allow} = 15.0 N/mm²

따라서 캠 플레이트 완충재의 응력은 A, B, C 및 D형 모두에서 안전하다. 이와 같이 검토된 완충재는 상기의 (2)항에 나타낸 **그림 XV.18**과 같이 캠 플레이트 측면에 설치한다.

(5) 구속력 + 수평하중에 대한 캠 플레이트의 설계

캠 플레이트의 종 방향 보강은 수평하중과 구속력으로부터, 횡 방향 보강은 **수평하중으로부터** 캠 플레이트의 반력을 검토한다. 캠 플레이트는 독일 표준 스트럿(Strut)과 침목(Tie) 모델에 따라 설계한다(**그림 XV.27**).

압축력 C는 경사 1 : 2.5, 즉 22° 이하의 각도로 작용한

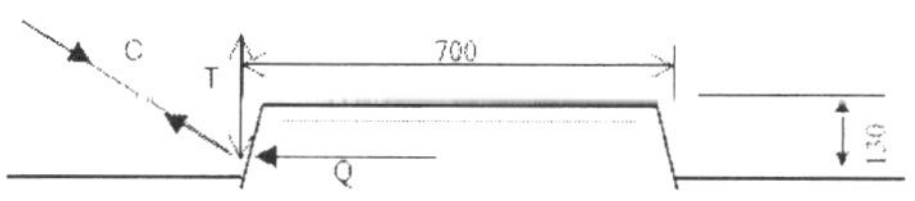

그림 XV.27 캠 플레이트에 대한 힘의 작용

다고 가정하며, 정확한 Q의 작용지점은 중요하지 않다. 이와 같은 것은 캠 플레이트의 높이에 관여하는 오차를 제한하는데 적용된다.

수평하중의 최대치는 다음과 같다.

$$\max Q_{load\,A} = 266.2 \text{ kN } (\text{표 XV.4})$$

그러나 총 수평 힘의 최대치는 수평하중의 최대치에 의하지 않는다.

$$\max Q_{Restraint} = 294.1 \text{ kN, } Q_{load\,C} = 95.9 \text{ kN, } \max Q_{transv} = 186.7 \text{ kN } (\text{표 XV.4})$$

DIN 1045-1에 따라 구속에 의한 힘은 부분 안전율을 1.5 대신에 1.0으로 설계에 반영한다. 이 안전율은 균열되지 않은 단면과 균열된 단면에 대해 서로 다른 강성을 고려한다. 구속에 대해 큰 응력은 균열이 없는 단면에서 계산되나 계산된 응력은 콘크리트의 허용인장응력(2.9 N/mm²)을 초과하고 이것은 콘크리트의 균열을 발생시

키며 이 균열은 다시 응력을 감소시키게 된다.

　보강에 요구되는 철근 량을 계산하기 위하여 종 방향은 구속력 + 수평하중의 최대치로부터, 횡 방향은 수평하중의 최대치로부터 캠 플레이트 당 T를 구한다.

$$\text{종 방향 } Q_{max} = 294.1 + 95.9 = 390\ \text{kN},\ T_{max} = 390/2.5 = 156.0\ \text{kN}$$

$$\text{횡 방향 } Q_{max} = Q_{trans} = 186.7\ \text{kN},\ T_{max} = 186.7/2.5 = 74.7\ \text{kN}$$

종과 횡 방향의 보강을 위한 철근요구량은 각각 다음과 같다.

$$\text{req } A_S = T\ /\ f_{yk}\ [\text{cm}^2]$$

여기서, $f_{yk} = f_{yu}\ /\ \gamma_s = 34.8\ \text{kN/cm}^2$

$f_{yu} = 400\ \text{N/mm}^2$(철근의 인장강도)

$\gamma_s\ = 1.15$(부분 안전율)

req $A_S = 4.5\ \text{cm}^2$(종방향), 선택 7@ 13/100 = 8.9 cm^2

req $A_S = 2.1\ \text{cm}^2$(횡방향), 선택 4@ 13/200 = 5.1 cm^2

압축 스트럿은 다음과 같이 압축력 C를 구하여 종과 횡 방향의 응력을 검토한다.

$$\text{횡 방향}\quad C = \sqrt{Q^2 + T^2} = \sqrt{186.7^2 + 74.7^2} = 201.1\ \text{kN/m},\ A = 120 \times 680 = 81{,}600\ \text{mm}^2$$

$$\text{종 방향}\quad C = \sqrt{390^2 + 156.0^2} = 420.4\ \text{kN/m},\ A = 120 \times 600 = 72{,}000\ \text{mm}^2$$

$$\sigma = C/A < f_{cd} = 0.6 \cdot \alpha \cdot f_{ck.cyl}\ /\ \gamma_c = 10.2\ [\ \text{MN/m}^2]$$

여기서, $\alpha = 0.85$, $\gamma_c = 1.5$

종방향 $\sigma = 5.8\ \text{N/mm}^2$, 횡방향 $\sigma = 2.5\ \text{N/mm}^2$

　C30/37에 대한 $f_{ck,\ cyl} = 30\ \text{N/mm}^2$과 균열에 의한 $f_{ck,\ cyl}$ 감소의 경우에는 압축력의 방향이 경사지어 작용하는 것으로 가정한다.

　DIN 1045–1에 따라 종, 횡 철근의 정착 길이를 각각 산정한다.

- 철근 인장 항복 값 　　　　　　　: f_{yu} = 400 N/mm^2
- 콘크리트(C30/37) 공칭응력 　　: f_{ck} = 30 N/mm^2
- 콘크리트 접착응력 　　　　　　　: f_{db} = 3 N/mm^2
- 정착계수 　　　　　　　　　　　　: α_o = 0.7 (구부린 철근에 대해)
- 정착철근 기본 길이 　　　　　　: l_b = $d_s/4 \cdot f_{yk}\ /\ f_{ab}$ [mm], 여기서 $f_{yk} = f_{yu}\ /\ \gamma_s$
- 정착철근 요구길이 　　　　　　　: $l_{bnet} = \alpha_o \cdot l_b \cdot A_{s,req}\ /\ A_{s,prov} > 10 \cdot d_s$ [mm]
- 직접 정착 길이 　　　　　　　　: $l_{d,dir} = 2\ /\ 3 \cdot l_{bnet} > 6 \cdot d_s$ [mm]

　한편, 캠 플레이트의 콘크리트 피복은 평균두께가 30 mm를 넘지 못한다. 콘크리트의 피복은 평균 20 mm로 설계하며, 최소한계의 피복은 10 mm이다. 이는 평균상대습도 50 % 하에서 건조수축이 완전히 진행되었을 때에 필요한 피복두께이다.

XV.4.7 TCL 슬래브의 설계

TCL 슬래브는 (온도와 교량의 변위에 의해) 슬래브 바닥 및 (교량의 변위에 의해) 슬래브 상부에 대해 인장으로 설계한다.

(1) TCL 바닥의 종, 횡 방향 인장에 대한 설계
(가) 온도효과에 의한 인장

만약 TCL의 상부가 덥혀진다면 TCL이 아치모양으로 구부려진다. 이러한 과정에서 TCL의 바닥표면에 미세한 균열이 생긴다. 이 균열과 TCL의 자중은 상부표면의 온도증가에 따른 TCL의 솟음 현상(Up-lifting)을 감소시킨다(**그림 XV.28**). TCL의 바닥은 온도에 의한 휨 응력

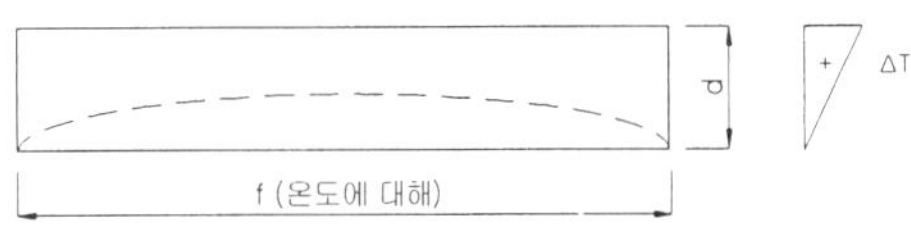

그림 XV.28 온도효과에 의한 TCL의 휨

에 대하여 설계한다. 선택된 보강은 균열 폭에 대한 제한과 휨 구속에 대해 설계한다.

콘크리트(C30/37)의 물성치는 $F_c' = 30$ N/mm², $E = 31,900$ N/mm², $g = 24.5$ kN/m³이다.

온도에 의한 TCL 상부의 아치효과는 콘크리트 단면에서 휨 응력을 발생시킨다.

$$\sigma = \frac{h \cdot \Delta t}{2} \cdot \alpha \cdot E \quad [\text{N/mm}^2]$$

여기서, $h = 0.37$ m, $\alpha = 1.0 \cdot 10^{-5}$, $E = 31,900$ N/mm², $\Delta t = 0.05$℃/mm를 대입하면,

$\sigma = 2.95$ N/mm²이다.

구속에 대한 휨 설계에서 부분 안전율은 1.0을 사용한다. 온도응력은 콘크리트의 비균열 단면에 대해서 계산하는데 실제의 콘크리트 단면은 균열된 상태이기 때문에 계산된 응력은 단면에 대해서 과대응력으로 작용한다. 결국, 이 응력은 단면에 대해서 균열을 발생시키고 이 균열은 응력을 감소시키는 역할을 한다.

종 방향 휨에 대한 설계는 설계 표를 이용하며 휨모멘트로부터 소요되는 철근량을 계산하여 TCL을 보강한다.

$$\sigma = M / W \text{에서 } M = \sigma \cdot W \, [\text{kNm}]$$

여기서, $W = b \cdot h^2 / 6 = 1.0 \times 0.37^2 / 6 = 0.0228$ m³

횡 방향 휨에 대한 설계에서도 설계 표를 이용한다. 횡 방향에서 중요한 응력은 잠재균열을 따라서 발생한다. TCL의 횡 방향 임계 균열길이는 다음 식으로 구한다.

$$l_{critical} = 183 \cdot h \cdot \sqrt{\alpha \cdot \Delta t \cdot E} \quad [\text{mm}]$$

$L < 0.9 \cdot l_{critical}$일 경우에 온도에 따른 응력은 감소된다(여기서, $L = 2,800$ mm : 횡 방향 길이).

$$\sigma''_w = 18.5 \cdot \frac{\{L - (2/3) \cdot a'\}^2}{h} \cdot 10^{-6} \quad [\text{N/mm}^2]$$

여기서, a' = 받침길이(안전 측에서 600 mm)

σ와 W에서 휨모멘트를 구하여 철근량을 계산하며, TCL의 상부와 하부에 대한 철근량을 선택한다. 안전율은

구속응력이 콘크리트단면의 균열로 감소됨을 고려한다. 그러므로 온도에 의한 내부응력과 모멘트는 1.45로 나눈다.

(나) 교량부의 처짐에 의한 TCL 바닥의 인장

교량의 처짐(하향굴곡)은 TCL의 처짐을 일으킨다(**그림 XV.29**). 사하중에 의한 교량의 처짐은 콘크리트 타설 시에 이미 발생되었다고 가정한다. 따라서 처짐은 오직 활하중에 의한 처짐만을 가정한다. 활하중(HL-25 하중)은 충격계수와 부분 안전율 및 조합계수에 따라 사용한다.

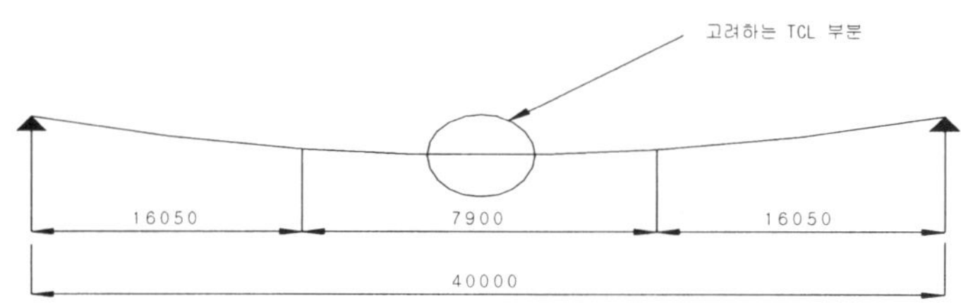

그림 XV.29 교량의 처짐

$$L = 40.0 \text{ m}, \quad E = 31,900,000 \text{ kN/m}^2, \quad I_y = 19.3 \text{ m}^4$$

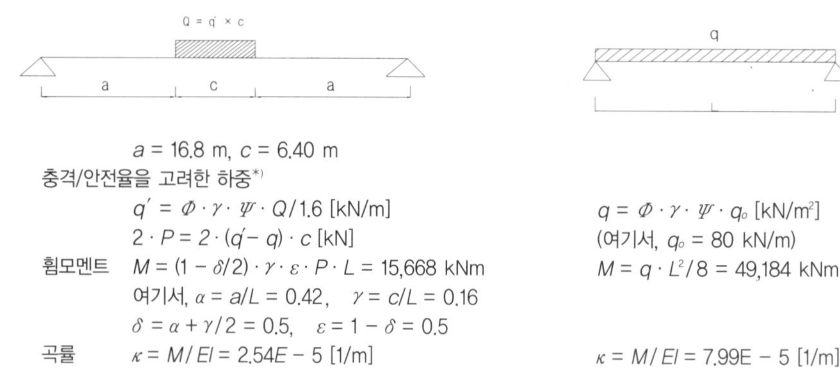

$a = 16.8$ m, $c = 6.40$ m
충격/안전율을 고려한 하중[*)]
$$q' = \Phi \cdot \gamma \cdot \Psi \cdot Q / 1.6 \text{ [kN/m]}$$
$$2 \cdot P = 2 \cdot (q' - q) \cdot c \text{ [kN]}$$
휨모멘트 $M = (1 - \delta/2) \cdot \gamma \cdot \varepsilon \cdot P \cdot L = 15,668$ kNm
여기서, $\alpha = a/L = 0.42$, $\gamma = c/L = 0.16$
$\delta = \alpha + \gamma/2 = 0.5$, $\varepsilon = 1 - \delta = 0.5$
곡률 $\kappa = M/EI = 2.54E - 5 \text{ [1/m]}$

$$q = \Phi \cdot \gamma \cdot \Psi \cdot q_o \text{ [kN/m}^2\text{]}$$
(여기서, $q_o = 80$ kN/m)
$$M = q \cdot L^2 / 8 = 49,184 \text{ kNm}$$

$\kappa = M/EI = 7.99E - 5 \text{ [1/m]}$

[*)] 이 하중은 양쪽 궤도상에 2 열차가 있는 것으로 가정하고, 80 kN/m의 등분포하중은 단일하중 영역에서 중첩 시에 중복되는 것은 제외된다.

(a) 차축하중   (b) 균일 등분포하중

그림 XV.30 교량의 처짐에 따른 경간중앙부 곡률의 결정

활하중에 의한 교량의 처짐은 교량상판의 단면2차 모멘트에 의존한다. 상판단면의 비교와 토목설계의 기초에서 3@25와 2@40의 길이는 단면2차 모멘트와 교량 경간 길이의 조합에서 이끌어낸다. 교량의 곡률은 경간의 중앙에 대해 계산한다(**그림 XV.30**). 단경간 중심에서의 곡률은 차축하중과 균일 등분포하중에 의한 최대치를 갖는다.

그림 XV.30의 계산결과를 보면, 총 휨모멘트는 $M = 64,852$ kNm, 총 곡률(하향굴곡)은 $\kappa = 1.053 \times 10^{-4}$ [1/m]이다. 단일경간의 교량에서 스팬중심의 곡률은 $\kappa = 1.1 \times 10^{-4}$이다. 따라서 $\kappa = 1.1 \times 10^{-4}$[1/m]으로 계산한다.

인장응력은 다음과 같이 계산한다. 여기서 d는 TCL의 두께(0.37 m)이다.

$$\kappa = \frac{\epsilon}{d/2} = \frac{\sigma}{E \cdot d/2} \quad [1/\text{m}]\text{에서} \quad \sigma = \kappa \cdot E \cdot d/2 \quad [\text{MN}/\text{m}^2]$$

교량상판의 휨은 TCL에서 휨을 발생시키고 이는 TCL에서 휨모멘트를 발생시킨다. TCL은 이 응력들을 피하고자 균열을 발생시키고 이 균열은 응력을 감소시킨다. 이 구속에 대한 휨 설계는 DIN 1045에 따라 1.0의 부분 안전율을 사용한다. 이 안전율은 구속력으로부터의 응력을 콘크리트 단면의 균열을 통해 해방시켜 주는 역할을 한다. 온도에 의한 내부응력과 모멘트는 1.45로 나눈다. 휨에 대한 설계에서는 제(가)항과 같이 상기의 σ와 W에서 M을 구해 설계 표를 이용하여 요구되는 철근 량을 구하여 TCL 바닥의 철근량을 선택한다.

(2) TCL 상부에서 종 방향 인장에 대한 설계

연속경간 교량구조는 양쪽 경간의 처짐으로 중간지점(支點)에서 아치현상(상향굴곡)을 보이고 이는 도상콘크리트에 영향을 미친다(**그림 XV.31**). 교량의 처짐은 상기의 (가)항과 같이 활하중에 의한 것만 고려되며, 교량상판의 단면2차 모멘트에 의존한다.

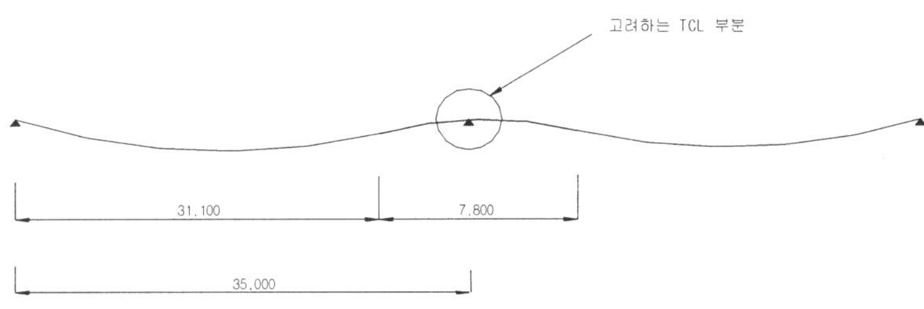

그림 XV.31 연속경간 교량구조 중간지점에서의 아치현상

활하중에 의한 교량의 처짐은 상기의 (1) (나)항과 유사한 방법으로 구한다(**그림 XV.32**). 그림 XV.32의 계산 결과를 보면, 총 휨모멘드는 $M = -60{,}906.44$ kNm, 총 곡률(상향굴곡)은 $\kappa = -9.89 \times 10^{-1}$ [1/m]이다. 연속교

$$L = 40.0 \text{ m},\ E = 31{,}900{,}000 \text{ kN/m}^2,\ I_y = 19.3 \text{ m}^4$$

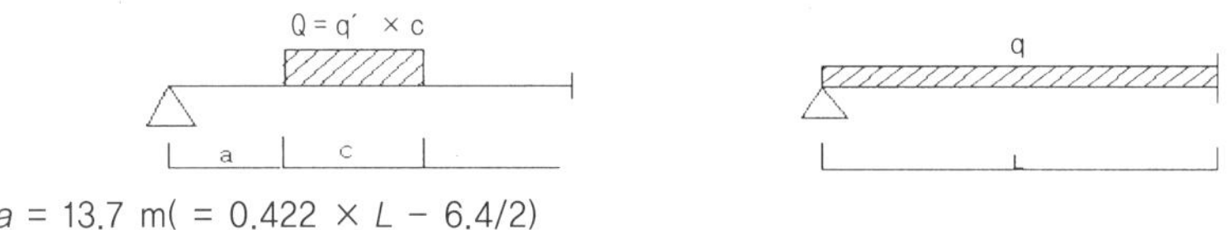

$$a = 13.7 \text{ m}(= 0.422 \times L - 6.4/2)$$

기타 수식은 그림 XIII.30과 동일

휨모멘트 $M = 11{,}722$ kNm(2개 궤도하중) $M = 49{,}184$ kNm(2개 궤도하중)

           $\alpha = 0.342,\ \gamma = 0.16,\ \delta = 0.422,\ \varepsilon = 0.578$

곡률 $\kappa = 1.90\text{E}{-}5$ [1/m] $\kappa = 7.99\text{E}{-}5$ [1/m]

(a) 차축하중   (b) 균일 등분포하중

그림 XV.32 활하중에 의한 교량 처짐에 따른 중간지점 곡률의 결정

량의 중간지점은 $\kappa \approx -0.99 \times 10^{-4}$ [1/m]의 곡률한계를 가진다. 이는 안전측면에서 $\kappa = 1.0 \times 10^{-4}$ [1/m]으로 계산한다. 인장응력 σ는 상기의 (1) (나)항과 같은 요령으로 κ 에서 구한다(**그림 XV.33**).

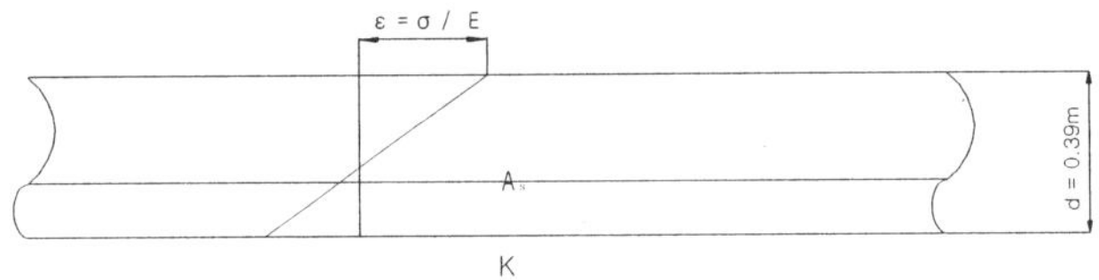

그림 XV.33 TCL 상부 인장응력의 계산

휨 설계는 DIN 1045-1에 따라 1.0의 부분 안전율을 사용한다. 온도에 의한 내부응력과 모멘트는 1.45로 나눈다. 설계는 상기의 (1)항과 같이 σ와 W로 M을 구해 설계 표를 이용하여 요구되는 철근 량을 구한다.

(3) TCL 상부에서 횡 방향 인장에 대한 설계

교량 위 콘크리트궤도의 구조는 종 방향의 휨 저항뿐만 아니라 횡 방향에 의해서도 지배된다. 바깥쪽 레일은 중공(中空)박스 복부의 상부에 정확히 위치하고(**그림 XV.34**), 교량상판은 TCL 상부에서의 휨 응력이 교차된다.

동하중에 의한 처짐의 검토는 다음에 의한다. 교량 횡 방향으로의 처짐은 교량상판의 단면2차 모멘트와 중공

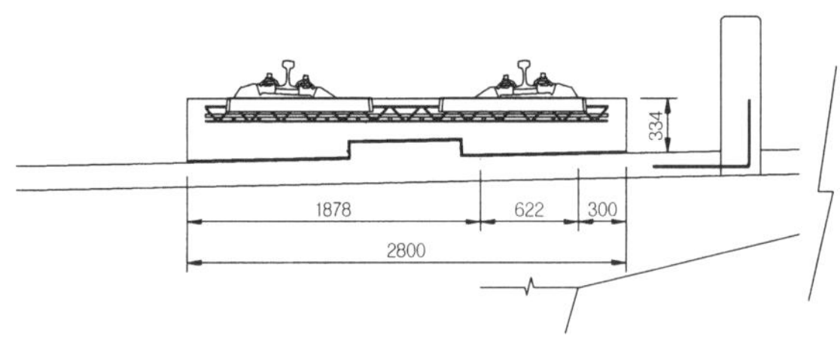

그림 XV.34 교량 위 콘크리트궤도의 구조

박스 복부에 관한 교량상판 위 콘크리트궤도의 위치와 자유단 스팬길이가 관련된다. 교량단면의 비교는 3@25m의 상판이 기준이 되고 여기서 단면2차 모멘트와 교량상판의 횡 방향으로 스팬길이의 조합이 만들어진다.

단면2차 모멘트 : $I_x = 1.021 \times 10^6$ cm^4, 횡 방향 스팬길이 : $L = 6.0$ m

교량의 곡률은 스팬의 중간에 대해 계산한다. 스팬 끝단의 지점위치에서의 곡률은 하중에 따른 최대 항복 값에서 항복한다. 유한요소 모델을 이용하여 교량상부에서의 응력을 구해(**그림 XV.35**) 곡률을 결정할 때는 제XV.4.2(2)항의 활하중을 참조한다. 교량의 곡률로부터 다음과 같이 슬래브의 곡률과 모멘트를 구한다. 상하행선에서의 열차는 가장 불리한 하중작용점의 이동과 모든 부분 안전율을 가정한다.

$$\sigma = \frac{M}{W} = \frac{\kappa \cdot EI}{W} = \frac{\kappa \cdot E \cdot h}{2} \rightarrow k_{bridge} = \frac{2 \cdot \sigma}{E \cdot h} = \frac{2 \times 1.2828}{31,900 \times 640} = 1.257 \times 10^{-7} \ [1/m]$$

$$K_{slab} = K_{bridge} = \frac{M}{EI_{slab}} \rightarrow M_{slab} = K_{bridge} \cdot E \cdot I \ \ [\text{kNm}]$$

$$\text{and } I = \frac{b \cdot h^3}{12} \ \ \text{with } h = 370 - 130 \ \ \text{mm}$$

$$M_{slab} = K_{bridge} \cdot E \cdot b \cdot h^3_{slab} / 12 = 1.257 \times 10^{-7} \times 31,900 \times 1,000 \times 240^3 / 12 = 4.61 \ [\text{kNm}]$$

$$\kappa = \frac{\epsilon}{h_{slab}/2} = \frac{\sigma}{E \cdot h_{slab}/2} \rightarrow \sigma = \kappa \cdot E \cdot h_{slab}/2 = 1.257 \times 10^{-7} \times 240/2 = 0.48 \ [\text{kN}/\text{mm}^2]$$

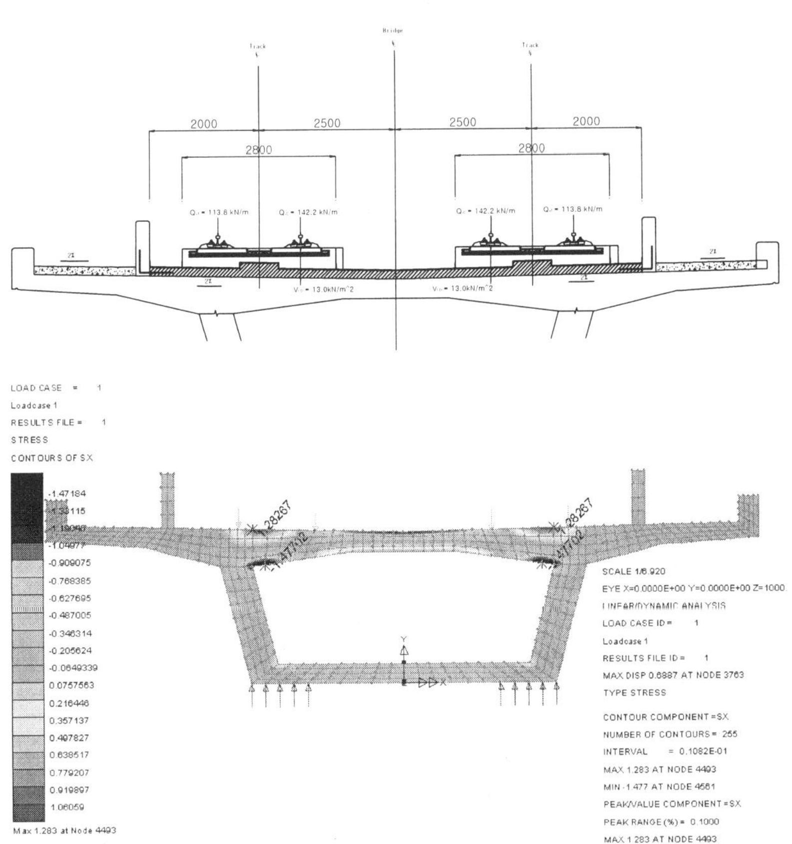

그림 XV.35 유한요소 모델을 이용한 교량상부에서의 응력 계산

피복두께가 40 mm인 경우에 정적높이는 $d = 37 - 13 - 4 = 20$ cm이다. 위의 공식으로 M을 구하고 설계 표를 이용하여 요구되는 철근 량을 구한다.

(4) 캠 플레이트에 대한 TCL 오목부분의 설계

콘크리트침목에서의 종·횡 하중은 TCL을 통하여 캠 플레이트로 전달된다. 압축응력은 **그림 XV.36**에서 보듯이 매우 단순화되어 콘크리트침목에서 캠 플레이트로 전달된다.

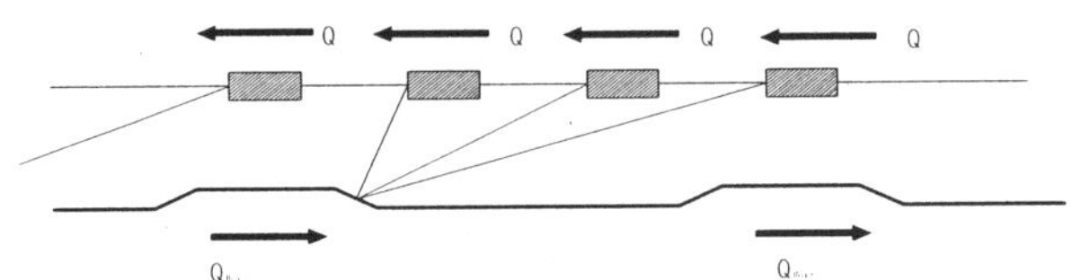

그림 XV.36 교량 위 콘크리트궤도의 하중전달 구조

캠 플레이트 전면에 집중된 캠 플레이트 완충재의 반력은 TCL 단면의 넓은 면적에 걸쳐 분포된다(**그림 XV.37**). 힘의 분포는 작은 면적(캠 플레이트 700 mm)에서 넓은 면적(TCL의 2,800 mm)으로 전달된다. 퍼진 힘 T는 "분산된 인장력(splitting tensile force)"이라 부른다. 이는 충분한 보강을 통해 TCL에서 검토되어야 하고 충분한 인장강도 분할이 이루어져야 한다.

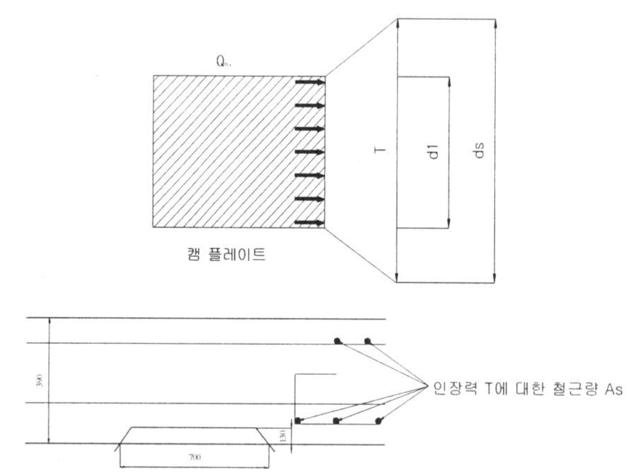

그림 XV.37 TCL에서 캠 플레이트 완충재 반력의 분산

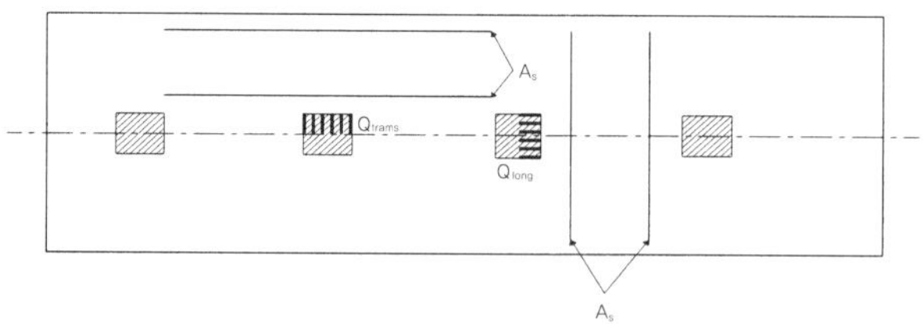

그림 XV.38 캠 플레이트 지점반력에 대한 TCL의 철근보강

인장력은 DAfStb(독일 철근콘크리트 건설협회)의 Volume 240에 따라 계산한다.

$$T = (Q / 4) \cdot (1 - d_1 / d_2) \text{ [kN]}$$

여기서, Q는 상기의 제XV.4.6(5)항에서 구한 종 방향 구속력 + 종 하중의 최대치 및 횡 하중의 최대치이다. d_1 = 700 mm는 작은 하중작용 면적의 폭, d_2 = 2,800 mm는 넓은 면적에 대한 폭이다.

종과 횡 방향의 소요 철근 량은 다음 식으로 구한다.

$$A_S = T / f_{yk} \ [\text{cm}^2]$$

여기서, f_{yk} = f_{yu} / γ_S [N/mm²], γ_S = 1.15(부분 안전율), f_{yu} = 400 N/mm²(철근의 인장강도)

종 방향의 캠 플레이트 지점반력에 대한 철근 보강은 캠 플레이트 사이의 구간에서 횡 방향으로 이루어진다. 캠 플레이트에서 횡 방향의 지점반력은 종 방향으로 캠 플레이트 양 옆으로 철근보강이 이루어진다(**그림 XV.38**).

(5) 구속력에 대한 TCL의 설계

TCL은 PCL 위의 탄성 분리재(foil) 상부에 고정되어 있다. TCL의 수축과 신장은 캠 플레이트에서 지점반력을 발생시키고, 이는 구속에 의한 지점반력이 TCL에 응력으로 전달되어 최대구속력이 TCL에서 발생되는 것을 뜻한다. TCL에서 종 철근의 보강에서는 이러한 구속에 의한 응력발생에 따른 균열 폭의 제한에 대해 설계한다(**그림 XV.39, 40**).

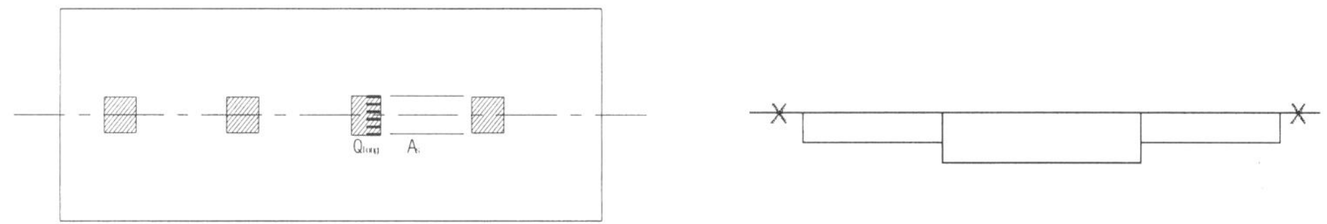

그림 XV.39 구속력에 대한 TCL 구조	그림 XV.40 TCL에서 저항에 대한 하중의 분포

TCL에서의 총 구속력($Q_{max,long}$)은 각 캠 플레이트들에서의 구속에 의한 반력{(제XV.4.6(4)항의 **표 XV.4**}을 더하여 구한다. 다음 식으로 응력을 구한다.

$$\sigma_c = Q_{max,long} / A_c \ [\text{N/mm}^2] \ (\text{캠 플레이트 상부})$$

여기서, A_c는 TCL 오목부분의 두께(240 mm)에 TCL의 폭을 곱하여 구한다.

구속력에 대한 철근보강은 부분 안전율 1.0을 사용하여 결정하며, 구속력의 합을 철근의 f_{yk}로 나누어 TCL 전 폭에 대한 철근배치와 캠 플레이트 상부의 철근배치를 각각 계산한다.

다음에 균열 폭 제한에 대해 설계한다. 캠 플레이트 표면에서 지점에 대한 반력은 TCL에서 응력으로 변할 수 있다.

$$\sigma = Q / A$$

여기서, Q : TCL에서의 총 구속력, A : TCL의 단면적(전 두께 370 mm를 고려)

균열 폭 제한에 대한 검토는 슬래브에서 중심부 인장에 관해 계산된 응력에 대하여 수행한다. 구속응력에 대한 TCL의 균열 폭 제한을 위한 철근 량은 다음과 같이 계산한다.

$$A_s = k_c \cdot k \cdot f_{ct,eff} \cdot A_{ct} / \sigma_s \ [\text{cm}^2]$$

여기서, k_c = 0.4{1 + σ_{ct} / ($k_1 \cdot f_{ct,eff}$)}

k = 0.8, $h \leq 300$ mm에 대해서

k = 0.5, $h \geq 800$ mm에 대해서

σ_s = 293 N/mm²(철근응력)

$f_{ct,eff}$: 콘크리트의 유효 축 인장응력. 일반적으로 f_{ctm} = 2.9 N/mm²(C30/37)

A_{ct} : 부재단면에서 콘크리트 인장면적

σ_{ct} : 콘크리트응력(하기의 설명 참조)

k_1 : 압축응력에 대해 1.5 h/h', 인장응력에 대해 2/3

h : 단면의 깊이

h' : 1 m 미만이면 h와 같고, 1 m 이상이면 1 m

A_{ct}는 단면 혹은 단면의 일부이다. 이는 하중조합 상에서 인장응력 하에 있다. 이는 콘크리트 초기균열의 형태를 만들고 σ_{ct}는 단면의 중립축 위치에서 콘크리트 인장응력이거나 주요 하중조합 하에서 균열이 없는 콘크리트 상태에서의 단면부분이다. 이는 전체단면에서 콘크리트 초기균열의 형태를 이끌어낸다.

TCL의 휨 응력(σ_c)은 $\sigma_{ctop,bottom1}$ (온도변화에 의한 응력), $\sigma_{ctop,bottom2}$ (교량중간에서의 상판 처짐에 의한 휨 응력), σ_{ctop} (교각에서의 상판 처짐에 의한 휨 응력)을 고려한다. **그림 XV.41**에서 응력에 의한 팔 길이는 다음 식과 같이 구한다.

$$z_T = h \cdot (\Sigma\sigma_T + \sigma_{ct}) / \{(\Sigma\sigma_T - \sigma_{ct}) + (\Sigma\sigma_T + \sigma_{ct})\} = h \cdot (\Sigma\sigma_T + \sigma_{ct}) / (2 \cdot \Sigma\sigma_T) \ \ [\text{mm}]$$
$$z_b = h \cdot (\Sigma\sigma_{cb} + \sigma_{ct}) / (2 \cdot \Sigma\sigma_{cb}) \ \ [\text{mm}]$$

균열 폭 = 0.3 mm와 철근지름 d = 13 mm일 때 철근응력에 해당하는 값을 DIN 1045-1에서 얻을 수 있다.

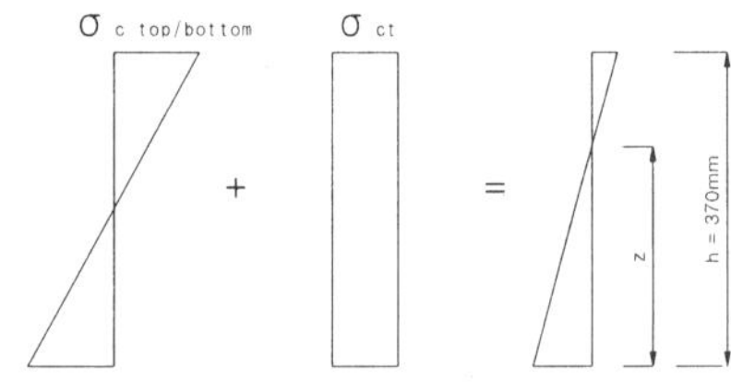

그림 XV.41 TCL의 휨 응력

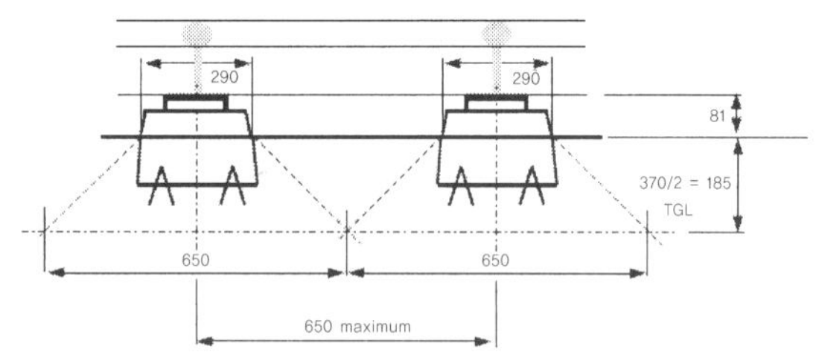

그림 XV.42 TCL에서 종 하중의 분포

(6) 수직하중에 대한 설계

TCL과 PCL 사이의 중간층은 탄성 분리재로 이루어져 있다. 탄성 분리 재에 대한 수직압력을 검토하여야 한다. 이때 수직압력은 탄성분리재의 평평한 표면에 마찰이 없는 경우를 기준으로 한다. 주된 하중분포 면적은 **그림 XV.42**에 나타낸 TCL의 바닥이다. 종 하중은 TCL에서 균일하게 분포된 하중이 적용된다.

$$l = 0.29 + 2 \times 0.185 = 0.66 \text{ m} > 침목간격$$

횡 하중 분포는 레일이 이끄는 분포면적의 폭이 제공한다(**그림 XV.43**).

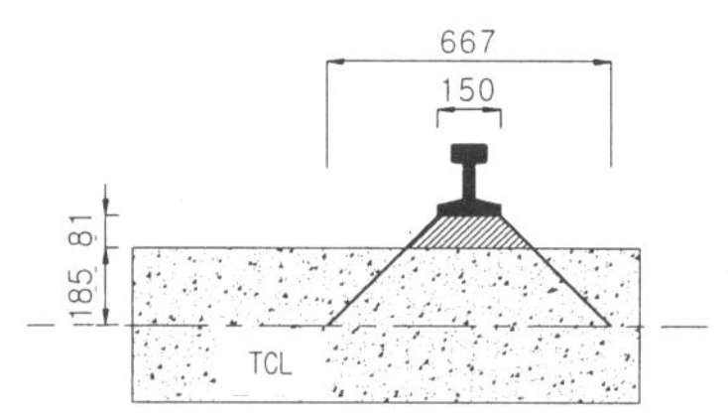

그림 XV.43 TCL에서 횡 하중의 분포

$$b = 0.15 + 2 \times (0.081 + 0.185) = 0.68 > \text{통상의 침목간격}$$

모든 차축하중에 대한 레일 당 TCL의 하중분포 면적은 다음과 같이 적용된다.

$$A = 0.68 \times 6.4 = 4.35 \ \text{m}^2$$

다음에 수직하중을 고찰하자. 여기서는 수직하중과 수평 힘에 의한 최종 수직반력이 고려된다. 사하중(V_G)은 상기의 제 XV 4.2.(1)항에서 구한 사하중(Σv_G)을 TCL 폭으로 나누며 단위 m당으로 검토한다.

$$\Sigma v_D = 36.3 \ / \ 2.8 = 13.0 \ \text{kN/m}^2$$

$$V_D = 13.0 \times 1.4 = 18.2 \ \text{kN/m}$$

활하중은 차축하중(250 kN)을 윤하중으로 바꾸어 편심이 없는 경우(직선구간)와 편심이 있는 경우(곡선구간)에 대해 구하고 충격계수 Φ(3@25m 교량의 경우에 Φ = 1.13) 및 γ = 1.45와 Ψ = 1.0을 고려한다.

편심이 없을 경우(직선구간)
$$Q_{v1} = Q_{v2} = 250 / 2 \times 1.13 \times 1.45 \times 1.0$$
$$= 204.8 \ \text{kN}$$

편심이 있을 경우(곡선구간의 외측레일)
$$Q_{v2} = (250 / 2.25 \times 1.25) \times 1.13 \times 1.45 \times 1.0$$
$$= 227.6 \ \text{kN}$$

이들의 차이는 22.8 kN이다.

원심력(CF)과 캔트효과(CE)는 차축하중과 균일 등분포하중에 대하여 원심력에 의한 수직하중(V_{CFd})만을 고려한다.

$$V_{CFd} = \pm 47.7 \ \text{kN}, \quad V_{CFd} = \pm 15.2 \ \text{kN/m}$$

풍하중(W)은 수직방향의 풍하중(v_w)을 이용하여 계산한다.

$$v_w = \pm 9.2 \ \text{kN/m}$$

$$V_w = \pm 9.2 \times 1.6 = \pm 14.7 \ \text{kN}$$

이들의 하중을 조합(표 XV.5)하여 편심의 윤하중을 고려한 외측레일에 작용하는 총 하중(308.2 kN)을 구하고 TCL 폭의 반을 고려한 단위길이 당 면적(1.4 m²)으로 나누어 TCL과 PCL 간의 최대 수직응력(이 경우에 0.22 N/mm²)을 계산하여 허용응력(2.55 N/mm²)과 비교한다.

표 XV.5 수직하중의 조합

하중조합		V_1 [kN]	V_2 [kN]	계 [kN]
LC 1 윤하중		204.8	204.8	409.6
LC 2 편심에 의한 윤하중		-22.8	22.8	0
LC 3 원심력		-47.7	47.7	0
LC 4 풍하중		-14.7	14.7	0
LC 5 사하중		18.2	18.2	36.4
수직하중의 합	LCC 2.2 : LC 1+ LC 2 + LC 3 + LC 5	152.5	293.5	446.0
	LCC 2.4 : LC 1 + LC 2 + LC 3 + LC 4 + LC 5	137.8	308.2	446.0

(7) 교량 조인트부분의 TCL 설계

열차의 통과와 온도, 교량교각의 정착과 동적효과 등에 의한 효과는 레일체결장치에서 솟음 현상을 발생시킨다. 교량 조인트부분에서 레일체결장치(그림 XV.44)의 체결력은 TCL에 추가적인 하중을 작용시킨다. 솟음에 대해 요구되는 안전율은 독일기준 AKFF에 의해 $\gamma = 1.3$이다.

체결력은 교량상판에서 계산된 업-리프트 값에서 구한다. 열차하중의 효과, 온도, 정착과 동적 윤하중을 고려하여야 하고 가장 불리한 조합에 대해서도 안전하도록 중첩시켜야 한다. 체결력은 DS 804의 Appendix 29에 의거하여 결정한다. **표 XV.6**은 2@40 m 교량에 대한 업-리프트 값의 예이다. 1개의 침목/TCL 힘은 계산된 체결력의 2배이다(**그림 XV.45**).

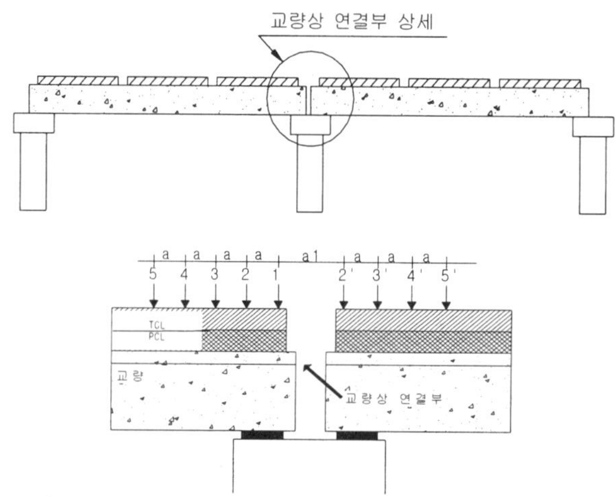

그림 XV.44 교량 조인트부분에서 레일체결장치

표 XV.6 2@40 m 교량에 대한 업-리프트 값

레일체결장치 번호	힘 [kN]	레일체결장치 번호	힘 [kN]
5	-1.27	1	0.17
4	-1.37	2′	-13.5
3	1.49	3′	-48.7
2	10.2	4′	-80.4

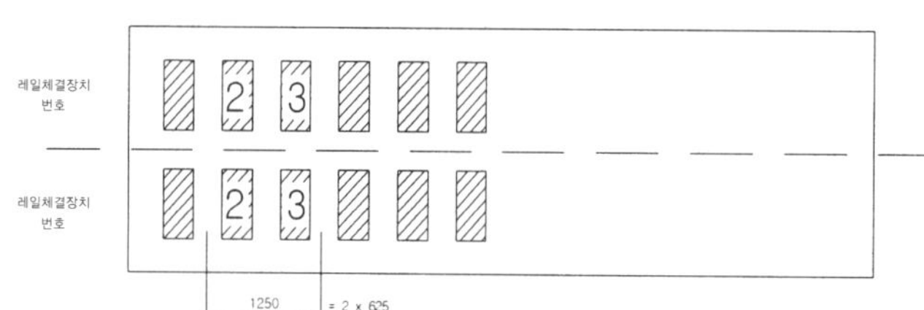

그림 XV.45 침목(레일체결장치)의 분포간격

TCL의 솟음에 대하여 다음과 같이 검토한다.

TCL의 업-리프트 힘 $U = 2 \times 10.2 + 2 \times 1.49 = 23.4 \ kN$

분포 힘(1.25 m이상)	$u = 24.8 / 1.25 = 19.0$ kN/m
TCL의 사하중	$g = 36.3$ kN/m
안전율	$\gamma = 36.3 / 19.0 = 1.91 > \mathrm{req}\,\gamma = 1.3$

마지막 침목의 앞에서 구조물접합부의 콘크리트 피복은 콘크리트궤도에서 충분한 간격을 주기 위해 최소한으로 줄여야 한다. 침목은 일반적으로 **그림 XV.46**에서 보듯이 수평력을 압축력으로 TCL에 전달한다.

교량 연결부에서는 **그림 XV.46**에서처럼 설치하는 것이 불가능하다. 비록 침목과 TCL 사이가 충분히 접합되고, 침목의 뒷면에서 구조적 층에 따라 발생되는 극한인장력이 없다고 하더라도 **그림 XV.47**과 같이 설계한다.

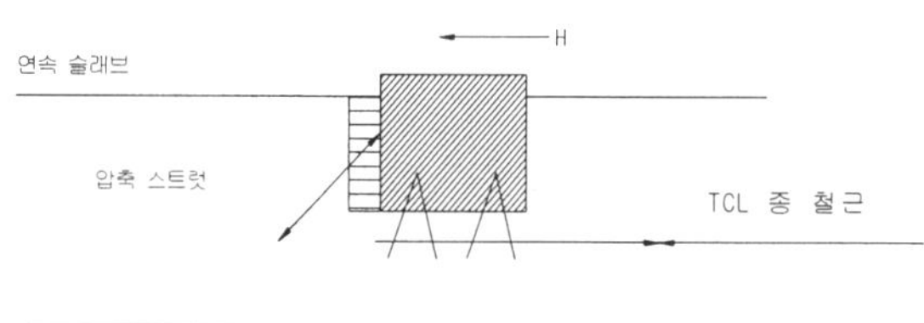

그림 XV.46 침목에서 TCL로 수평력(압축력)의 전달

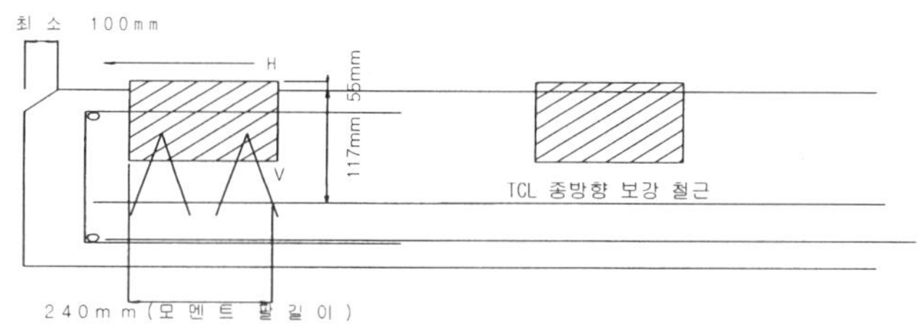

(a) 시스템의 종단면

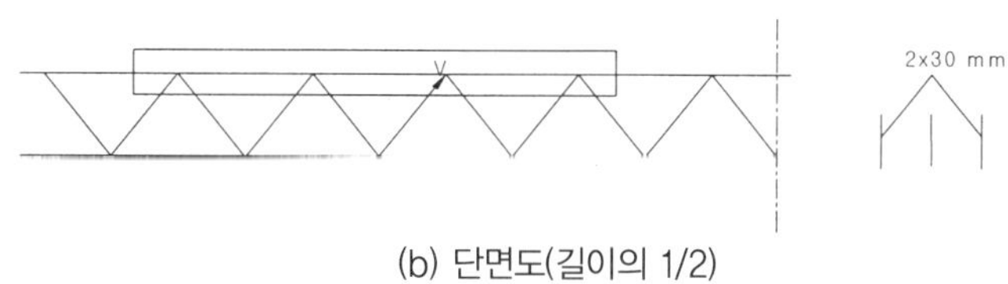

(b) 단면도(길이의 1/2)

그림 XV.47 교량 연결부의 TCL 설계

침목당의 최대 수평력을 구하고, 코팅되지 않은 격자철근 1 개당 최대 수직력을 구하여 철근량을 계산한다.

$$H_{\max} = 60 \times 0.65 / 2 \times 1.5 \times 1 = 29.3 \approx 30.0 \ \mathrm{kN} \quad (\text{침목 당})$$

$$V_{\max} = \sqrt{(2 \times 100^2 + 30^2)/100 \times H \times 17/240} = 30.9 \ \mathrm{kN} \qquad (\text{코팅되지 않은 격자철근 1개당})$$

$$A_s = V_{\max} / f_{yk} \ [\mathrm{cm}^2/\mathrm{m}]$$

DIN 1045-1에 따라 상기의 제XV.4.6(5)항과 같은 요령으로 철근의 정착 길이를 산정한다.

TCL 끝단의 마지막 침목에서 TCL 전면의 콘크리트 피복두께가 80 mm 이하일 경우에 **그림 XV.48**과 같이 철근을 배치한다. TCL에서의 격자철근 길이는 상기와 같다.

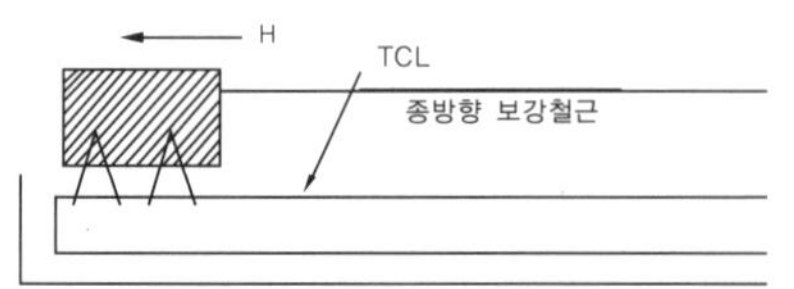

그림 XV.48 TCL 끝단의 설계

(8) 토목구조물에서의 허용오차

토목구조물에서의 오차는 TCL 콘크리트 두께의 정확도에 의하여 보상된다. TCL의 두께는 균열 폭 제한의 사용성 설계에 영향을 받는다. 철근의 보강은 다른 TCL 두께의 균열 폭 제한으로 검토한다. TCL의 평균두께는 다음에 의한다(**그림 XV.49**).

$$h_m = \{0.5(h_1 + h_2) - 130 \times 700 / 2800\}$$

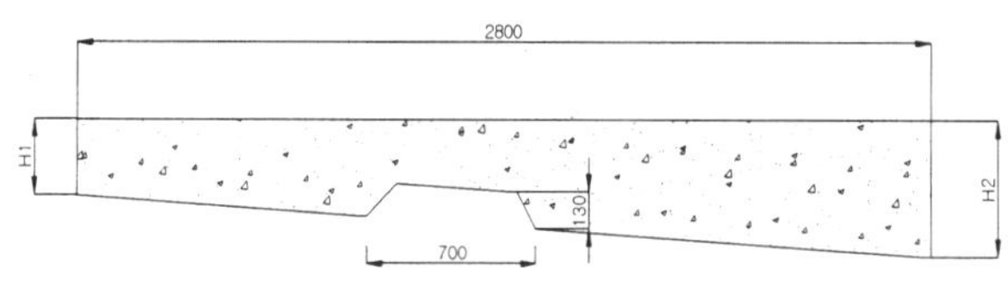

그림 XV.49 TCL 평균두께의 산정

(9) 철근 보강

이상을 정리하면, TCL슬래브의 철근은 종·횡 방향으로 (1)(가)항의 '온도효과에 의한 휨'과 (4)항의 '캠 플레이트에 대한 TCL 오목부분'에 대하여 상·하부에, 그리고 종 방향으로 (1)(나)항의 '교량 처짐(하향굴곡)'과 (5)항의 '구속력'에 대하여 하부에, (2)항의 '중간지점 아치현상(상향굴곡)'과 (5)항의 '구속력'에 대하여 상부에 철근이 요구된다.

즉, TCL슬래브 종 철근의 배치는 상·하부에서 D19/250 (11.5 cm²/m), 캠 플레이트 구간 상부에서 4D19/200 (11.5 cm²/m)이고, 횡 철근은 상부에서 D13/625 (2.0 cm²/m), 하부에서 D13/200 (3.2 cm²/m)이며, 캠 플레이트 주변의 슬래브 철근은 종 방향으로 7D13/100 (8.9 cm²/m), 횡 방향으로 4D13/100 (5.1 cm²/m)이다. 또한, 슬래브 끝단의 철근{(7)항}은 4D10/100 (2.85 cm²/m)를 배치한다.

XV.5 교량구간 PCL의 설계

XV.5.1 설계 일반

보호콘크리트 층(PCL)의 해석과 설계과정은 P.155의 **그림 XV.50**과 같다. PCL은 도상콘크리트 층(TCL)의 설계를 참조하여 설계한다.

PCL은 한쪽의 탈선방지 벽에서 다른 쪽 탈선방지 벽까지 9 m의 폭에 걸쳐서 교량상면과 TCL 사이에 15 cm의 두께로 설치한다. PCL의 설계는 하중과 온도하중, 건조수축, 및 균열 폭 제한의 설계 등으로 이루어진다.

PCL의 설계는 외부하중과 저항에 의한 한계상태의 힘을 고려하여 설계한다. 수직하중은 압축력으로 PCL 아래로 전달된다. 수평하중은 캠 플레이트를 통해 PCL로 전달되며, 캠 플레이트 완충재는 TCL의 수축과 신장으로 인한 응력을 감소시킨다. 고려된 건조수축 효과는 캠 플레이트 상에서 선행재하 하중의 증가에 의한 콘크리트 장기거동의 효과이다. 계산된 최대 종하중은 건조수축의 영향에 따라 30~70년 사이에 발생한다.

PCL과 캠 플레이트의 철근배열은 각각 PCL의 휨에 대해 검토하여야 하며 TCL에서 PCL의 캠 플레이트로 전달되는 하중은 편심 때문에 휨모멘트로서 PCL로 전달된다. PCL에서는 균열 폭을 0.5 mm 이내로 제한하여야 한다. 콘크리트 구조물의 균열발생 원인을 설계단계에서 고려하여도 실제 시공 상에서 충분히 유의하여야 균열의 발생을 최소한으로 억제할 수 있기 때문에 시공 시에도 세심한 주의가 필요하다.

XV.5.2 PCL 슬래브의 설계

(1) 하중

제XV.4절과 같은 요령으로 수직하중, 종 하중, 횡 하중을 구하여 하중을 조합한다.

(2) 캠 플레이트의 설계

상세한 설계는 제XV.4.6항의 내용을 참조한다.

(3) 온도하중에 대한 PCL의 설계

온도응력 σ으로 발생되는 모멘트 M을 구하여 A_s를 구한다.

$$\sigma = \frac{h \cdot \triangle t}{2} \cdot \alpha \cdot E \quad [\text{N/mm}^2]$$

여기서, $\Delta t = 0.05$ ℃/mm, $\alpha = 1.0 \cdot 10^{-5}$, $E = 31,900$ N/m², $h = 150$ mm

$$M = \sigma \cdot W \, [\text{kNm}]$$

여기서, $W = b \cdot h^2/6 \, [\text{m}^3]$

(4) PCL의 종 방향 설계

(가) 교량의 처짐으로 인해 발생되는 휨에 대한 PCL의 설계

　　PCL의 하부와 상부의 설계는 상기의 TCL 설계를 참조하여 설계하며, 곡률 k는 제XV.4.7항의 (1) (나), (2)항에서 각각 다음과 같다.

$$k = 1.1 \cdot 10^{-4} \, [\, 1/\text{m}](\text{하부}), \quad k = 1.0 \cdot 10^{-4} \, [\, 1/\text{m}](\text{상부})$$

이를 이용하여 다음의 식으로 하부와 상부에 대해 각각 모멘트 M을 구하여 A_s를 구한다.

$$\sigma = k \cdot E \cdot d/2 \quad [\mathrm{MN/m^2}]$$
$$W = b \cdot h^2/6 \quad [\mathrm{m^3}]$$
$$M = \sigma \cdot W \quad [\mathrm{kNm}]$$

$h = 15 - 7.5 = 7.5$ cm(종 철근은 PCL두께의 중앙에 배치한다)

(나) 건조수축에 대한 PCL의 설계

건조수축계수 ε의 값은 평균습도 50 %, 구조물이 외부에 노출되었을 경우에 0.6 mm이며, 다음과 같이 σ 와 모멘트 M을 구하여 A_s를 구한다.

$$\sigma = E \cdot \varepsilon \quad [\mathrm{N/mm^2}]$$
$$M = \sigma \cdot W \quad [\mathrm{kNm}]$$

(다) 종 하중에 대한 PCL의 설계

TCL의 해석에서 최대 종 하중은 266.2 kN이다. 캠 플레이트에 작용하는 종 방향 힘에 의해 PCL 중심부 에서 발생되는 휨모멘트 M_{ed}와 TCL의 자중 g는 다음과 같다.

$$M_{ed} = 266.2 \times (0.15/2 + 0.13/2) = 37.3 \quad \mathrm{kNm}$$
$$g = 0.355 \times 24.5 \times 2.8 = 24.25 \quad \mathrm{kN/m}$$
$$\sum M_o \; ; \; g \cdot L \cdot L/2 = M_{ed} \text{에서} \quad L = \sqrt{(2 \cdot M_{ed}/g)} \quad [\mathrm{m}]$$

휨모멘트 M_{ed}의 절반은 압축력으로 작용하고 절반만 휨모멘트로 작용하며, $M_{ed}/2$로부터 A_s를 구한다.

(라) 균열 폭의 제한에 대한 PCL의 설계

TCL의 해석에서 종 하중 + 구속력은 390.0 kN이며 여기에서 σ_{ct}를 구한다(2.6N/mm²). 균열 폭의 제한 을 위한 철근 량 계산에서 필요한 K_{co}를 다음 식으로 구하여 1 이상일 경우는 $K_{co} = 1$로 한다.

$$K_{co} = 0.4 \cdot \left\{ 1 + \sigma_{ct} / (k_1 \cdot f_{ct,\ eff}) \right\}$$

상기의 (3)항에서 구한 ① σ_{temp}(온도변화에 의한 응력), 및 (가)항에서 구한 ② $\Sigma\sigma_{slab,bottom}$(PCL 하부의 휨 응력)과 ③ $\sigma_{slab,top}$(PCL 상부의 휨 응력)으로부터 $\Sigma\sigma_{slab,bottom}$는 ① + ②, $\Sigma\sigma_{slab,top}$는 ① + ③으로 구한다. 응력에 의한 팔 길이는 전체 높이를 초과할 수 없으며, 이를 고려하여 요구되는 철근 량을 구한다.

(5) PCL의 횡 방향 설계

(가) 교량의 횡 방향 처짐에 의해 발생하는 휨에 대해 PCL 설계

TCL 해석에서 교량의 횡 방향 처짐의 곡률은 다음과 같으며, 상기 (4) (가)항의 식으로 응력(σ)을 구하고, 다음 식으로 모멘트를 구하여 철근 량을 산출한다.

$$k = 1.257 \times 10^{-7} \ [1/\mathrm{m}]$$
$$M_{PCL} = k \cdot E \cdot I \ [\mathrm{kNm}]$$

(나) 건조수축에 대한 PCL의 설계

상기의 (4)(나) 항과 같은 요령으로 계산한다.

(다) 횡 하중에 대한 PCL의 설계

TCL의 해석에서 최대 횡 하중은 Q_{trans} = 186.7 kN이며, 이에 따른 모멘트 M_{ed} [kNm]를 구한다. TCL과 PCL의 자중 g는 TCL 폭의 절반만 고려한다. 여기에서 상기의 (4) (나) 식으로 L을 구한다.

휨모멘트 M_{ed} 의 절반은 압축력으로 작용하고 절반만 휨모멘트로 작용하며, M_{ed} /2로부터 A_s를 구한다.

(라) 균열 폭 제한에 대한 PCL 설계

횡 하중 186.7 kN을 의 단위 폭 당 단면적으로 나누어 응력 σ_{ct}를 구한다. 상기 (2) (라) 항의 공식으로 K_o 를 구하고 응력에 의한 팔 길이를 검토하여 철근 량 등을 구한다.

(마) 수직하중에 대한 설계

TCL 해석에 의하면 수직하중에 대해서는 TCL과 PCL 사이에서는 수직응력이 약 0.22 N/mm² 정도로 콘크리트 허용응력에 비해 매우 작게 나타난다. 따라서 PCL에서도 수직하중에 대한 철근 보강은 별도로 하지 않는다.

(6) 철근보강

이상을 정리하면, PCL슬래브의 배근은 종 철근을 D13/100 (12.67 cm2/m)으로 PCL슬래브 두께의 중간에 배치하고, 횡 철근을 D13/100 (12.67 cm2/m)으로 종 철근 하부에 배치한다. 캠 플레이트 주변의 PCL슬래브 철근은 TCL슬래브의 캠 플레이트 주변과 같이 배근한다.

XV.6 접속구간 궤도구조의 검토

XV.6.1 토공~터널, 자갈궤도~콘크리트궤도 접속구간의 요건

- 토공~터널 접속구간에 콘크리트궤도를 연속하여 부설하는 경우에는 노반구조물의 강성차이로 인한 장단기 부등침하 등의 영향을 최소화하기 위한 보강대책이 필요하다.
- 터널 입 출구구간(터널내측으로 약 100 m 구간)은 대기온도 차이에 따른 영향을 받으므로 콘크리트궤도 부설 시는 이를 고려한다.
- 노반강성 변화개소와 궤도강성 변화(자갈궤도 콘크리트궤도)개소가 일치하는 것을 피한다.
- 자갈궤도와 콘크리트궤도의 접속구간은 궤도강성(탄성) 차이로 인한 궤도변형, 승차감 등을 고려하여 보강한다.

XV.6.2 교량~토공 접속구간의 요건

교대와 교대배면 되 메우기는 콘크리트궤도가 균등하게 지지되도록 소정의 절차와 시공기준에 따라 엄격하게 시공하여야 한다.

- 교대 배면의 되 메우기 구간은 장 단기 부등침하를 최대한 억제하기 위하여 특별한 구조적 조치가 필요하다.

- 특별한 조치 가운데는 궤도에서의 보강(예, HSB 두께의 증가 등)과 함께 충격완화의 목적으로 탄·소성 재를 설치한다.
- 특별한 상황에서는 침하방지 판(drag plate)의 설치가 필요하며, 침하방지 판의 설치시기는 배면 흙 쌓기가 완료된 후에 최대한의 방치기간을 거쳐 최종적으로 설치할 필요가 있다.
- 교량의 전후에는 교량과 토공노반 간의 하중전달을 억제하도록 특수 차단 벽(end spone)을 설치한다.

XV.6.3 접속구간 궤도구조의 검토

교량~토공 및 터널~토공 등과 같은 구조물과 노반간의 수직강성의 차를 점진적으로 변화시키는 구간(Transition Zone)에는 침하방지 판을 이용한 노반강성의 보강이 필요하다. 독일의 경우에는 접속구간의 침하방지 판을 노반설계 시에 적용하는 고속도로 접속구간의 설계방법과 동일하게 적용하고 있다. 따라서 일반교량 접속구간의 설계방법과 유사하게 설계에 적용한다.

▶ 해석방법
- 예를 들어, 범용 유한요소 구조해석 프로그램 SAP 2000으로 모델링과 단면력의 산정
- 단면력에 따른 적정 철근량의 산정
- 휨, 전단 및 균열에 대한 검토

▶ 입력제원
- 표준단면과 설계하중(LS 22)
- 설계재료 ; 콘크리트 : f_{ck} = 240 MPa, 철근 : f_y = 3,000 MPa
- 가정조건
    - 접속슬래브(drag plate)를 강화노반 상에 설치
    - 접속슬래브와 강화노반은 일체로 거동
    - 접속슬래브 끝단(브라켓 반대쪽)은 침하가 발생되지 않음
    - 강화노반의 강성은 N = 30 정도로 가정

XV.7 궤도~교량구조물 상호작용의 해석

XV.7.1 궤도~교량구조물간의 상호작용

교량 위의 콘크리트궤도는 토공 위와 터널 내에서와는 달리 계절의 변화에 따른 온도변화와 열차운행에 따른 각종 외력의 작용으로 교량과 궤도구조가 상호간에 영향을 미치게 된다. 즉, 장대레일 콘크리트궤도를 교량 위에 부설한 경우에는 온도변화에 따른 장대레일 자체의 축력 외에 교량상판의 신축과 함께 수반되는 상판의 축력이 레일체결장치를 통하여 레일에 부가적으로 작용하게 되므로 이러한 힘과 변위는 열차운행 중의 안전성 확보는 물론 유지관리의 측면을 고려하여 소정의 값으로 제한하여야 한다. 궤도~교량구조물간의 상호작용에 관하

여는 다음 사항을 이해하여야 한다.

- 콘크리트궤도를 교량 위에 부설하는 경우에는 DS 804에 따라 다음과 같은 사항에 대하여 구조해석을 수행한다.
  - 궤도~교량구조물간 상호작용의 검토
  - 교량상판 지지점(상판 신축부분) 위에서의 레일 상향력(up-lifting force)에 대한 검토(하기의 제 XV.8절 참조)
- 장대레일과 교량구조물은 여러 가지 외적환경과 하중의 영향으로 서로 간에 큰 응력과 종 방향의 거동을 일으키며, 이러한 현상은 교량상판에 비해 강성이 약한 레일의 안정성에 영향을 미칠 수 있다.
- 장대레일과 교량간의 상호작용은 크게 다음과 같은 3 가지의 영향을 받는다.
  - 온도의 상승·하강에 따라 구조물의 재료적인 신축(상판의 축력)영향이 장대레일에 부가하여 작용
  - 교량상판에 재하되는 열차하중에 의한 레일 축 방향 하중의 영향
  - 열차의 시·제동하중과 교각 강성에 의한 영향
- 장대레일~교량구조물간 상호작용(온도, 상판 휨에 의해 발생되는 축 응력, 시·제동하중)의 해석결과에서 교량구조물에 의한 장대레일의 부가 축력은 ± 92 N/mm² 이내로 제한(DS 804)하여야 한다.

XV.7.2 교량 위 일반 궤도구조 검토의 개요

선로선형, 교량형식과 구조, 지점배치 형식, 경간 길이 등의 설계 시에는 장대레일의 부설조건을 사전에 검토함으로써 열차운행 시의 선로 기능성을 확보할 필요가 있다. 교량형식과 기타 제원을 반영하여 교량 위의 장대레일에 관한 안전성을 검토할 때의 주요 검토내용은 다음과 같다.

- 해석방법 및 모델의 설정
- 안전성 적용기준(UIC 및 DB 기준)
- 궤도~교량구조물간 상호작용의 해석(FEM)
- 안전성의 판단

이때의 검토기준은 **표 XV.7, 표 XV.8**과 같다. 여기서, UIC 774-3R의 $\sigma_{rail} \leq 72$ N/mm²는 자갈궤도의 레일좌굴을 제한하기 위한 값으로서 콘크리트궤도에 대한 부가적인 레일응력의 한도를 검토할 때에는 **표 XV.7**의 값을 적용한다.

표 XV.7 부가적인 레일응력 한도(DS 804)

부가적인 레일응력의 한도	
압축	-92 N/mm²
인장	+92 N/mm²

표 XV.8 부가적인 레일응력 등의 한도(UIC 774-3R)

기준항목	설계기준	비고
궤도축력	• 압축 : -72 N/mm² • 인장 : 92 N/mm² *온도하중, 시·제동하중, 및 수직하중이 작용할 때에 구조물의 영향에 따라 부가적으로 발생되는 종 방향 부가응력	궤도의 좌굴과 파단에 대한 안전기준
교량과 궤도 간의 상대변위	• 변위 : 4 mm (시·제동하중 작용 시)	자갈궤도의 유지관리를 위한 안전기준

상판의 절대변위	• 레일 신축이음매가 없는 경우에
	  상판의 수평 절대변위 : ±5 mm (국내 ±10 mm)
	• 레일 신축이음매가 있는 경우에
	  상판의 수평 절대변위 : ±30 mm
		자갈궤도의 유지관리를 위한
		안전기준

상판과 상판, 상판과 교대 간의 변위	• 상판~상판, 상판~교대 간의 변위 : 8 mm (수직하중 작용 시)	자갈궤도의 유지관리를 위한 안전기준

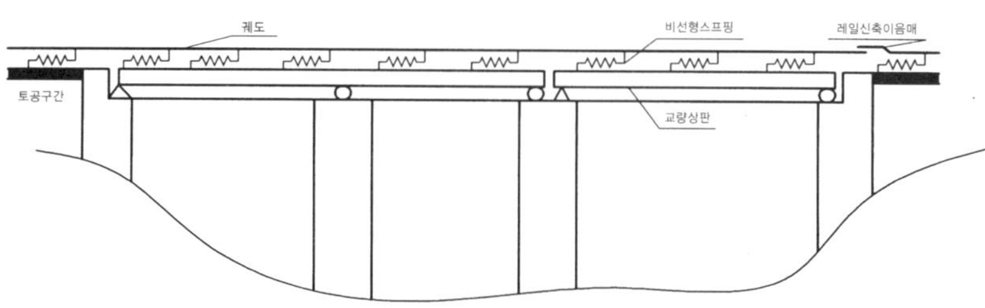

그림 XV.51 교량 위 장대레일(CWR)의 해석 모델

궤도 교량구조물간의 상호작용을 보다 정확하게 계산하기 위해서는 레일체결장치(도상)의 비선형성 및 토목구조물의 특성인 교각과 지반의 강성을 고려할 필요가 있으며, 개략적인 해석모델의 구성은 **그림 XⅢ.51**와 같다.

이때의 해석모델은 온도변화에 따른 부가적인 레일응력, 열차의 시·제동하중 및 수직하중으로 인한 상판의 휨에 따른 부가적인 레일응력 등을 고려하여야 한다. 궤도~교량구조물간 상호작용의 해석은 컴퓨터 프로그램의 능력에 따라 아래의 두 방법 중 하나를 선택할 수 있다.

① 온도변화, 시·제동하중, 수직 처짐에 대해 개별적으로 간단한 해석

② 온도변화, 시·제동하중, 수직 처짐에 대해 동시에 해석하는 완전한 해석

해석 프로그램으로는 범용 유한요소 구조해석 프로그램인 LUSAS 13.7이 있으며 UIC 774-3R과 결과의 검증으로 적용성을 검토한다. 해석에서 온도변화, 시·제동하중, 수직하중을 동시에 적용하여 보다 정확한 해를 구할 필요가 있다.

XV.7.3 하중

궤도 교량구조물간의 상호작용을 해석하기 위해서는 교량상판과 레일 간에서 선로 종 방향의 상대 변위를 일

으키는 모든 하중들을 고려하여야 한다. 이때의 하중은 온도변화에 따른 온도하중, 열차의 시·제동하중 및 상재하중을 적용하며, 하중의 크기는 UIC7 74-3R 및 고속철도 설계기준을 참고로 하여 적용한다.

(1) 교량상판에 작용하는 온도하중에 의한 거동

- 온도하중(구조물); 콘크리트 교량(PSC) : ±20 ℃ ,강교, 합성교량 : ±35 ℃
- 온도하중(궤도) : 적용 안함 (UIC 774-R Section 1.4.2)

온도변화에 따라 발생되는 교량상판의 신축량은 레일체결장치(도상)를 통해 레일로 전달된다(**그림 XV.52 참조**).

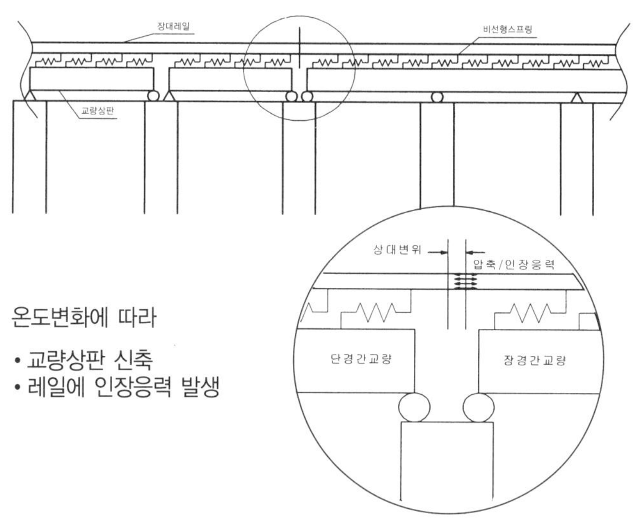

그림 XV.52 교량상판의 온도변화에 따른 교량상판/레일의 거동 메커니즘

(2) 열차의 시동·제동하중과 수직하중의 산정

열차의 수직하중은 80 kN/m(HL-25의 등분포하중)이며, 최대의 시동·제동하중은 UIC 774-3에 따라 다음과 같이 적용할 수 있다.

- 제동하중 ; 20 kN/m, 적용길이 : 300 m
- 시동하중 ; 33.3 kN/m, 적용길이 : 30 m

상기의 시동·제동하중의 크기와 재하길이는 **그림 XV.53**과 같이 가정하여 적용할 수 있다.

Casse 1 (우측방향)

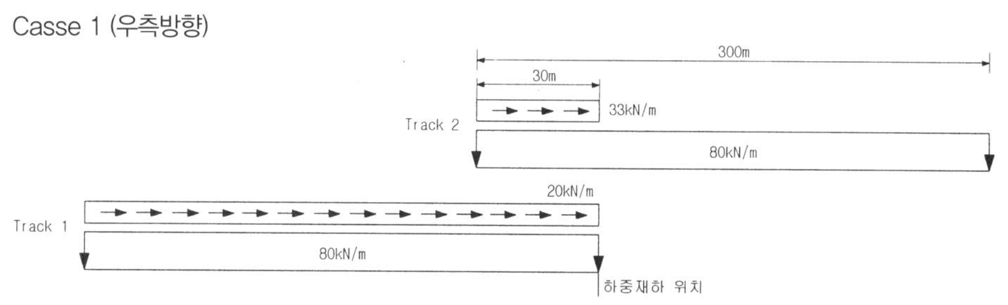

Casse 2 (좌측방향)

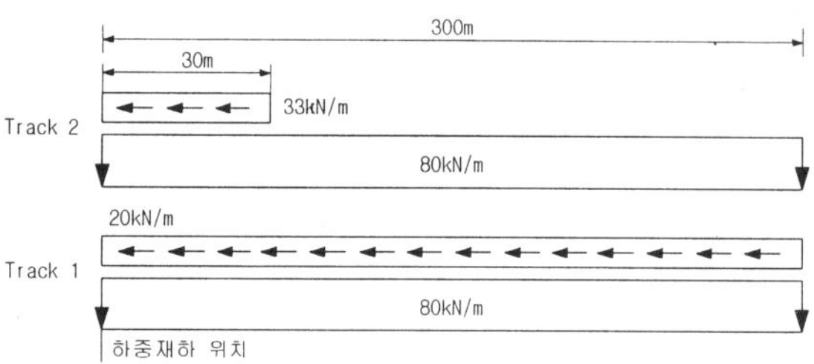

그림 XV.53 시동·제동하중 및 수직하중의 재하

(3) 열차의 상재하중에 의한 교량상판의 휨 거동

수직방향의 열차 상재하중으로 인하여 교량상판에 휨이 발생되며, 이 휨은 교량상판의 단부에 회전과 변위를 발생시킨다(**그림 XV.54 참조**).

수직방향의 열차하중 : 80 kN/m (L = 300 m)

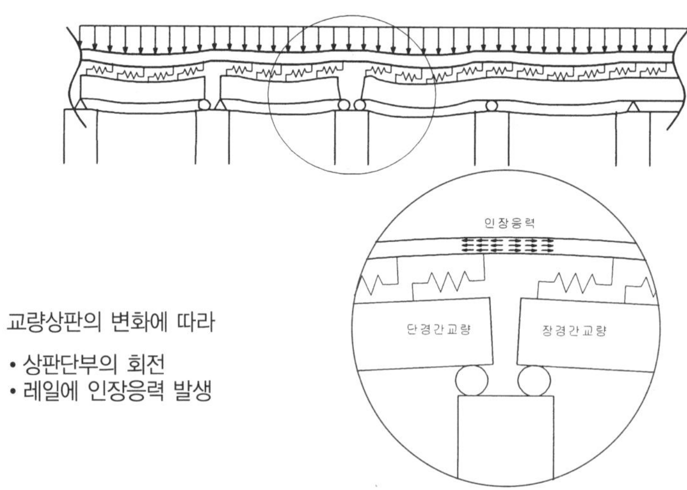

그림 XV.54 열차의 수직 상재하중에 의한 교량상판의 휨 거동

(4) 하중조합

열차의 시·제동하중은 상기의 **그림 XV.53**에서와 같이 수직하중과 동시에 작용하므로 부가적으로 발생되는 레일응력을 산정하고 궤도~교량구조물간 상호작용의 비선형 특성을 고려하기 위해서는 각각의 하중을 동시에 재하시켜 해석하여야 한다.

궤도~교량구조물간 상호작용은 비선형 해석이므로 각각의 하중케이스에서 구한 최대치의 선형조합(superposition)은 실제와는 다른 결과를 나타내기 때문에 각각의 하중케이스를 동시에 작용시켜 최대치를 구하여야 한다.

교량 위의 궤도가 복선 이상인 경우에는 시동하중과 제동하중을 각각의 선로에 작용시켜 최대의 레일응력이 발생되도록 재하시키며, 시동하중과 제동하중을 일정한 간격으로 이동시켜 최대치를 발생시키는 하중케이스를 적용한다.

XV.7.4 교량 상부구조의 특성

궤도~교량구조물간 상호작용의 해석 시에는 교량의 상부구조를 아래와 같이 3가지 형태로 이상화할 수 있다.

① 단순보 다경간 교량(multiple single span bridges)

② 연속보 교량(continuous span bridges)

③ 강결된 연속보 교량(continuous girder built as rigid frame bridges)

이때 교량의 상부구조는 열차의 수직하중과 시·제동하중에 대해 고려할 수 있도록 보(Beam)요소로 적용한다. 경부고속철도 2단계 구간의 교량 상부구조는 PC-box 2@40 m가 대표적인 형태이며, 이에 대한 기하학적 형상과 제원은 **표 XV.9**와 같다.

교량상판에 열차의 수직하중이 작용할 경우에는 휨으로 인하여 상판의 상부표면에 수평변위가 발생되고 따라서 궤도의 변형에 따른 레일의 변위와 응력이 발생된다. 열차의 수직하중으로 인한 궤도~교량간의 상호작용은 주로 상판의 휨 강성과 중립축의 위치, 고정단의 수평지지스프링강성 및 상판의 높이에 따른 영향을 받으므로 궤도~교량간의 상호작용 해석 시에는 이들의 영향을 고려하여야 한다.

표 XV.9 2@40 m PC Box의 기하학적 형상과 제원

상부형식	경간 길이	등가 탄성계수	단면적	단면2차 모멘트		중립축위치 (상부로부터)	주형높이
	L (m)	E (N/mm²)	A (m²)	I_{yy} (m⁴)	I_{zz} (m⁴)	d (m)	H (m)
PC BOX 거더	40	28,571.0326	12.3842	20.3000	165.8800	1.11	3.5

표 XV.9의 부속그림

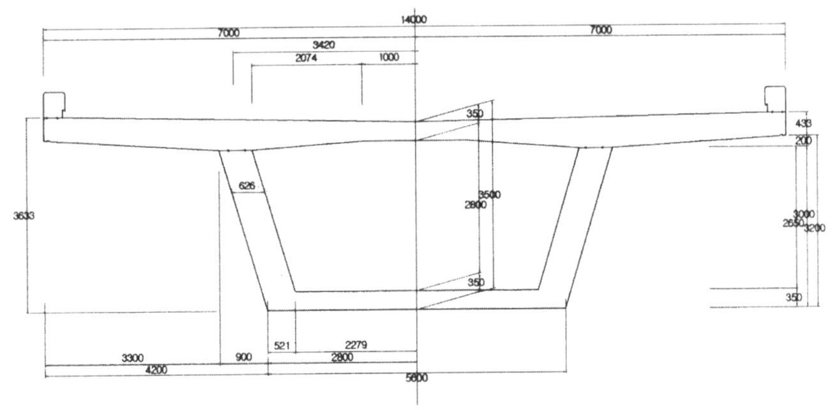

XV.7.5 교량 하부구조의 특성

교량의 상부구조는 아래와 같은 교량받침의 형태로 지지될 수 있다.

① 강결 (rigid)

② 고정단 (fixed)

③ 이동단 (movable)

④ 특정 스프링계수를 갖는 교량받침 (spring stiffness)

해석모델에서 상기와 같이 교량받침의 특성만을 고려하는 경우는 온도하중과 열차의 수직하중에 대해서는 적정한 해석모델일 수 있으나 열차 시·제동하중의 작용에 대해서는 적정한 값을 얻을 수가 없다. 특히, 고속철도와 같이 열차의 시·제동하중이 주요한 하중조건일 때는 교량의 하부구조를 해석모델에 반영할 필요가 있다.

교량상판의 종 방향 이동을 저지하는 반작용력은 궤도~교량간의 상호작용에서 매우 큰 영향을 미친다. 교좌장치 상부에서 단위 종 변위에 대한 반작용력을 수평지지계수라 정의할 때에 교좌장치의 종 스프링계수, 교각의 휨 강성, 기초의 수평과 회전강성 등이 수평지지계수의 중요한 기여 요소이며 궤도~교량간의 상호작용을 검토할 때에는 이들의 영향을 고려하여야 한다. **그림 XV.55**는 이들의 영향을 고려할 수 있는 모형화 방법을 나타낸다. 다만, 하부구조의 영향을 직접 상판에 적용할 경우에 등가 스프링강성 K는 다음 식으로 구할 수 있다.

$$K = \frac{H}{\Sigma \delta_i}$$

여기서,

H : 종 방향 작용력 [MN]

$$\delta_i = \delta_p + \delta_\varnothing + \delta_h + \delta_a \quad [m]$$

δ_a : 탄성교좌장치 수평강성에 따른 종 변위

$$\delta_p = \frac{1}{3} \times \frac{h_p^3}{EI} \quad : \text{교각의 휨 강성에 따른 종 변위}$$

$$\delta_\varnothing = \frac{(h_p + h_f/2)^2}{K_\varnothing} \quad : \text{기초의 회전강성에 따른 종 변위}$$

$$\delta_h = \frac{1}{K_h} \quad : \text{기초의 수평강성에 따른 종 변위}$$

기초의 강성을 구할 때, 온도하중에 대해서는 정적 탄성계수를, 시·제동하중에 대해서는 동적 탄성계수를 적용한다. 이동단의 수평저항은 기본적으로 무시하되 교좌장치 제작사의 성능입증이 있는 경우는 0~5 % 내에서 마찰력으로 고려할 수 있다.

이 해석과 검토에서는 UIC code의 방법을 적용하며, 교량받침의 형식, 지반조건의 특성 및 각각의 교각에 대

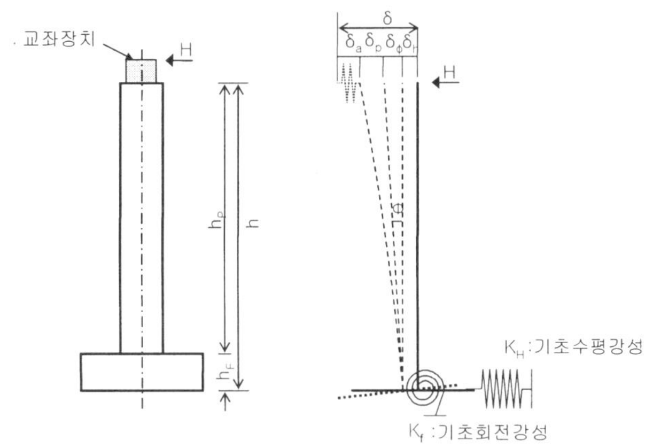

그림 XV.55 교좌장치 지점에서의 종 저항력의 모형화

해 형상과 높이 등의 제원을 반영한다. K값을 산정할 때는 토목노반 설계 시의 기준치인 지반변형계수(E_0) = 12 및 N치 = 50을 고려한다. 경부고속철도 2단계 구간의 교각은 중공원형 직접기초가 대표적인 형태이며, 궤도~교량간의 상호작용을 검토할 때에는 교량별 교각특성을 고려한다.

XV.7.6 레일 체결력의 검토

교량구간의 레일을 장대화하기 위해서는 시공성과 유지 관리성 등을 감안하고, 레일체결장치의 종 저항력 저감방법과 관련하여 기능성, 사용방법 및 적용효과 등을 검토·분석하여야 하며, 다음의 사항을 충족시켜야 한다.
- 교량의 이동단 부근에서 발생되는 장대레일 부가축력을 안전치 이내로 저감
- 교각, 교대지점에서 발생되는 레일 상향력의 저감 및 허용범위 이내로 수용
- 대기온도의 변화에 따른 '상판과 레일긴의 '상대변위를 레일체결장치에서 허용하는 범위 이내로 제한하여 사용성을 보장하고, 동절기의 레일절손 시에 파단량을 최소화

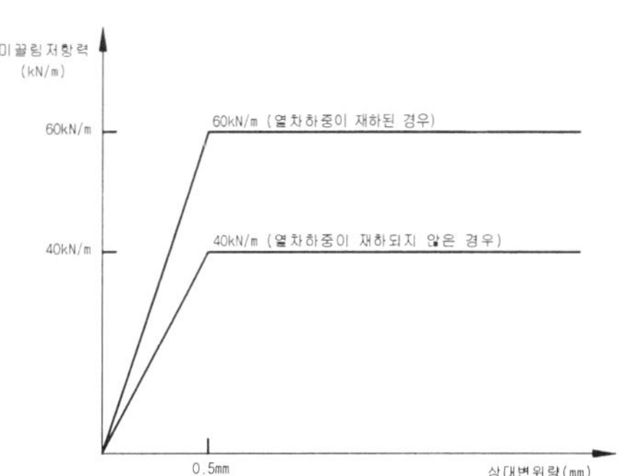

그림 XV.56 UIC 코드(code)에 따른 종 저항력

UIC 코드(code)에 따른 종 저항력은 **그림 XV.56**과 같다. 궤도~교량구조물간의 상호작용을 계산한 결과, 레일에서 발생되는 부가응력이 기준치를 초과하는 경우에는 필요한 연장에 걸쳐 특수 레일체결장치를 사용함으로써 안정성을 확보할 수 있다. 이때 교량 위의 콘크리트궤도에서는 구조적으로 안전할지라도 레일의 과대축력이나 상판단부에서의 레일 상향력 등 때문에 온도변화로 인한 상판과 레일 거동(축 방향 이동)의 영향을 검토하여 레일체결장치의 사용성을 보장할 필요가 있다.

이를 위해서는 레일체결장치에서 레일패드의 종 방향(레일길이 방향) 허용변위를 고려하여야 한다. 레일패드에 대한 종 변위의 허용범위는 예를 들어 3.0 mm로 제시되고 있다. 즉, 일반 레일체결장치의 경우에는 레일 교량상판 간의 상대 변위량이 3.0 mm를 초과하지 않는 범위 내에서만 사용할 필요가 있다. 상대 변위량이 3.0

mm를 초과하여 특수 레일체결장치를 사용할 경우에는 레일체결장치의 상대변위 기준에 적합한 부설길이의 적용이 필요하다.

XV.7.7 궤도~교량구조물간 상호작용 해석

궤도~교량구조물간 상호작용의 해석에서는 아래와 같이 상세해석을 수행하여 계산된 최대 레일응력을 UIC 774-3R(section 1.7.2)과 DS 804에 제시된 검토기준과 비교한다.

① 교량상판에 작용하는 온도(콘크리트 : ±20 ℃, 강교 : ±35 ℃)하중에 대해 '열차하중이 재하되지 않은 경우의 종 저항력'으로 1차 해석

② 1차 해석결과(변위, 응력 등)를 프로그램 내에서 유지한 상태로 재료적 특성을 변경 적용하여 '열차하중이 재하된 경우의 종 저항력'을 반영하고, 하중특성의 변경으로 열차 시·제동하중 및 상판의 휨을 발생시키는 열차의 수직하중을 적용하여 2차 해석을 수행

XV.7.8 부가적인 레일응력이 기준치를 초과한 교량의 조치

교량 위의 장대레일(CWR)을 해석하여 레일응력이 기준치를 초과하는 경우에는 교량의 부가응력을 최대한 줄여서 열차운행에 대한 장대레일의 안전성을 확보하기 위한 조치가 필요하다. 이러한 경우에는 레일신축이음매를 설치하는 대신에 원칙적으로 제 XV.7.6항의 설명처럼 상판의 신축을 분산시킬 수 있는 특수 레일체결장치(활동체결장치)의 설치가 제안되고 있다. 또한, 교량 위의 장대레일에서 저온 시에 레일이 파단되는 경우를 가정하여 최대 벌어짐(開口) 량을 계산하고 그것을 허용치 이내로 제한할 수 있는 구조적인 방안에 유의하여야 한다.

궤도~교량간의 상호작용을 해석하여 궤도~교량구조물간의 상대변위가 예를 들어 3 mm(레일패드의 종방향 허용 범위)를 초과하는 개소에는 상기의 설명처럼 특수 레일체결장치를 설치하여야 한다. 즉, 부가적인 레일응력이 기준치를 초과하는 개소와 레일체결장치의 상대변위 허용치를 초과하는 개소에는 특수 레일체결장치를 사용하여 부가적인 레일응력을 낮출 수 있으며 교량상판의 신축에 따른 레일체결장치의 사용성도 유지할 수 있다. 교량에서 특수 레일체결장치 설치구간의 길이는 궤도조건(TCL 길이 : 6.0~8.0 m)과 현장에서의 시공성 등을 고려하여 적용(**표 XV.10**)하며 설치구간의 위치는 교량상판의 신축이음 구간(교각의 이동단 부근)으로 한다.

표 XV.10 교량 위 특수 레일체결장치(활동체결장치) 설치구간 및 길이

경간구성	설치길이 (m)	설치위치
2@25 + 2@25	6~8	
2@25 + 3@25	10~13	교량상판 신축이음 단부부터 설치
3@25 + 3@25	12~15	
2@40	14~18	

* 이 표에서는 단경간 교량 등의 제시를 생략함

XV.7.9 교량 위의 콘크리트분기기 구조의 검토

교량 위에 부설되는 콘크리트도상의 고속분기기는 일반 자갈궤도용 분기기 또는 토공 위나 터널 내에 부설되는 콘크리트분기기와는 달리 교량구조물과 그 위에 배치되는 분기기의 형태와 제원에 따라 장대레일 축력의 계산 및 도상콘크리트 층(TCL)의 형상과 상세 설계를 다르게 적용하여야 하므로 설계단계에서 완벽한 제원결정과 이의 상세설계가 이루어져야 한다. TCL과 PC침목의 분기기를 교량 위에 적용한 예(대만 고속철도 구간)의 시공 광경을 **그림** XV.57에 나타낸다.

그림 XV.57 교량 위의 콘크리트분기기와 시공

교량 위에 부설하는 콘크리트도상 고속분기기의 설계와 관련하여 필요한 구조계산 입력제원과 설계기초자료는 다음과 같다.

➤교량 위의 콘크리트분기기 설계의 필수자료
- 분기기의 레이아웃(Layout) 및 레일체결장치를 포함한 상세 설계도면
- 침목배치도
- 분기기 전장품의 크기와 위치{분기기 드라이브(drive), 디텍터, 가동 크로싱 홀더(swing nose down holder) 및 크로싱(frog drive)}
- 분기기구간의 선로위치와 배선도
- 분기기 각부와 대응하는 구조물의 정확한 위치(전차선전주기초, 인접선형에 관한 정보, 곡률정보 등)

▶분기기 주요부의 탄성제원과 체결력 요소
- 교량 위 콘크리트분기기의 장대레일 해석에 요구되는 자료
- 분기기의 레이아웃과 상세도
- 분기기 각부와 대응하는 구조물의 정확한 위치
- 분기기 각부(레일과 침목 간)에 대한 상대변위 허용량의 제원

구조해석에서 필요한 입력제원으로는 예를 들어 BWG 고속분기기의 경우에 크로싱 구간의 상대변위 허용량 ± 0.7 mm, 포인트 구간의 상대변위 허용량 ± 6.0 mm 등의 값이 있으며, 이와 같은 입력제원은 사전에 제공되어야 한다. 기타 필요한 사항으로서 ① 분기기의 설계속도(분기 측), ② 분기선의 최소 곡선반경, 종 방향 기울기

등의 설계 매개변수를 사전에 결정하여야 한다.

분기기의 제원과 필요한 입력정보를 이용한 상세 구조해석과 이를 기초로 한 상세설계의 흐름은 **그림 XV.58** 와 같다.

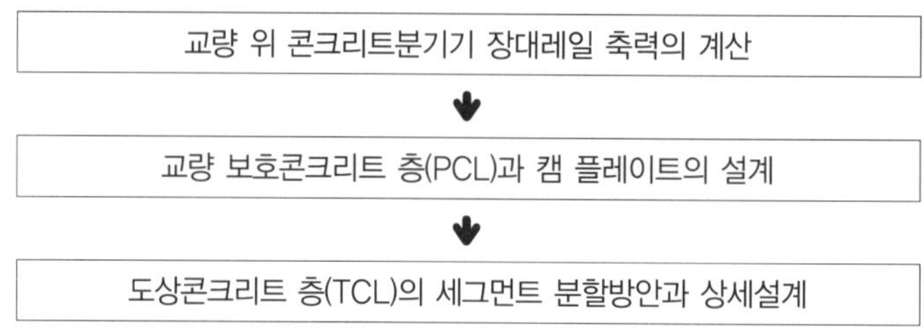

그림 XV.58 교량 위 콘크리트 분기기의 설계흐름

해석에서는 상기의 제XV.7.7항과 같이 궤도~교량간의 상호작용과 레일체결장치의 비선형 특성을 고려할 수 있는 범용 유한요소 구조해석(FEM) 프로그램을 사용하여 해석을 수행한다.

모델링의 기본개념으로서 레일과 교량상판은 보(beam)요소를 적용하고, 교각, 레일체결장치 및 캠 베어링 (Cam bearing, 캠 플레이트 완충재)은 조인트(Joint)요소를 적용한다. 교각과 캠 베어링의 강성은 탄성스프링 으로 적용하고 레일체결장치는 쌍선형(bilinear) 특성을 반영할 수 있도록 이상화한다. 교량구간에서 발생되는 영향을 충분히 반영하기 위해 레일의 길이를 교량구간보다 길게 하여 모델링한다.

상기에 언급한 바와 같이 교량 위의 일반 콘크리트궤도에 관한 해석모델과의 차이점은 콘크리트분기기의 경 우에 TCL(track concrete layer)의 길이를 5~10 m로 분할하지 않고 궤도구조의 강성을 높이기 위해 3개 구 간으로 분할하여 적용함에 따라, 캠 플레이트와 TCL 간에 설치한 캠 베어링의 탄성을 고려하여 모델링한다. **그 림 XV.59**는 모델의 예를 나타내며, 여기서 A 구간과 B 구간은 레일체결장치의 체결력과 상향력을 고려하여 이에 적합한 특수 레일체결장치를 각각 적용한다.

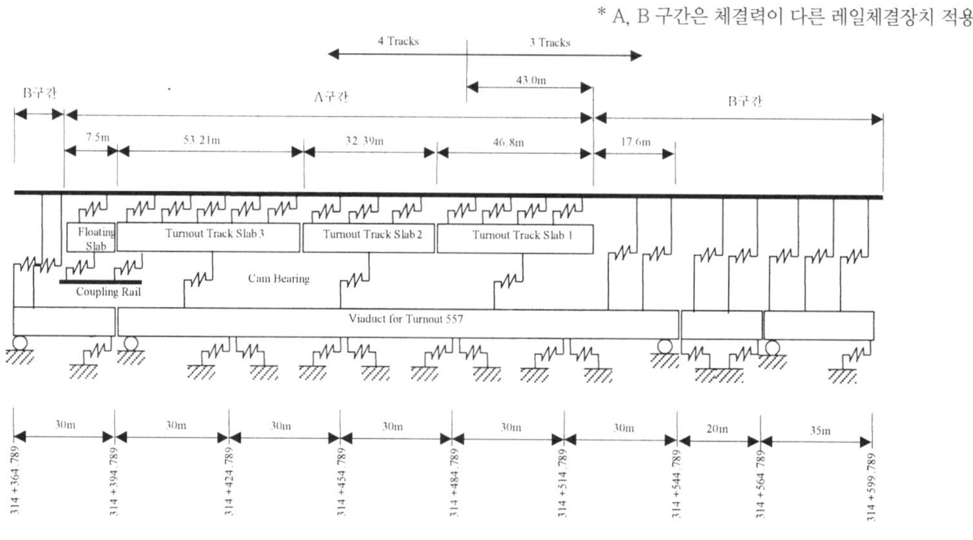

그림 XV.59 교량 위 콘크리트분기기 해석모델의 예

장대레일 해석결과와 허용기준치(상대변위 허용량 : 예를 들어, 포인트 구간 6 mm, 크로싱 구간 0.7 mm)를 비교하고 이에 따라 적절하게 TCL과 PCL을 설계한다.

XV.7.10 신축이음매

교량구간의 구조해석을 수행하여 과대축력이 발생되는 교량구간에는 레일신축이음매를 설치하는 대신에 상기의 제XV.7.8항에서 설명한 것처럼 특수 레일체결장치를 사용하여 안전성을 확보하여야 한다. 그러나 제XV.7.9항에서처럼 고속분기기가 교량신축 이음구간을 피하여 연속교 위에 배치되어 있는 경우에는 분기기 후단부에 과도한 응력이 발생되므로 분기기 전후에 대해 콘크리트궤도용 일단 레일신축이음매의 설치를 검토할 필요가 있다.

XV.8 레일체결장치 상향력의 검토

XV.8.1 궤도~교량구조물간 상호작용(상향력)의 개요

교량의 상판과 상판간의 접속구간, 즉 토목구조물의 신축이음 위치에 대하여는 열차의 수직하중으로 인하여 레일의 들림을 일으키는 상향력을 검토할 필요가 있다. 이때 계산된 상향력의 최대치가 레일체결장치의 허용 상향력(체결력과 상관관계에 있다)을 초과하지 않도록 제한하여야 한다. 여기서, 레일에 상향력(up-lifting force)이 발생되는 요인은 다음과 같다.

① 열차의 수직하중으로 인해 발생되는 인접 교량상판 간의 상대 변위

② 교각기초의 침하에 따른 변위

③ 상판 위아래(상·하면)의 온도차에 따른 변위

궤도~교량구조물간의 상호작용에 관한 해석은 DS 804를 참조하여 FEM으로 해석할 수 있으며, 이와 관련된 레일체결장치의 기능성과 적용에서는 전문 제조사에서 제시한 값을 바탕으로 전문 궤도기술자가 판단한다.

XV.8.2 궤도~교량구조물간의 상호작용(상향력)에 관한 기술적인 사항

고속철도 교량 위의 콘크리트궤도 부설과 관련하여 아래와 같은 기술적 사항이 제시된다.

- 고속열차의 승차감을 양호하게 확보하기 위하여 교량상판 단부에서의 회전각을 제한(교대에서는 2 ‰, 교각에서는 1 ‰)하여야 한다.

- 구조물 설계 시의 회전각은 교각에서 0° 1′ 43″ (0.5 ‰)로 제한된다.

- 교량이 상기와 같은 요구조건을 갖춘다면 콘크리트궤도 시스템의 시공과 운영상의 문제점은 없을 것이다. 그럼에도 불구하고, 교대와 교각에서 레일 지지점에 영향을 주는 힘은 특수 레일체결장치의 사용여

부를 확인하기 위해 계산하여야 한다.

교량 위의 레일 상향력에 관한 해석은 상재하중 하에서 상판의 처짐으로 인해 발생되는 교량 위 장대레일의 솟음(상향력 발생) 현상을 정량적으로 검토, 분석하는 것으로서 이 현상으로 인한 상향력은 승차감의 조건은 물론 레일체결장치의 허용 상향력 범위 이내이어야 한다. 이미 개통되어 운영 중에 있는 경부고속철도 1단계 구간의 경우에 상판단부에서의 회전각(꺾임 각)과 상판가속도는 교량설계기준치($\leq 50 \times 10^{-5}$ rad, 0.35 g)의 약 40 % 정도임이 실측(속도 296 km/h 시)으로 확인되었다.

XV.8.3 상향력 구조해석의 기초

레일체결장치의 해석에서는 열차의 수직하중, 기초의 침하 및 상판 상하연의 온도차 등에 의해 교량상판의 휨이 발생할 때에 생기는 교량상판~레일체결장치 간의 인장력을 계산한다. 교량상판~레일체결장치 간의 최대 인장력은 토목 신축이음에 가장 근접하게 위치한 레일체결장치에서 발생된다. 따라서 최대인장력 값에 영향을 미치는 인자로는 교량의 기하학적 특성(하기의 (제 XV.8.4항 참조)과 레일체결장치의 수직 스프링계수 등이 있다.

따라서 교량상판 단부에서의 변위는 레일에 추가적인 변위를 발생시키며 동시에 레일체결장치에 부가적인 인장력을 발생시키는데, 이를 허용기준치 이내로 제한하여야 선로의 내구성과 사용성을 보장할 수 있다. 이 해석은 교량의 최대 처짐을 발생시키는 모든 하중을 조합하여 적용한다.

다음과 같은 3개의 하중케이스에 대해 단위변위와 단위하중을 적용한다.

- 지지점(교량받침)에서의 단위 회전각($\varphi = +1$ ‰)
- 지지점(교량받침)에서의 지점 처짐($\delta = 1$ mm)
- 단위 윤하중($P = 100$ kN)을 레일 위에 재하

그림 XV.60은 침목배치 간격이 일정한 경우에 대한 단위변위 또는 단위하중 적용 시의 거동형태이며, 레일체결장치의 상향력을 해석하는 데는 레일체결장치와 교량받침간의 거리가 주요한 인자임을 알 수 있다. 레일체결장치 상향력의 산정은 단위변위와 단위하중으로 계산된 각각의 레일체결장치에서 발생된 인장력을 합산한다.

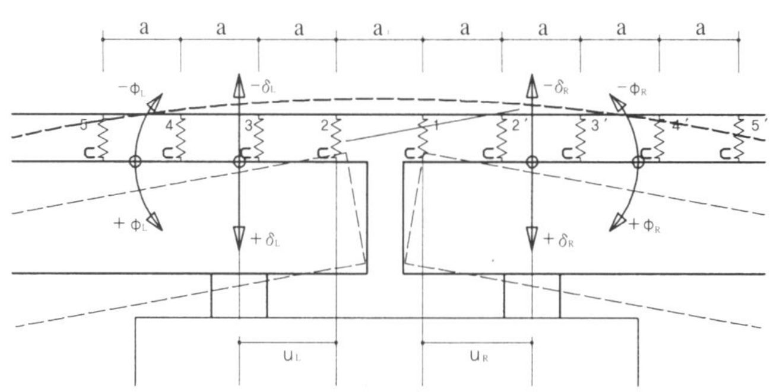

a : 침목 배치간격, u : 내민 거리, c : 레일체결장치 스프링계수, φ : 회전각, δ : 변위

그림 XV.60 레일체결장치의 거동

DS 804 Appendix 29의 표 2, 3, 4와 그림 6, 7은 UIC60 레일의 경우로서 단위하중 케이스에 대한 결과를 제시하고 있으나 레일체결장치 간격이 상이한 경우에는 재계산하여 적용하여야 한다. 열차하중으로 인한 교량 상판 단부회전에 따른 레일체결장치의 상향력을 계산하기 위한 하중계수와 레일변위의 계산에서는 동적증가계수를 적용한다. 이때에 교량 위의 레일체결장치는 각 하중케이스를 조합하여 검토한 레일체결장치의 최대 상향력이 허용치 이내이어야 한다. 또한 궤도~교량구조물간 상호작용 해석(제 XV.7절)의 결과에 따라 적용하는 특수 레일체결장치와 표준 레일체결장치의 상향력에 대한 기준은 제조사가 제시하는 허용기준을 준용한다.

XV.8.4 기초입력제원

레일체결장치 상향력의 해석에 적용하는 수직 활하중은 **그림 XV.2**의 고속철도하중 HL-25 (UIC 71과 동일)를 적용한다. 이는 실제 KTX 차량의 하중을 적용하는 것보다 큰 값으로 되어 보다 보수적인 값을 얻을 수 있다.

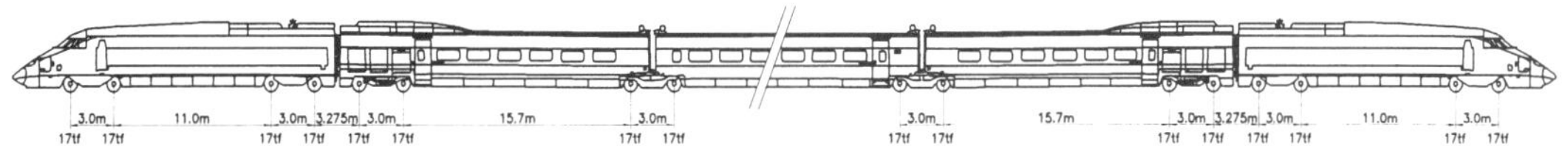

차축하중 : 170 kN, 차량총연장 : 380.15 m (20량 양단 축간거리 기준)

그림 XV.61 KTX 하중

그러나 윤하중 해석에서는 HL-25의 경우에 집중하중간의 간격이 작으므로 실제의 KTX 차량을 적용하는 것이 레일체결장치에 보다 큰 부(負)반력을 얻을 수 있다. 따라서 윤하중 해석(하기의 XV.8.5(6)항)의 비교에서는 KTX열차의 하중으로 검토한다. KTX 차량의 축간거리와 하중 등 기초 제원은 **그림 XV.61**과 같다.

레일체결장치의 정적 스프링계수 기준치는 20~50 kN/mm의 범위로서 설계에 적용하는 값은 레일체결장치

표 XV.11 침목배치 긴격 및 교량받침~교량단부 거리 예

교량형식	침목배치간격	교량받침~교량단부 거리
2@40 m	615 mm	0.85 m
3@25 m	625 mm	0.70 m
2@25m, 1@50 m	600 mm(48.2 m)/620 mm(6.8 m)	0.70 m
2@50 m	645 mm(92.4 m)/635 mm(7.6 m)	0.90 m
2@35 m	650 mm(62.0 m)/615 mm(7.9 m)	0.70 m
1@40 m	615 mm	0.85 m
1@25 m	625 mm	0.70 m
1@35 m	620 mm	0.70 m
1@54 m	645 mm	0.90 m
1@75 m	625 mm	1.30 m

의 종류에 따라 다르다(예를 들어, 레일체결장치의 종류에 따라 C_{stat} = 31 또는 47.971 kN/mm, 이 경우에 동적 스프링계수는 C_{dyn} = 60 또는 71.075 kN/mm). UIC60 레일의 단면적은 7,686 mm², 단면2차 모멘트는 3,055 cm⁴, 탄성계수는 210,000 MN/m²이다. 각 교량형식별 교량의 기하학적 조건중의 하나인 토목신축이음이 설치된 교량상판의 단부로부터 교량받침간 거리는 **표 XV.11**과 같다.

레일체결장치의 상향력에 영향을 미치는 요인으로는 상기의 제**XV**.8.3항과 같이 교량의 기하학적 조건(교량 단부~교량받침 간의 거리, 교량받침~레일체결장치 간의 상대변위, 상판의 처짐 량)과 레일체결장치의 수직 스

표 XV.12 교량경간 구성과 제원

교량 받침과 경간배치 형태	해석번호	E [N/mm²]	A [m²]	I_{yy} [m⁴]	경간 길이[m]의 구성	비고
	1	28,571	12.3842	20.300	40/40, 40/40	
	2	28,571	10.9917	10.999	25/25, 25/25	
	3	28,571	11.9246	12.117	25/25, 25/25	
	4L 4R	28,571	10.9917 12.3842	10.999 (25) 20.300 (40)	25/25, 40/40	
	5	28,571	12.3842	20.300	35/35, 35/35	
	6L, 6R	28,571	12.3842	20.300	35/35, 40/40	
	7L, 7R	28,571	10.9917	10.999	25/25, 25/25/25	
	8L, 8R	28,571	11.9246	12.117	25/25, 25/25/25	
	9L 9R	28,571 28,571	12.3841 13.3100	20.300 (40) 30.672 (50)	40, 50/50	
	10L 10R	28,571 103,304	12.3841 11.4467	20.300 (40) 20.300 (50)	50, 40/40	
	11L, 11R	28,571	12.3841	20.300	40, 40/40	
	12L 12R	28,571 28,571	13.3100 11.9246	30.672 (40) 12.117 (25)	40, 25/25/25	
	13	28,571	11.9246	12.117	25/25/25, 25/25/25	
	14L 14R	125,604 125,604 133,400 149,633	13.480 13.480 14.850 18.840	13.759 (55) 13.759 (60) 13.930 (55) 18.844 (50)	55/60/60/60/55, 50	
	15L 15R	149,633 28,571	18.840 12.200	18.844 (50) 20.324 (40)	50, 40	
	16	28,571	12.200	20.324	40, 40	
	17L, 17R	28,571	12.200	20.324	40, 35	
	18	28,571 96,845	12.200 20.970	20.324 (40) 17.090 (40)	40, 40	
	19L 19R	96,845 137,494	20.970 27.400	17.090 (40) 30.410 (50)	40, 50	
	20	209,999	12.677	28.930	54, 54	
	20-1R	209,999 146,614	12.677 22.398	28.930 40.181	54, 75	
	21L 21R	137,494 96,841	27.400 20.970	30.410 (50) 17.090 (40)	50, 40/40/40/40/40	

주) 해석번호 L, R은 좌우 교량이 비대칭일 때의 경우이며 대칭일 경우는 숫자만 표기함

프링계수를 들 수 있다. 경부고속철도 2단계 구간의 교량의 형식과 제원별은 **표 XV.12**와 같다.

XV.8.5 상향력의 해석

(1) 단위 변위량($\delta_{L,R} = 1‰$)에 대한 상향력의 해석

레일체결장치에 발생되는 힘을 계산하기 위해 단위 변위량을 발생시키는 하중을 적용하여 해석한다. 해석의 기본 가정모델(L : 단위 변위량이 좌측 교량구간에서 생길 경우, R : 우측 교량구간에서 생길 경우)은 **그림 XV.62**와 같다.**그림 XV.63**은 좌측 교량받침 위의 레일에 동적으로 단위 변위량 $\delta_L = 1‰$가 발생될 때에 각 레일체결장치(**상기의 그림 XV.60**)에 생기는 반력의 예를 나타낸다. 여기서, 단위 변위량의 해석에 필요한 자료는 침목 배치간격과 교량받침~교량단부 거리(**상기의 표 XV.11**), 교량경간 구성과 제원(**상기의 표 XV.12**) 및 레일체결장치의 스프링계수이다.

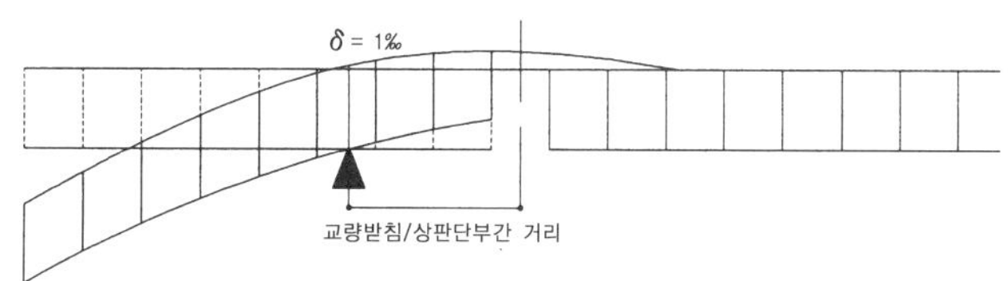

그림 XV.62 단위 변위량 $\delta_L = 1‰$

(a) 계산조건(해석번호 I 동적 L)
입력제원 : 경간 길이, E, A, I_{yy}는 표 XV.9와 같음. 레일체결장치 스프링계수
레일체결장치 간격 : 좌측 615 mm, 우측 615 mm
교량받침 상판단부간 거리 : 좌측 0.85 m, 우측 0.85 m

(b) 계산결과 예

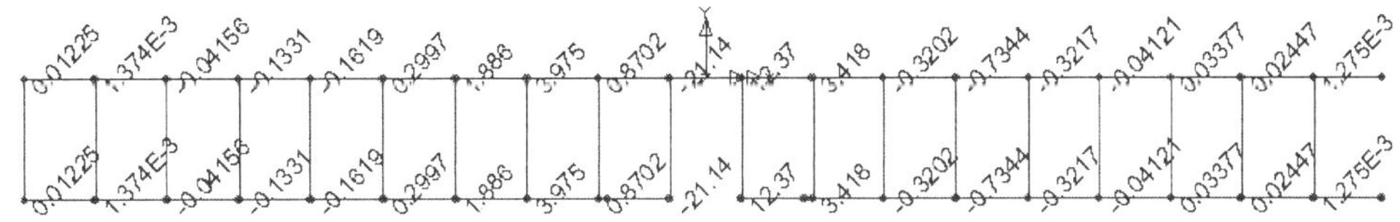

그림 XV.63 단위 변위량 $\delta_L = 1‰$ 발생 시의 각 레일체결장치 힘의 계산 예

(2) 열차하중의 산정

고속열차하중(HL-25)에 대해 수직 활하중을 산정할 때는 아래와 같이 하중계수를 적용하며, **표 XV.12**에 나타낸 각각의 해석번호별로 구한다.

$$P = P_{stat} \cdot (R_2 \cdot \lambda \cdot \phi)$$

여기서,

R_2 : 동적계수(열차속도 및 교량경간에 따른 함수, **그림 XV.64**)

λ : 감소계수(**표 XV.13**)

ϕ : 충격계수(**표 XV.14**)

경간 길이(L)에 따른 감소계수 λ는 **표 XV.13**과 같으나 감소계수의 범위는 다음의 식과 같으며, 경간 길이가 25 m를 초과하는 교량에 대해서는 공히 감소계수 $\lambda = 0.4$를 적용한다.

$$0.4 \leq \lambda = \{0.8 - 0.4(L - 3)/7\} \leq 0.8$$

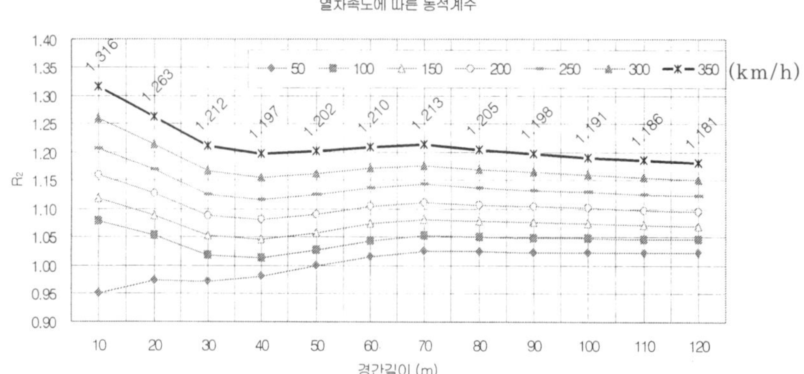

그림 XV.64 경간 길이에 따른 동적계수 R_2

표 XV.13 경간 길이(L)에 따른 충격계수 λ

L [m]	25	35	40	50	54	55	60
A	- 0.457	- 1.028	- 1.314	- 1.885	- 2.114	- 2.171	-2.457

표 XV.14 경간 길이(L)에 따른 충격계수 ϕ

L[m]	≤3.61	4	5	6	7	8	9	10	11	12	13	14	15	16	17
ϕ	1.67	1.62	1.53	1.46	1.41	1.37	1.33	1.31	1.28	1.26	1.24	1.23	1.21	1.20	1.19
L[m]	18	19	20	22	24	26	28	30	35	40	45	50	55	60	≥65
ϕ	60	60	60	60	60	60	60	60	60	60	60	60	60	60	60

(3) 열차하중 재하해석

다음과 같은 하중조합을 이용하여 열차하중(HL-25)을 교량 위의 각기 다른 위치에 배치하여 레일체결장치에서 발생되는 최대 상향력을 계산한다.

(가) 하중 케이스(Load case) 1

그림 XV.65에서 교량-1에는 변위가 발생되지 않고 교량-2에만 변위가 발생된다. 교량상판의 길이가 다양함에 따라 레일체결장치의 간격도 600~650 mm까지 다양하다(상기의 **표 XV.11** 참조). 이때 레일체결장치에서 최대 상향력이 발생되도록 하중 케이스 위치를 결정한다(레일체결장치 간격에 따른 윤하중의 해석, 후술의 (6)항 참조). 따라서 차륜 집중하중의 시점은 레일체결장치의 간격에 따라 다양하며 최소 1.935 m부터 최대 2.54 m까지 교량형식에 따라 각각 반영한다.

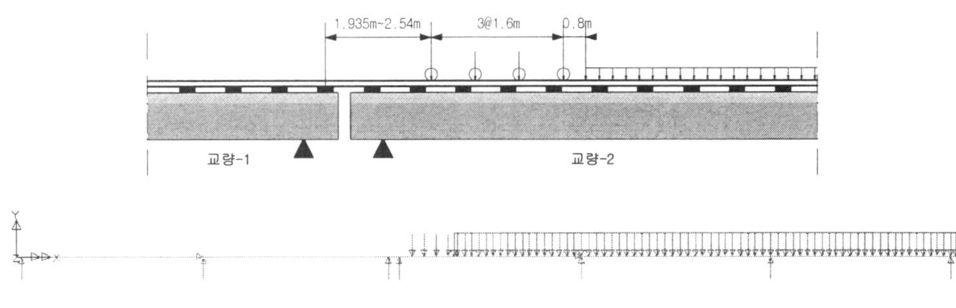

그림 XV.65 하중 케이스 1

(나) 하중 케이스 2

　그림 XV.66에서 교량-1에는 변위가 발생되지 않고 교량-2에만 변위가 발생된다.　집중하중의 중심위치가 교량-2의 중앙에 있도록 배치한다.

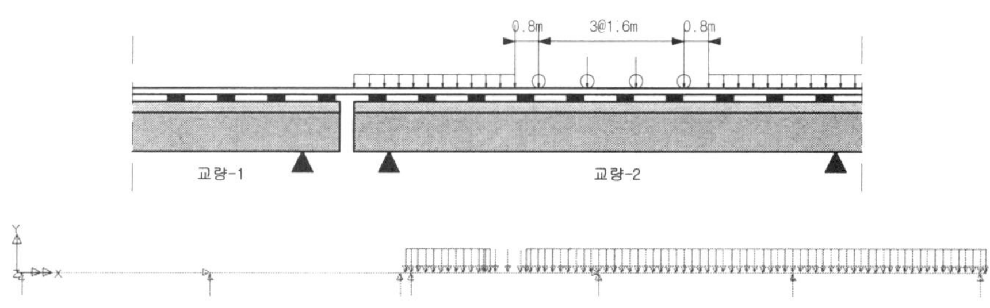

그림 XV.66 하중 케이스 2

(다) 하중 케이스 3

　그림 XV.67과 같이 집중하중의 시점이 교량-1의 종점에 위치하도록 배치한다.

　상기의 (가),(나)는 HL-25의 집중하중이 교량-2에 있을 때를 나타내며, 교량-1 재하의 경우도 또한 해석을 수행하는데, 전자의 경우는 해석번호에서 R로, 후자의 경우는 L로 구분하고 대칭의 경우는 해석번호에서 S로 구분한다. 각각의 해석번호에 대하여 열차하중 재하해석을 수행한다.

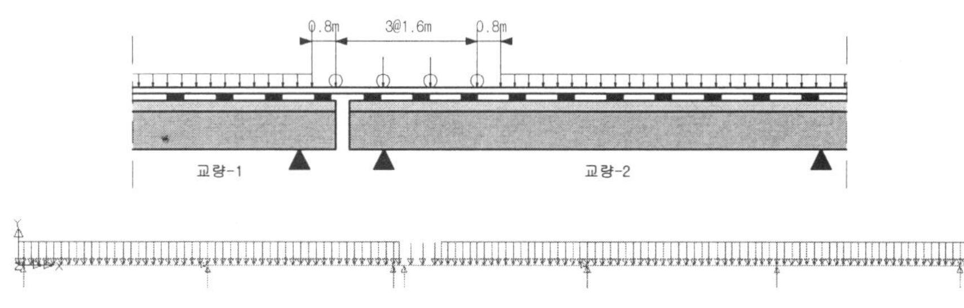

그림 XV.67 하중 케이스 3

(4) 온도하중 해석

교량의 온도하중 경사는 다음과 같다.

$$\phi_{\Delta t} = \frac{L}{2} \cdot \frac{\alpha_t \cdot \Delta t}{h}$$

여기서,

Δt = 5 ℃(콘크리트교량), 10℃(강교 및 강합성 교량)

α_t = 1.0E-5 (콘크리트교량), 1.2E-5 (강교 및 강합성 교량)

h : 상판 높이, L : 경간 길이

여기서, 각 경간 길이, 상판종류, 높이별로 구분하여 구한 온도하중 경사는 **표 XV.15**와 같다.

표 XV.15 경간 길이 및 상판형식에 따른 계수

L [m]	25	35	40	50	54	55	60
h [m]	2.7	3.5	3.5	4.0	3.4	4.8	4.8
Δ_t	5	5	5	10	10	10	10
α_t	1.0E-5	1.0E-5	1.0E-5	1.2E-5	1.2E-5	1.2E-5	1.2E-5
$\phi_{\Delta t}$ [‰]	0.41667	0.45000	0.51429	0.75000	0.73636	0.68750	0.75000

(5) 지점침하 해석

토목구조물이 완성되고 궤도시설물 등의 공사가 완료된 후에는 인접 교각간에 불균등한 수직침하가 발생될 수 있다. 부등 지점침하에 의한 단부 회전량을 0.2 ‰로 가정한다. 이때 발생되는 부등 지점침하량은 레일체결장치의 수직 조정범위 내에 있으므로 조정이 가능하다. 부등침하 발생의 하중 케이스(Load case)는 **그림 XV.68**과 같이 적용한다.

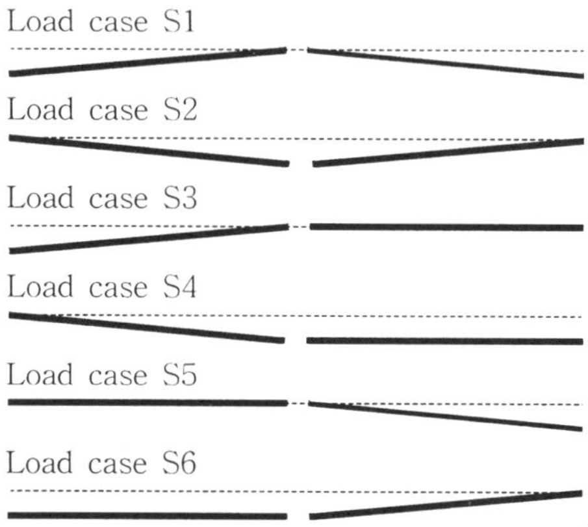

(6) 윤하중 해석(그림 XV.69)

레일체결장치에는 수직 윤하중으로 인하여 압축과 인장력이 발생한다. 이 압축과 인장력은 레일의 강성, 레일체결장치, 하중의 크기와 관계가 있다. 따라서 윤하중 해석 시에는 다음과 같이 적용하중에 동적증가계수를 고려하여 적용한다(DS804). 이때 동적증가계수는 궤도선형과 차륜의 불균일성 및 차량으로 인해 발생되는 고주파진동 등의 영향을 고려하기 위하여 적용한다.

그림 XV.68 부등침하 발생의 하중 케이스

$$P_{wheel} = P_{stat} \cdot \frac{1}{2} \cdot f_{dyn} = 250 \times \frac{1}{2} \times 1.68 = 210 \ \text{kN}$$

여기서

$f_{dyn} = (1 + 3 \cdot s') \cdot f_b = (1 + 3 \times 0.167) \times 1.12 = 1.68$

s' : 표준편차(열차속도 $V \geq 60 \ \text{km/h}$의 경우)

f_b : 곡선 외측 레일에 대한 하중 증가율

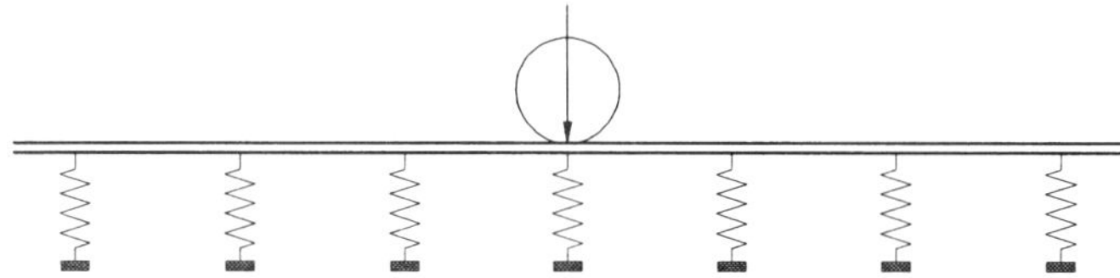

그림 XV.69 1개의 윤하중 작용 시 레일과 레일체결장치 간의 해석 모델

표 XV.16 단일 수직하중(100 kN)에 따른 레일체결장치 간격별 레일체결장치의 반력 예

레일체결장치 위치	레일체결장치 간격(mm)별 레일체결장치 반력 (kN)						
	600	615	620	625	635	645	650
1	0.0092	0.0090	0.0086	0.0088	0.0082	0.0077	0.0074
2	-0.0158	-0.0115	-0.0090	-0.0102	-0.0067	-0.0047	-0.0038
3	-0.0565	-0.0502	-0.0459	-0.0481	-0.0417	-0.0376	-0.0356
4	-0.0811	-0.0840	-0.0847	-0.0845	-0.0845	-0.0835	-0.0828
5	0.0711	0.0373	0.0173	0.0270	-0.0007	-0.0169	-0.0242
6	0.6846	0.6140	0.5682	0.5909	0.5237	0.4806	0.4595
7	1.6897	1.6546	1.6271	1.6413	1.5967	1.5636	1.5462
8	1.2223	1.3865	1.4873	1.4378	1.5812	1.6684	1.7096
9	-6.0379	-5.6651	-5.4183	-5.5417	-5.1746	-4.9327	-4.8127
10	-25.6272	-25.6439	-25.6316	-25.6341	-25.6216	-25.6052	-25.9547
11*)	-43.7166	-44.5113	-45.0371	-44.7746	-45.5596	-46.0794	-46.3380
12	-25.6272	-25.6439	-25.6316	-25.6341	-25.6216	-25.6052	-25.9547
13	-6.0379	-5.6651	-5.4183	-5.5417	-5.1746	-4.9327	-4.8127
14	1.2223	1.3865	1.4873	1.4378	1.5812	1.6684	1.7096
15	1.6897	1.6546	1.6271	1.6413	1.5967	1.5636	1.5462
16	0.6846	0.6140	0.5682	0.5909	0.5237	0.4806	0.4595
17	0.0711	0.0373	0.0173	0.0270	-0.0007	-0.0169	-0.0242
18	-0.0811	-0.0840	-0.0847	-0.0845	-0.0845	-0.0835	-0.0828
19	-0.0565	-0.0502	-0.0459	-0.0481	-0.0417	-0.0376	-0.0356
20	-0.0158	-0.0115	-0.0090	-0.0102	-0.0067	-0.0047	-0.0038
21	0.0092	0.0090	0.0086	0.0088	0.0082	0.0077	0.0074

*) 하중재하 위치

레일체결장치의 동적 스프링계수(71.075 kN/mm)를 적용하여 단위하중 100 kN이 작용할 때의 레일체결장치 간격별 반력을 구한 결과는 **표 XV.16**과 같다. **그림 XV.70**은 레일체결장치의 간격이 615 mm인 경우에 대한 예(편의상 부호는 역으로 취함)이다.

표 XV.16으로부터 레일체결장치 간격별 최대반력과 하중지점 최대 상향력 발생 레일체결장치 간의 간격을 정리한 결과는 **표 XV.17**과 같다. 하나의 차륜으로 최대 상향력이 발생되는 레일체결장치와 하중지점간의 최소간격은 레일체결장치의 간격이 645 mm인 경우로서 1.935 m(최대 상향력 발생 레일체결장치간의 간격은 3.87 m)이다. 실제 차륜간의 최소간격은 KTX의 경우에 3.0 m이다(**그림 XV.61**).

표 XV.17 레일체결장치간격별 최대 상향력 및 최대 상향력 발생 레일체결장치 간의 거리 예

레일체결장치간격	최대 상향력(+) [kN]	최대 상향력 발생 레일체결장치 간의 거리 [m)]
600	1.68968	4.8
615	1.65464	4.92
620	1.64128	4.96
625	1.62714	5.00
635	1.5967	5.08
645	1.66842	3.87
650	1.7096	3.90

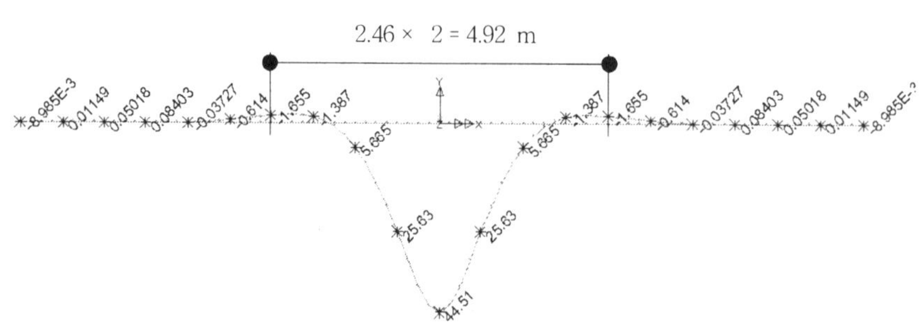

그림 XV.70 한 차륜에 따른 레일체결장치반력(레일체결장치간격 : 615 mm)

(7) 하중조합

상기의 각각에 대한 해석의 결과를 조합하여 레일체결장치에서 발생되는 최대반력을 계산한다.

(8) 해석결과의 검토

레일의 상향력 값은 레일체결장치의 스프링계수(정적 및 동적) 값에 따라 다르다. 레일체결장치의 상향력을 해석하여 수직반력을 계산한 후에 그 값이 레일체결장치의 허용 상향력 기준(예를 들어, 17.0~21.5 kN)을 초과하는지에 대하여 검토한다. 레일체결장치의 허용 상향력을 초과하는 경우에는 열차운행 시의 레일 들림으로 인하여 승차감의 저하와 선로 내구성의 저하가 발생될 수 있으므로 허용기준을 초과하는 위치에 대해서는 그 이상의 상향력을 허용하는 특수 레일체결장치(상향력 : 예를 들어 20.0~24 kN)의 적용을 검토할 필요가 있다. DS 804에 따라 레일 상향력을 계산할 경우에는 상향력이 감소되며, 이에 따라 검토하여 허용치 이내이면 레일 들림에 대한 특수 레일체결장치의 적용이 필요 없다.

XV.9 토공 위의 분기기용 콘크리트 도상

XV.9.1 일반 사항

콘크리트 분기기는 격자철근이 있는 모노블록 PC침목을 이용한다. 토공 위에 부설하는 분기기의 도상콘크리트 층(TCL)은 공칭두께가 300 mm이고 폭이 3,200 mm에서 7,500 mm 사이이며, 수경안정화 기층(HSB) 위에 설치한다(**그림 XV.71**).

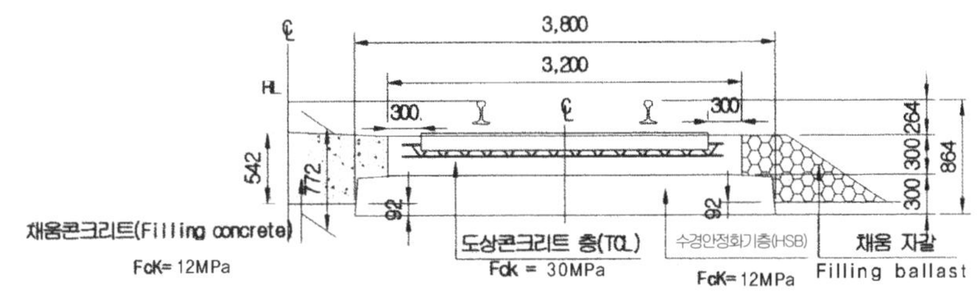

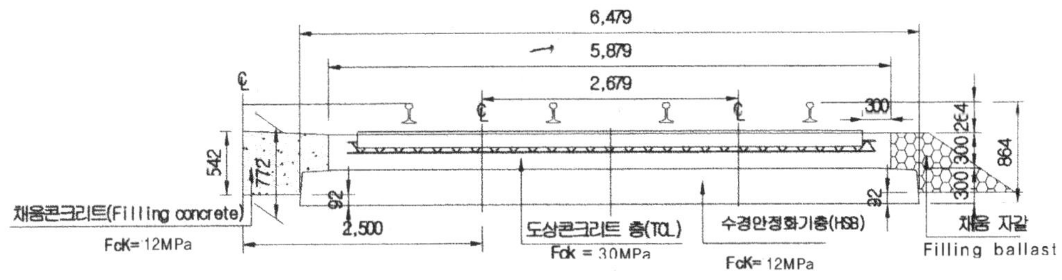

그림 XV.71 토공 위 콘크리트 분기기의 횡단면

(1) 재료

▶TCL

• 콘크리트

    – 강도 : C30/37, f_{ck} = 30 MPa

    – 피복

      최소 c = 2.5 cm : 토양이나 대기 중에 노출된 상태

평균 c = 4.0 cm : DIN 1045-1에 의거 안전율을 고려하여 1.5 cm를 추가한 두께

최소 c = 2.0 cm : 슬래브가 대기 중에 노출되지 않았을 경우

평균 c = 3.0 cm : 안전율을 고려하여 1.0 cm를 추가한 두께

- 철근 : f_{yu} = 400 MPa

▶HSB • 콘크리트 강도 : C12/15, f_{ck} = 12 MPa

(2) 하중

콘크리트분기기 시스템은 다음과 같은 종 · 횡 하중을 적용한다. TCL과 HSB 간의 접착은 슬래브에서 하부구조로의 하중전달과 측 방향의 움직임에 저항하여 분기기의 위치를 유지시킨다.

- 수평하중 : 수평하중은 열차의 이동에 따라 발생된다. 종 하중에는 시동하중과 제동하중이 있고, 횡 하중에는 사행동 하중과 원심력이 있다. 종 · 횡 하중은 TCL을 통해 그 아래의 HSB로 전달된다. 이 접착에 대한 효과는 열차의 수직하중이 통과하는 동안에 발생된다. 하중은 직접 전달되며 하중전달을 위한 철근은 필요치 않다. 상세 철근량의 산정은 균열제한의 설계로 얻어진다.
- 저항력 : TCL 슬래브와 HSB 간의 접착은 슬래브의 건조수축을 방지하며, 이러한 작용은 슬래브에 응력을 발생시킨다. 슬래브의 건조수축으로 인한 응력은 콘크리트의 인장응력으로 취급할 수 있다. 콘크리트의 균열은 슬래브의 건조수축 때문에 발생된다고 할 수 있다. 만약 균열이 실제로 발생된다면, 슬래브에 작용하는 응력이 줄어들 것이다. 보강철근은 슬래브에서 초기균열을 분산시키고 제한범위 내에서 머무르게 하는 역할을 한다.
- 수직 활하중(**그림 XV.2**) : 열차 이동시의 사행동 등으로 하중작용점의 이동이 생기므로 수직 열차하중에 1.2의 부분 안전율을 적용한다. 또한, 수직 열차하중에 1.5의 충격계수를 적용한다.

XV.9.2 토공 위의 분기기용 콘크리트 도상 구조계산의 개념

이 설계는 독일철도(AKFF) 및 Eisenmann 교수와 Leykauf 교수의 콘크리트공학 저널논문(제 XIII.1절 참조)에 기초하며, 기본규격은 독일의 도로건설규정들을 참고한다.

이러한 규정들은 콘크리트궤도(분기기)에 적용하며 TCL과 HSB의 인장 휨강도는 특별한 경우와 완화곡선에만 검토한다.

토공 위 콘크리트분기기의 콘크리트는 2 층(TCL과 HSB)으로 구성되며, 이 2층은 연속적으로 시공된다. HSB의 균열제한을 위해서 5 m마다 HSB 두께의 1/3만큼 노치를 설치해야 한다. 2층 구조의 계산을 위해서는 탄성기초 위에 있는 하나의 슬래브 층으로 가정한다. 집중하중은 레일과 여러 레일체결장치들의 강성에 의해 분산된다. 정적모델은 탄성지반 위의 무한 보 이론에 따라 Zimmermann 식을 이용한다. 레일체결장치의 표현은 탄성지반으로 가정된 단일하중으로 표현된다.

적절한 설계모델 절차에 따라 Westergaard와 Eisenmann 식을 적용한다. 여기서는 슬래브의 응력을 제일 먼저 계산한다. 단일 레일지지 하중은 콘크리트슬래브에서 휨 인장을 발생시킨다. 이 응력은 각 층에 T형 보 모델을 고려한 Eisenmann 식으로 계산한다. 단일응력은 TCL과 HSB에서 모두 종·횡 방향으로 발생된다. 허용 휨 인장응력은 제 XIII.1절에서 구해진다. 이 계산은 일반적으로 HSB에서 휨 인장응력이 횡 방향으로 일어나는 것을 보여

준다.

토공 위 콘크리트 분기기구조의 개념은 연속타설 콘크리트슬래브 표면에서의 자유균열에 기초한다. 콘크리트 단면은 0.8~0.9 %의 철근비를 적용한다. 이 철근보강은 콘크리트 높이의 중앙부분에 위치한다. 균열 상태에서도 철근이 하중을 전달해야 하고 동시에 철근의 부식을 방지하기 위하여 균열 폭을 제한하여야 한다. 허용 균열 폭은 0.5 mm이다.

슬래브 표면에서 균열 폭을 0.5 mm로 제한하기 위해서는 철근비가 0.8~0.9 %이면 충분하다. 이는 슬래브 표면부터 20~30 mm의 깊이 이하에서는 균열 폭이 매우 작음을 뜻한다. 슬래브 표면에서 0.5 mm의 균열은 슬래브 깊이 50 mm까지의 건조수축으로 인해 균열 폭이 줄어들 것이다.

콘크리트 분기기구조의 검증된 설계에 따라 최소의 철근량을 산정한다. 종 철근의 중요 기능은 과대한 균열 폭을 방지하는 것이다.

XV.9.3 토공 위의 분기기용 콘크리트 도상 구조의 설계

(1) 하중전달의 개념 및 침목과 TCL 간의 결합

토공 위 콘크리트분기기의 하중전달 원리는 토공 위 일반 콘크리트궤도와 유사하다(제 XV.2.4항 참조).

침목과 TCL 간의 결합은TCL에 매립된 격자철근에 의한다. 이 격자철근은 침목의 솟음이나 열차진동으로 인한 침목과 도상의 분리를 방지한다.

(2) 최소철근 산출

토공 위 분기기의 도상콘크리트에 0.8~0.9 %의 최대 철근비가 선정된다.

$$0.8 \times 30 \text{ cm} \times 100 \text{ cm}/100 = 24.0 \text{ cm}^2/\text{m}$$

$$0.9 \times 30 \text{ cm} \times 100 \text{ cm}/100 = 27.0 \text{ cm}^2/\text{m}$$

종철근 : D22/150, Ag = 25.8 cm²/m, 횡철근 : D22/200~400

신댁된 종철근비는 25.8 cm²/(30 cm × 100 cm) × 100 = 0.86 %이다.

(3) HSB와 HSB 표면노치 간 인터페이스의 조정

노치는 HSB 표면의 균열을 유발한다. 노치는 HSB 두께의 30 %보다 커야 한다. 이는 약 10 cm 정도이다. HSB 표면노치들은 시공 중에 만들든지 시공 후에 절단하여 만든다. 2 가지 방법 중에 HSB의 균열을 작게 하는 방법을 택한다.

(4) 토공 위 분기기의 TCL에 대한 전단철근의 배치(그림 XV.72)

전단철근(dowel)은 예를 들어 일반 콘크리트궤도의 경우에 자유단(토공단면의 끝단)에서만 필요하며, 콘크리트 분기기의 경우에는 일반 콘크리트궤도 구간에서 콘크리트분기기 구간으로 변하는 구간의 시공이음에 필요하다. 전단철근은 시공이음의 한 면에만 설치한다. 시공이음은 접촉상태로 설치한다. 이음철근(Starter bar)은 TCL 콘크리트에서 시작된다.

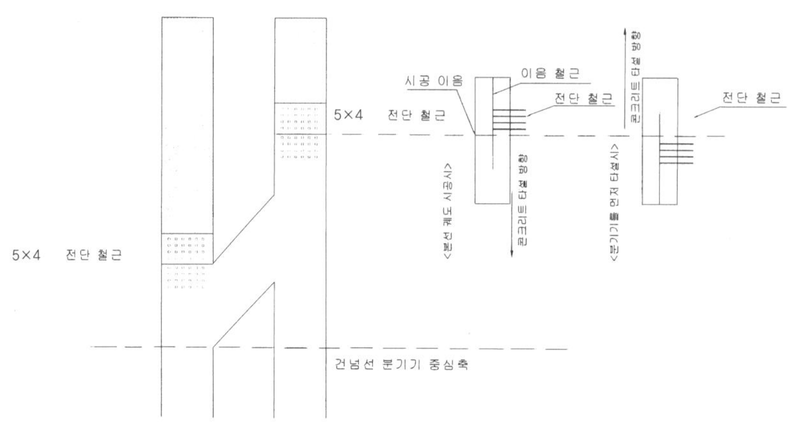

그림 XV.72 전단철근의 배치

(5) 철근배근

종 철근(D22/150, 25.8 cm^2/m)은 침목의 격자철근 아래 TCL두께의 중간 부근에 위치한다. 횡 철근 (D22/200~400, 3.3 cm^2/m)은 종 철근 위쪽에 위치한다. 특별히 철근 위치에 대해서 유의해야 한다. 상세 종 철근은 균열분산 보강작용을 한다. 한편, 분기기에 대한 오목구간에는 침목의 격자철근 때문에 종 철근을 연속 적으로 설치할 수 없다. 포인트와 크로싱 구간에는 철근을 추가한다.

XV.9.4 분기기 전환기 설치공간의 확보

(1) 일반

포인트 구간과 크로싱 구간에서 전철기(轉轍機, 분기기 전환기)의 위치와 위치감지 장치(EPD) 콘크리트 기초 는 부품들의 충분한 높이를 확보해야 한다.

(2) 포인트 구간

포인트에서 전철기의 저면은 레일 두부에서 −424 mm의 기초 높이에 위치한다. 전철기가 위치할 개소에는 침목간격을 600 mm에서 622 mm로 증가시켜야 한다. 침목간격은 크로싱 구간에 가까워질수록 최소 침목간격 에 가깝도록 20 mm씩 줄여 나간다. 전환봉과 모터의 레버가 침목과 충돌하는 것을 막기 위해 필요한 간격은 230 mm이다. 이 간격은 분기기부품에 적용한다.

분기기 TCL은 분기기 전환 폭 230 mm의 중심선에서 절단한다. 절단면의 상부는 전철기의 높이와 동일해야 한다. 전철기가 위치하는 공간은 높이가 약 436 mm, 폭이 940 mm, 그리고 길이가 955 mm이다. 전철기의 최 대하중은 횡 방향으로 4 kN이다.

(3) 크로싱 구간

크로싱 구간에서 전철기의 기초는 레일두부에서 −424 mm의 높이에 위치한다. 분기기 TCL은 전철기의 중심 에서 절단한다. 절단의 상층부는 전철기의 기초 면과 동일하다. 기초 면은 높이가 약 436 mm인 3개 부품의 토 대가 된다. 전철기의 최대하중은 횡 방향으로 6 kN이다.

(4) 위치감지 장치(EPD)

EPD는 레일두부에서 −260 mm의 높이에 위치하며 이는 분기기 슬래브의 상부와 동일하다. 기초는 높이가 약 600 mm, 폭이 810 mm, 그리고 길이 840 mm이다. 기초는 수평하중에 대해서는 고려하지 않는다.

XV.9.5 구조계산의 예

(1) 구조의 횡단면{XV.2.5항의 **그림** XV.6(a) 참조, 다만 HSB는 HBL, RRB는 USB로}

(2) 시스템의 출발점

레일(UIC 60)	단면2차모멘트	$I = 30,550,000 \text{ mm}^4$
침목	배치간격	$a = 600 \text{ mm}$
레일체결장치(IDARV300)	저면 폭	$b_s = 160 \text{ mm}$
	저면길이	$l_s = 290 \text{ mm}$
	동적강성	$c_{dyn} = 40,000 \text{ N/mm}$
도상콘크리트 층(TCL) (C30/B37)		$E_1 = 34,000 \text{ N/mm}^2$
		$h_1 = 300 \text{ mm}$
		$b_1 = 3,000 \text{ mm}$
		$\mu = 0.15$
수경접착 층(HBL)		$E_{21} = 5,000 \text{ N/mm}^2$
		$E_{22} = 10,000 \text{ N/mm}^2$
		$h_2 = 300 \text{ mm}$
		$b_{2.u} = 3,400 \text{ mm}$
토목에 의한 비집착 보조기층		$E_{v2} = 120 \text{ N/mm}^2$
		$h_3 = 500 \text{ mm}$
노반		$E_{u2} = 45 \text{ N/mm}^2$

(3) 레일의 탄성길이

$$b \times C = 66.67 \text{ N/mm}^2$$

$$L = 788 \text{ mm}$$

(4) 레일 지지 힘의 계산

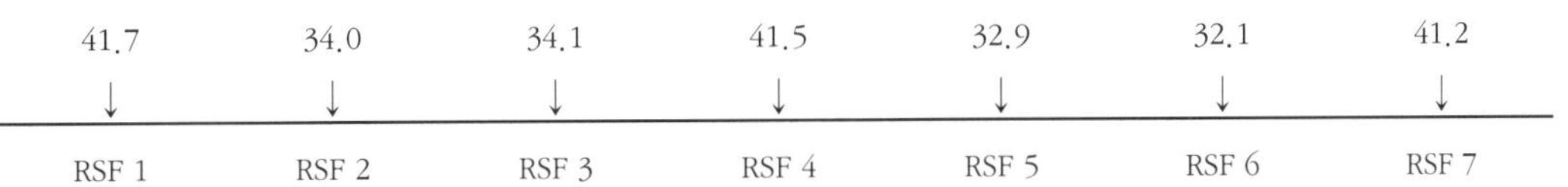

(5) TCL과 HSB 간의 완전접착을 가진 인장 휨 응력을 결정하기 위한 입력의 계산(표 XV.18)

표 XV.18 인장 휨 응력 입력의 계산결과

계산항목		시스템 Ⅰ(비결합)		시스템 Ⅱ(완전결합)	
E_2	N/mm^2	5,000	10,000	5,000	10,000
k	N/mm^3	0.048	0.044	0.048	0.044
$h_{I,II}$	mm	314	327	443	480
β_1		0.87	0.77		
b	mm	138	141	170	180
l_{II}	mm^4/mm			6.04E+06	9.05E+06
e_o	mm			188	218
e_u	mm			412	382
$L_{I,II}$	mm	1,169	1,231	1,512	1,641
$\sigma_{I,II}$	N/mm^2	0.578	0.540	0.297	0.255
$M_{I,II}$	Nm/mm	9.507	9,624	9,688	9,779
$\sigma_{1,0}$	N/mm^2	0.553	0.496	0.179	0.088
$\sigma_{2,0}$	N/mm^2	0.081	0.146	0.097	0.121

레일체결장치 저면의 면적(Support point area)

$$F = b_s \cdot l_s = 160 \times 290 = 46,400 \text{ mm}^2$$

등가 체결장치저면 반경(Support point radius)

$$a = \sqrt{F/\pi} = (46,400/\pi)^0.5 = 122 \text{ mm}$$

(6) 인장 휨 응력[N/mm^2]의 계산{표 XV.19(a)}

표 XV.19(a) 인장 휨 응력(N/mm^2)의 합계

항목	구분	시스템 Ⅰ		시스템 Ⅱ	
	E_2[N/mm^2]	5,000	10,000	5,000	10,000
정적 선로 횡 방향	$\Sigma\,\sigma_{1,quer}$	1.27	1.18	0.52	0.28
	$\Sigma\,\sigma_{2,quer}$	0.19	0.38	0.28	0.38
정적 선로 종 방향	$\Sigma\,\sigma_{1,langs}$	0.90	0.85	0.39	0.21
	$\Sigma\,\sigma_{2,langs}$	0.13	0.25	0.21	0.29

(7) 곡선구간 충격계수 및 동적 충격계수

열차 최고속도(Maximum speed of the trains) $\qquad v = 350$ km/h

궤도상태(Track quality); 매우 좋음 $\qquad n = 0.1$

속도계수(Speed coefficient) (여객전용차) $\qquad \Phi = 1.76$

변화계수(Variation coefficient) ($P = 99.7$) $\qquad s = 0.18$

확률적 안전율(Statistic security) $\qquad t = 3.00$

동적계수 (Dynamic factor)   1.53

곡선구간 충격계수(impact factor for shifted wheel load in curve) $\Delta Q = $ 30 %

외측레일 총 충격계수(Total impact factor of outer rail) $1.3 \times 1.53 = 1.99$

내측레일 총 충격계수(Total impact factor of inner rail) $0.7 \times 1.53 = 1.07$

(8) TCL과 HSB층의 최대 휨 인장응력{표 XV.19(b)}

표 XV.19(b) TCL과 HSB층의 최대 휨 인장응력(N/㎟) 계산결과

항목	구분	시스템 I		시스템 II	
	E_c [N/㎟]	5,000	10,000	5,000	10,000
선로 횡 방향 (곡선구간)	max σ_1	2.59	2.40	1.02	0.53
	max σ_2	0.40	0.76	0.55	0.73
선로 종 방향 (곡선구간)	max σ_1	1.57	1.49	0.67	0.36
	max σ_2	0.23	0.44	0.36	0.49

하중에 의한 콘크리트 층의 허용응력

$$\text{adm } \sigma_{1lang} = 0.85 \text{ N/mm}^2$$

$$\text{adm } \sigma_{1trans} = 2.1 \text{ N/mm}^2$$

HBL에 대한 허용 인장응력

$$\text{adm } \sigma_2 = 0.80 \text{ N/mm}^2$$

(9) 45° 각도의 하중분포를 가진 노반에 대한 최대압력

$$\text{adm } \sigma_2 = 0.006 \times E_{v2} / \{1+0.7 \times (\log 2,000,000)\} = 0.050 \text{ N/mm}^2$$

$$\text{max } \sigma_2 = Q_{Aclose} / I_{Adst} / (b_{2u} + 2 \times h_3 \times \tan \alpha) \times 1.4 = 0.038 \text{ N/mm}^2$$

XV.10 콘크리트궤도용 침목

XV.10.1 일반궤도용 침목(Plane track sleeper)

일반 콘크리트궤도용 바이블록 침목(bi-block sleeper, lattice girder, **그림 XV.73** 참조)은 모노블록 대신에 침목 하부에 격자철근을 가진 바이블록(각각의 블록 폭 262 mm, 길이 911~943 mm, 좌면높이 112 mm)을 사용한다(블록간격 409~414 mm, 침목전장 2,231~2,300 mm, 침목 끝에서 격자철근의 돌출길이 42.5~133 mm, ~표시는 레일체결장치에 따라 다른 값으로 앞의 수치는 팬드롤의 경우, 뒤의 수치는 보슬로의 경우임). 이 침목의 보강철근은 침목블록 아래 면과 끝단에 걸쳐 돌출되어진 두 개의 격자모양의 빔으로 구성되어 있다. 종 철근은 침목의 격자철근을 통과하여 유도되고 묶여진다.

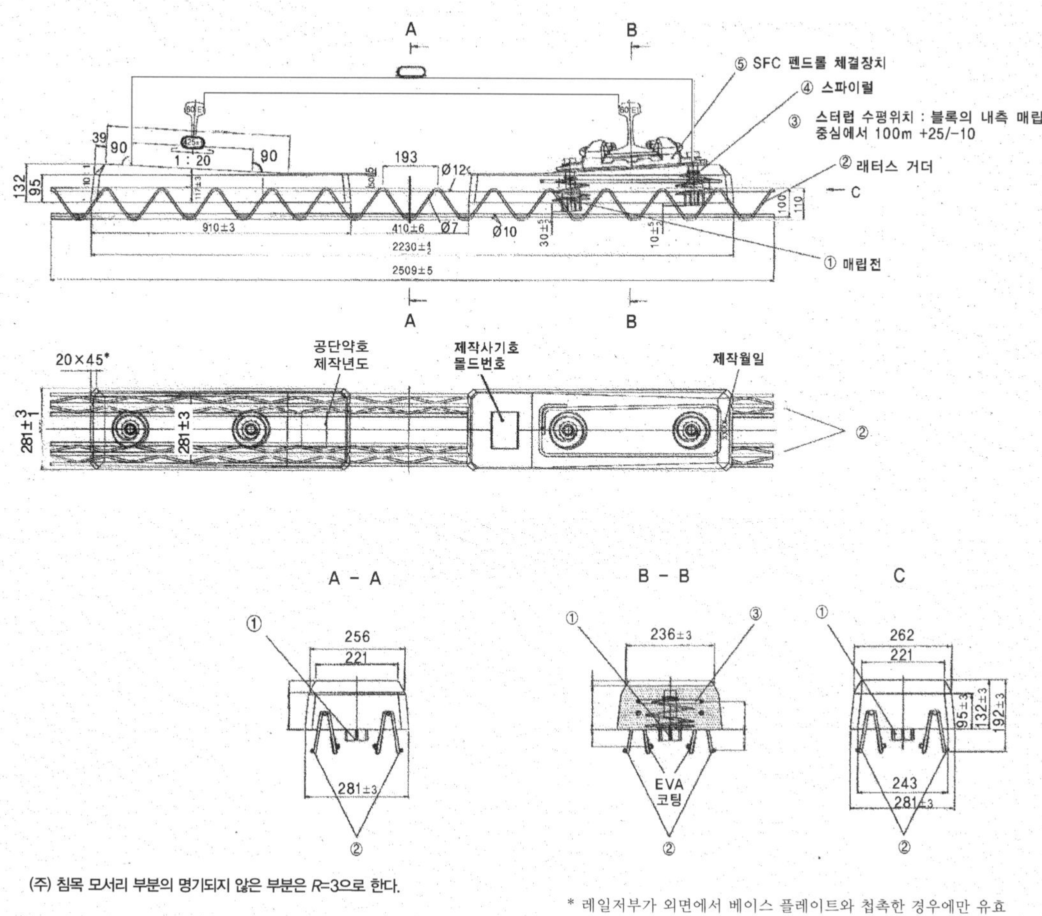

그림 XV.73 Bi-블록콘크리트

현장타설 TCL에 바이블록 침목이 매립된 일반궤도의 경우에는 침목과 TCL이 결합된 하나의 구조를 형성한다. 따라서 침목과 일체화된 TCL 구조물과 전체 구조계에 대한 검토만이 필요하며 운행하중의 조건에서 침목에 대해 별도의 구조계산 등을 수행할 필요가 없다. 침목과 일체화된 콘크리트도상 궤도시스템에 대해 Eisenmann박사와 Leykauf 박사의 기본이론을 적용하여 구조계산을 수행한다.

XV.10.2 분기기용 침목(Turnout section track sleeper)

(1) 일반사항

분기기용 모노블록 침목은 프리스트레스트 콘크리트(Prestressed turnout sleeper)로 제작한다. 현장타설 TCL에 매립되는 분기기용 침목(mono-block sleeper, lattice grider)은 시공 시에 ① 침목 양단부에서 각각의 스핀들로 2점 지지하는 방법(**그림 XV.74**), 또는 ② 침목 양단부와 중앙부를 포함하여 3개의 스핀들로 3점 지지하는 방법으로 지지된다. 일반궤도용 침목과 마찬가지로 분기기용 PC침목도 또한 TCL과 일체화됨에 따라 침목에 대해 별도로 구조계산을 할 필요가 없다.

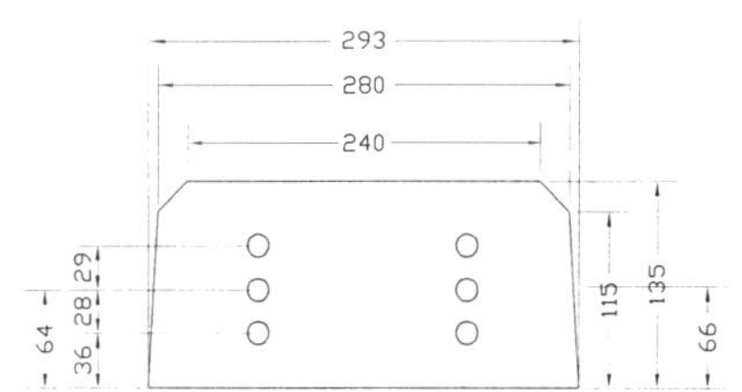

| 그림 XV.74 분기기 궤광의 조립상태 | 그림 XV.75 분기기침목 단면의 예(GWS 05) |

그러나 분기기용 PC침목을 스핀들로 지지하고 나서 도상콘크리트를 타설하기 전에 공사용 차량 등이 재하되는 경우에는 허용 가능한 하중에 대해 검토할 필요가 있다. 이 경우에는 침목의 최대 허용하중에 대해 검토한다. 따라서 우선적으로 침목의 하중범위에 대해 계산하고, 침목의 허용하중을 결정한다.

(2) 분기기용 PC침목

분기기침목은 예를 들어 GWS 05 침목의 경우에 총 6개의 텐던이 배치되어 있으며 텐던 1 개당의 직경은 7.5 mm이다. 각 텐던의 프리스트레스 량은 50 kN으로 총 300 kN을 받는다. 이 분기기침목의 횡단면과 텐던의 위치는 **그림 XV.75**와 같다. 설계와 검토 시에 안전 측으로 고려하기 위해 분기기침목 하면의 격자철근(lattice girder)은 계산에서 무시하나, 콘크리트의 크리프와 건조수축은 고려한다.

프리스트레스 도입에 따른 침목의 상, 하연 응력은 다음과 같다.

$$\sigma = \frac{V}{A} + \frac{M}{I} \cdot Z \ [\text{N}/\text{mm}^2]$$

여기서,

V = −300 kN : 프리스트레스 하중

A = 392.4 cm² : 침목의 유효 단면적

M = $V \cdot e$ = 300 × 0.002 = −0.6 kNm : 프리스트레스에 따른 휨모멘트

e = 0.2 cm : 텐던과 콘크리트침목단면의 중심간 거리

I = $\Sigma(I_i + A_i \cdot z_i^2)$ = 5,765 cm⁴ : 단면2차 모멘트

z_{low} = 6.6 cm : 침목하면과 단면중심간 거리

z_{up} = 6.9 cm : 침목상면과 단면중심간 거리

$$\sigma_{low} = \frac{-300 \ \text{kN}}{392.4 \ \text{cm}^2} + \frac{-0.6 \ \text{kNm}}{5765 \ \text{cm}^4} \times 6.6 \ \text{cm} = -0.833 \ \text{kN}/\text{cm}^2 \approx -8.32 \ \text{N}/\text{mm}^2$$

$$\sigma_{up} = \frac{-300 \ \text{kN}}{392.4 \ \text{cm}^2} + \frac{-0.6 \ \text{kNm}}{5765 \ \text{cm}^4} \times 6.9 \ \text{cm} = -0.693 \ \text{kN}/\text{cm}^2 \approx -6.94 \ \text{N}/\text{mm}^2$$

(3) 허용 휨 응력

BN 918143에 따르면 클래스 C50/60 콘크리트의 경우에 최소 휨 응력은 6.5 N/mm² 이상이어야 한다. 반복 하중 횟수를 1,000 회로 가정할 때에 허용 휨 응력(σ_Q)은 아래의 계산식(Smith 식)에 따라 4.75 N/mm²이어야 한다. 그러나 이 허용 휨 응력(σ_Q)은 스핀들로 침목이 지지되는 공사기간 동안에만 유효한 값이며, 콘크리트 타설 후에는 침목과 도상이 일체화되기 때문에 침목의 중앙부 휨 응력을 검토할 필요가 없다.

$$\sigma_Q = \beta_{BZ} \cdot \left\{ (\log n - 2) \cdot \left(\frac{0.0875 \cdot \sigma_w}{\beta_{BZ}} - 0.07 \right) + 0.8 \right\} - \sigma_w \;\; [\text{N/mm}^2]$$

여기서,

  σ_w : 온도변화에 따른 응력($\cong 0$) [N/mm²]

  β_{BZ} : 휨강도 [N/mm²]

  n : 하중 반복 횟수 [회]

(4) 건조수축 및 크리프 손실

DIN 1045-1에 따른 건조수축 및 크리프에 의한 손실(Losses due to shrinkage and creep)량은 침목 상면에서 0.9 N/mm², 침목 하면에서 1.1 N/mm²이다.

(5) 충격하중에 따른 휨모멘트

침목바닥 면에 정모멘트 10.4 kNm가 작용할 때, 또는 침목중앙부에 부모멘트 9 kNm가 작용할 때에 허용 휨 응력은 4.75 N/mm²에 이른다.

$$\sigma = \frac{M}{I} \cdot z$$

$$\sigma_{low} = \frac{10.4 \;\; \text{kNm}}{5765 \;\; \text{cm}^4} \times 6.6 \;\; \text{cm} = 1.191 \;\; \text{kN/cm}^2 \cong 11.95 \;\; \text{N/mm}^2$$

$$\sigma_{up} = \frac{-9.0 \;\; \text{kNm}}{5765 \;\; \text{cm}^4} \times (-6.9 \;\; \text{cm}) = 1.077 \;\; \text{kN/cm}^2 \cong 10.74 \;\; \text{N/mm}^2$$

침목 상, 하연에서 발생한 각각의 휨 응력의 합은 다음과 같다.

$$\sigma_{low} = -8.32 + 1.1 + 11.95 = 4.73 \;\; \text{N/mm}^2$$

$$\sigma_{up} = -6.94 + 0.9 + 10.74 = 4.70 \;\; \text{N/mm}^2$$

상기의 상, 하연 모멘트는 침목의 허용 가능한 정적 모멘트 값이 된다. 부분 안전율을 아주 크게 적용하여 2.0으로 적용하는 경우, 허용 정모멘트는 5.2 kNm이며 허용 부모멘트는 4.5 kNm가 된다.

(6) 허용하중(Admissible load)

외부하중 계산을 위해서는 스핀들에 의해 지지되는 2가지 케이스를 고려하여야 한다. 2점 스핀들지지 정적 시스템의 가정모델은 **그림 XV.76**과 같으며, 모멘트 공식은 다음과 같다.

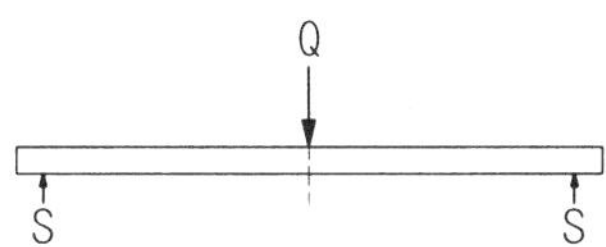

그림 XV.76 2점 스핀들 지지 가정모델

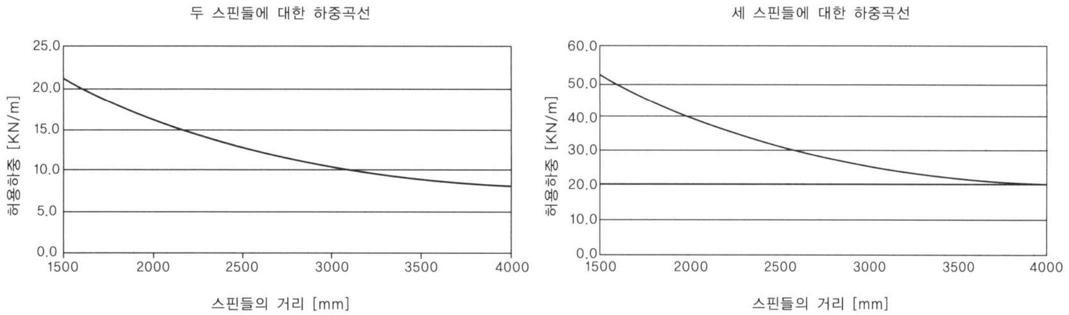

그림 XV.77 2점 스핀들 지지 시의 허용가능 하중   그림 XV.79 3점 스핀들 지지 시의 허용가능 하중

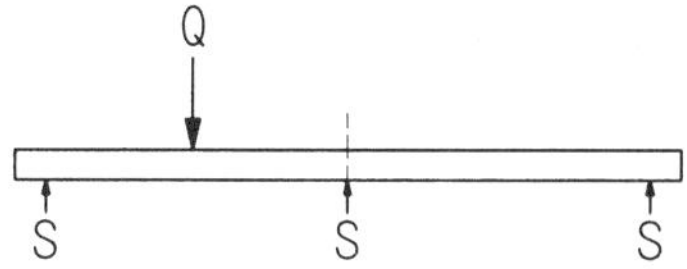

그림 XV.78 3점 스핀들 지지 가정모델

$$M = \frac{Q \cdot L}{4}$$

상기의 식을 적용하여 스핀들의 간격이 각각인 침목에 대한 허용하중을 계산할 수 있다. 허용 모멘트가 5.2 kNm일 때 스핀들 간격이 각각인 침목에 대해 하중을 계산한 후에 침목간격을 반영하여 단위미터당의 등분포 하중을 계산할 수 있다. 따라서 각각의 스핀들 간격에 대해 단위 미터당의 허용 하중은 **그림 XV.77**과 같다.

3점 스핀들지지 정적 시스템의 가정모델은 **그림 XV.78**와 같다. 이 그림과 같은 정적시스템에서 최대모멘트는 집중하중이 재하되는 쪽으로 중앙부 스핀들이 위치할 때에 발생되며 이때 최대 모멘트는 침목하면에서 발생된다. 집중하중이 작용하는 침목하면에서의 정모멘트 증가량은 이에 따라 발생되는 중앙부 스핀들 및 침목상면의 부모멘트 증가량보다 크게 발생된다. 스핀들 간격에 대해 단위 미터당 허용 하중은 **그림 XV.79**와 같다.

상기와 같이 허용 모멘트가 5.2 kNm일 때 집중하중에 작용하는 영역과 중앙부 스핀들 상에서 발생되는 모멘트는 다음 식과 같다.

$$M_m = 0.203 \cdot Q \cdot L$$
$$M_s = -0.094 \cdot Q \cdot L$$

(7) 해석 및 검토결과

이상으로 콘크리트분기기용 침목 GWS05에 대한 허용하중을 검토하였다.

콘크리트분기기에 적용하는 침목의 허용하중을 검토할 때에는 상기에서 언급한 두 가지의 침목지지 방법에 대해 검토한다. 이때 가장 불리한 조건은 두 가지 방법 모두가 스핀들 지지점간의 중앙부에 집중하중이 재하되는 경우이다. 허용하중은 선로 종 방향으로 단위미터 당 등분포하중으로 적용할 수 있다.

2 개의 스핀들로 지지되는 경우에는 스핀들 간의 간격이 약 2 m이다. 따라서 이때의 허용하중은 약 1.6 tf/m 이며 만약 스핀들 간의 간격이 3 m인 경우에는 허용하중이 1.1 tf/m가 된다. 또한, 3 개의 스핀들로 지지되는 경우로서 단부의 스핀들과 중앙부 스핀들 간의 거리가 3.5 m일 때의 허용하중은 약 2.3 tf/m가 된다.

참고문헌

[1] Josef Eisenmann, "Introduction : Ballasted tracks and the goals of slab track development", RTR Special(2006), 2006. 9

[2] Günther Leykauf, Bernhard Lechner, Walter Stahl, "Trends in the use of slab track/ ballast-less tracks", RTR Special(2006), 2006. 9

[3] Hans Bachmann, "State-of-the-art : Ballast-less track systems", RTR Special(2006), 2006. 9

[4] Stephan Freudenstein, "RHEDA 2000, The ballast-less track System for high-speed rail traffic of Rail.One", RTR Special(2006), 2006. 9

[5] Karl-Heinz Klumpp, Heiko Barthold, Detlef Hennneick, "Setting Out for Ballast-less Track on the New Route Nuremberg Ingolstadt", RTR Special(2006), 2006. 9

[6] Tanja Rickes, Carsten Lehmann, "Planning linear construction sites the example of HSL-Zuid", RTR Special(2006), 2006. 9

[7] Ulrich Völter, "Survey Work for Slab Track Installation on the HSL-Zuid by inter-metric", RTR Special(2006), 2006. 9

[8] Detlef Obieray, Theo Winter, "Public Private Partnership Projects for Rail Infrastructure : the example of HSL-Zuid in the Netherlands", RTR Special(2006), 2006. 9

[9] Wolfgang Frühauf, Hermann Stoiberer, Matthias Schoz, Christian, "SSF engineering : earth-work construction for ballast-less track on HSLs", RTR Special(2006), 2006. 9

[10] Hanfried Flötmann, "Mass-Spring systems of Heitkamp Rail", RTR Special(2006), 2006. 9

[11] Stefan Knittel, Dirk Diederich, "Derailment retention and vehicle access on noise absorbing slabs", RTR Special(2006), 2006. 9

[12] J. Eisenmann, G. Leykauf : Feste Fahrbahn für Schienenbahnen, Sonderdruck aus Benton Kalender, Ernst & Sohn, 2000.

[13] Deutsche Bahn : Anforderunskatalog zum Bau der Festen Fahrbahn(콘크리트궤도 시공요구조건목록 3차 개정판)

[14] DB Network AG : Requirement Catalog for the Construction of the permanent Way, 4th Revised Edition, 2002. 1.

[15] 한국철도시설공단 : 경부고속철도 대구 부산간 궤도공사 실시설계보고서, 2006. 6.

[16] 한국철도시설공단 : 경부고속철도 대구 울산간(궤도4공구) 궤도부설기타공사 구조계산서, 2006. 12.

[17] 한국철도시설공단 : 호남고속철도 설계지침(안) [궤도편], 2007. 11.

[18] 한국철도시설공단 : 콘크리트궤도 인터페이스 성능향상에 관한 연구, 2008. 4

[19] 徐士範, 《선로공학(線路工學)》, 도서출판 삶과꿈, 1999. 4.

[20] 서사범, "궤도이론 연구의 연혁과 궤도 기술의 소사(小史)", 철도시설 No. 93. 2004. 9.

[21] 서사범, "역학의 성립과 궤도역학의 발달 및 동향", 한국철도학회지 Vol. 6, No. 1, 2003. 3.

찾아보기